石油和化工行业"十四五"规划教材

发酵工程实验教程

Experimental Tutorial of Fermentation Engineering

李冠华 苑 琳 主编

化学工业出版社

·北京·

内容简介

现代生物技术产业发展日新月异,发酵工程及其产品在国民经济中占有日趋重要的地位,这对发酵工程实验教学提出了新要求。本书坚持"新工科"所强调的科学、技术、工程和人文教育相统一的要求,围绕发酵工程"上游、中游、下游"三部分,开展教材的编写。内容包括发酵工程操作基础、发酵工程菌种选育、发酵培养基的设计与优化、发酵过程的监测与控制、发酵产物的分离与分析以及发酵工程综合实验,共6章,48个实验。

本书是石油和化工行业"十四五"规划教材,可以作为普通高等院校生物技术、生物工程、生物科学、食品科学与工程等专业本科教材和高职院校相关专业教材,也可作为生物与医药专业研究生的参考书,还可作为发酵相关企事业单位从业人员的培训手册。

图书在版编目(CIP)数据

发酵工程实验教程/李冠华,苑琳主编. —北京:化学工业出版社,2024.2
石油和化工行业"十四五"规划教材
ISBN 978-7-122-44682-4

Ⅰ.①发… Ⅱ.①李…②苑… Ⅲ.①发酵工程-实验-高等学校-教材 Ⅳ.①TQ92-33

中国国家版本馆 CIP 数据核字(2024)第 000240 号

责任编辑:傅四周   文字编辑:朱雪蕊
责任校对:李雨晴   装帧设计:王晓宇

出版发行:化学工业出版社
         (北京市东城区青年湖南街 13 号 邮政编码 100011)
印   装:三河市延风印装有限公司
787mm×1092mm 1/16 印张 12½ 字数 317 千字
2024 年 4 月北京第 1 版第 1 次印刷

购书咨询:010-64518888   售后服务:010-64518899
网   址:http://www.cip.com.cn
凡购买本书,如有缺损质量问题,本社销售中心负责调换。

定　价:45.00 元

序

微生物产业是国家战略性新兴产业，包括微生物安全、微生物健康、微生物制造等领域。微生物安全产业包括微生物检测和诊断、微生物防控，发达国家已进入快速发展期，我国尚处于起步阶段；微生物健康产业包括益生菌、食用菌、藻类等，发达国家正处于快速发展期，我国处于扩大发展阶段；微生物制造产业主要包括各种氨基酸、抗生素、酶制剂等的生产，已经趋于集团化、大型化。随着国家"十四五"规划和多项政策的实施，微生物技术将发挥重大作用。我国生物医药市场规模已位列世界第二，且创新药已明确为产业未来发展的"主旋律"，具有较大的发展空间。

发酵是指利用微生物在适宜的条件下将原料经过特定的代谢途径转化为人类所需要的产物的过程，引起了人们越来越多的兴趣，其技术也在不断创新发展。发酵历史悠久，与人类生活息息相关。发酵源于自然发酵，如酒、醋、酸奶发酵等。二十世纪初，微生物学家科赫（Koch）建立了微生物纯培养技术，发酵工程得以真正确立。第二次世界大战期间，抗生素需求的增加，推动了规模化深层好氧液态发酵技术的发展，奠定了现代发酵工程的理论与实践基础。进入二十一世纪，基因重组、基因编辑、合成生物学、代谢工程等现代育种技术相继出现，发酵工程进入了快速发展阶段。伴随着人工智能、大数据、边缘计算、生命科学、物联网、新能源、智能制造等一系列的创新变革，第四次工业革命悄然而至，这给发酵工程带来了新的机遇与挑战，也为新时代复合型工科人才的培养提出了新要求。

作为一门实践性课程，发酵工程连接着生命科学的理论与实践研究，具有多学科融合、交叉的特点。作者总结了发酵工程实验的经典教学内容，借鉴发酵工程的最新研究成果，结合区域产业特色，编写了《发酵工程实验教程》一书。该书以饲用酶的工业化生产为主线，较系统地介绍了发酵工程的基础操作、微生物育种学的前沿技术、发酵工程的过程监测与控制等内容。该书强调实践和理论性相结合，力求在基础知识与新技术的学习中取得平衡，在体现教材全面和整体性的基础上，着力突出学科前沿与创新。该书可用于相关专业学生教材和参考书，也可作为企业员工培训或生产指导用书。

胡薇

复旦大学教授

内蒙古大学生命科学学院院长

2023 年 7 月于呼和浩特

前言

　　发酵工程是利用微生物的特定性状和功能生产有益产品，或将微生物直接用于工业生产体系的一门与化学工程紧密结合的综合性学科；涉及食品、饲料、医药、环保、石化等多个领域；随着现代生物技术产业的快速发展，其在国民经济中占有日趋重要的地位。本书紧密结合新时代发酵工程产业发展需求，更加注重培养学生的动手能力，使学生的理论知识与生产实际更加紧密结合。通过相关实验课程的学习，学生也能更好地了解发酵产业现状与市场需求，对所学知识有一个全新的认识。

　　本书强调发酵工程的系统性，重视学生工程理念的培养；始终坚持基础实验技能训练与前沿技术学习并重，不仅有发酵微生物纯培养、保藏和鉴定等基础操作实验，也包含了适应性进化选育、培养基汽爆灭菌等前沿技术；探索性、开放性实验比例显著提高，开放性实验具有多样性的特点，要求学生根据结果进行科学分析；实验内容紧密联系生产实践，行业特色鲜明，在保证基本教学要求的前提下，强化了工业酶特别是饲用酶发酵的内容；此外，本书重新绘制了发酵工程操作基础示意图，引入了本教学团队设计开发的 3 个虚拟仿真实验，供读者学习、教学或培训使用。

　　李冠华和苑琳完成了全书内容设计、章节编排和统稿工作。王彦凤编写第一章，吴佳嬙编写第二章，赵志敏编写第三章，刘滢编写第四章，苏优拉编写第五章和第六章的第八节，李冠华编写第六章大部分内容，郝慧芳编写第六章的第九节。

　　教材编写过程中，作者总结了内蒙古大学生命科学学院 20 年来在发酵工程教学、科研方面的工作，参考和引用了大量前人的学术成果，得到了"生物科学拔尖学生培养计划 2.0 建设项目"和内蒙古自治区高校生物种质资源保护与利用工程研究中心的资助，在此一并表示诚挚的感谢。

　　由于作者知识和水平有限，书中存有疏漏和不足，敬请读者批评指正，以便日臻完善。

李冠华　苑　琳

2023 年 7 月于呼和浩特

目录

第一章
发酵工程操作基础

第一节
常用发酵培养基的配制

一、实验目的与学时

① 了解微生物发酵培养基的种类和配制原理；
② 掌握配制微生物发酵培养基的一般方法和操作步骤；
③ 建议 4 学时。

二、实验原理

各种营养物质配制而成的，用来培养微生物的基质称为发酵培养基。发酵培养基不仅提供微生物生长、繁殖和发酵所需的营养物质，还提供了相应的场所。对应发酵微生物细胞组成成分和营养需求，培养基所含的物质一般包括：碳源、氮源、无机盐、生长因子和水。此外，对于发酵培养基而言，还应具有适宜的酸碱度（pH 值），一定的缓冲能力和氧化还原电位以及合适的渗透压。

配制培养基的一般流程包括：称量、溶解、调节 pH 值、定容、分装和灭菌等步骤。配制好的培养基应根据其成分的耐热程度选用合适的灭菌方法进行灭菌，常用的方法为高压蒸汽灭菌法：一般选用 0.1MPa、121℃、15～30min；含糖培养基选择 0.06MPa、112℃、15～30min。本实验配制用于细菌发酵的牛肉膏蛋白胨培养基。

三、实验材料与仪器

（一）溶液和药品

牛肉膏、蛋白胨、琼脂、NaCl、1mol/L NaOH、1mol/L HCl。

（二）实验仪器与耗材

电炉、电子天平、试管、量筒、小烧杯、玻璃棒、药匙、磁力搅拌器、pH 计（酸度计）、pH 试纸、分装漏斗、牛皮纸、记号笔、封瓶膜、标签纸、称量纸等。

四、实验方法

（1）培养基配方和称量

牛肉膏 3.0g，蛋白胨 10.0g，NaCl 5.0g，蒸馏水 1L，pH 调节到 7.2～7.4。烧杯中加入蒸馏水（约为培养基体积 80%），按照所需的用量计算并依次称量药品，加入烧杯中待溶。牛肉膏是膏状物质，可以先称量到称量纸上，然后放到烧杯里加热溶解，待牛肉膏从纸上脱落下来，立即将称量纸挑出扔掉即可。蛋白胨容易吸湿，称量动作要快。注意药匙清洁，严防药品盖混盖，造成药品污染。

（2）加热溶解

将烧杯放到磁力搅拌器上，进行加热搅拌溶解，直至溶液变为澄清。注意：如果要分装斜面则要加入适量琼脂一起加热溶解，分装三角瓶，则琼脂后期加入。

（3）调节 pH

用玻璃棒蘸取少许培养基到 pH 试纸上，观察起始 pH 值。一般初配的牛肉膏蛋白胨培养基偏弱酸性，故需用滴管逐滴加入 1mol/L NaOH，边搅动，边用精密的 pH 试纸测其 pH 值，直到符合要求时为止。pH 值也可用酸度计来测定。

（4）定容

将调好 pH 值的溶液倒入量筒，补充水至所需体积，混匀后倒回烧杯分装。

（5）分装

将配制好的培养基按照实验要求进行分装。按照以下原则进行分装：

① **分装三角瓶**：用量筒量取配制好的上述液体培养基 150mL 分装于 250mL 或 300mL 三角瓶中，然后按照 1.5% 的量加入琼脂。待灭菌时琼脂即可熔化，可以节省加热熔化琼脂的时间。三角瓶分装液体培养基的量一般不能超过总容量的 1/2～3/5，以防止高温高压灭菌时培养基沸腾外溢。

② **分装试管**：将熔化的固体培养基在其凝固之前分装到试管中。试管装量一般不超过试管高度的 1/5～1/4，可以用 5mL 移液器直接分装，也可以用小漏斗进行分装。注意：分装过程中，如果管口或瓶口沾到培养基，应擦拭干净，以免造成后续污染。

（6）封口与包扎

试管可以用购买的试管胶塞或者试管帽进行封口，然后用皮筋将 5 支试管包扎在一起。三角瓶可以用直接购买的封瓶膜或者胶塞封口，然后用皮筋进行缠绕固定。包扎好的试管和三角瓶外面还需包一层牛皮纸，防止灭菌过程中冷凝水打湿胶塞或封口膜。包扎完成后在牛皮纸上标注培养基名称、日期和组别后进行灭菌。包扎好的三角瓶和试管如图 1-1 所示。

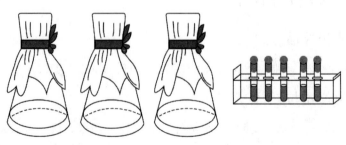

图 1-1　包扎好的三角瓶和试管

（7）灭菌

将所有分装好的培养基放入高压蒸汽灭菌锅，121℃灭菌30min，可以使用灭菌指示带进行灭菌效果的检测，以省略后续培养基无菌检查步骤。

（8）摆放斜面

灭菌结束后，在培养基冷却至50～60℃后（避免斜面上方形成冷凝水），趁热将分装的试管摆放成斜面，斜面的高度要小于试管高度的一半（如图1-2）。

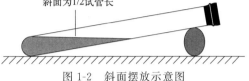

图1-2　斜面摆放示意图

（9）使用与存放

待三角瓶中的培养基冷却到50～60℃后，可直接用于平板制作实验。暂时不用的培养基可放置到4℃冰箱进行保存。

五、注意事项

① 称量药品注意药匙的清洁，不能混用。称量完药品要及时盖好瓶盖，切勿混盖。实验结束后，值日生需清理天平内外，清洗药匙，检查药品瓶盖是否盖好。

② 调节pH值时，要逐滴加入NaOH溶液，尽量避免加过头。

③ 分装试管和三角瓶时，要严格按照要求的体积加入，以避免灭菌时培养基外溢。

六、知识扩展

微生物营养类型复杂，不同微生物对营养物质的要求不同，因此要根据要求针对性地配制不同类型的培养基。培养基种类繁多，根据其物理形态、成分和用途，可以将培养基分为多种类型。按照培养基的形态可将培养基分为液体培养基、半固体培养基和固体培养基。琼脂是从海藻中提取的一种多糖类物质，是最常用的培养基凝固剂，其熔点在96℃以上，冷却到45℃左右开始重新凝固，可反复熔化而不改变其性质，而且大多数细菌都不能利用琼脂作为碳源。在液体培养基中添加不同浓度的琼脂，即可制得不同形态的培养基。琼脂浓度1.5%～2.0%（质量分数）即为固体培养基，琼脂浓度为0.2%～0.7%（质量分数）即为半固体培养基。根据制备培养基对所选用的营养物质的来源，可将培养基分为天然培养基、半合成培养基和合成培养基三类。天然培养基又称复合培养基，是指含有的化学成分还不清楚，或化学成分不恒定的天然有机物，如牛肉膏蛋白胨培养基、马铃薯培养基和麦芽汁培养基都属于天然培养基。合成培养基是由化学成分完全了解的物质配制而成的培养基，如高氏1号培养基和察氏培养基。和天然培养基相比，合成培养基重复性好，但成本较高，所以更适合实验室微生物研究使用。根据培养基使用目的，可将培养基分为基本培养基、完全培养基、选择培养基、加富培养基及鉴别培养基等。基本培养基含有微生物生长所需的基本营养物质，完全培养基则是含有某种微生物生长所需的所有营养物质，加富培养基是指根据微生物的生长需求，在基本培养基中加入某些营养物质如血清、酵母浸膏以及动植物组织液等，用于从环境中分离和富集微生物的培养基，一般用于培养对营养要求较高的异养微生物。鉴别培养基是指在培养基中加入某种化学物质，其可以与微生物的代谢产物发生肉眼可见的显色反应，从而可以鉴别不同类型的微生物，如伊红亚甲蓝琼脂培养基。选择培养基是用来将某种或某类微生物从混杂的微生物群体中分离出来的培养基，根据某种微生物对营养物质要求不同或对某种物质的化学敏感性不同，在培养基中加入相应的特殊营养物质或化学物质，抑制不需要的微生物的生长，有利于目的微生物的生长，这也是分子生物学和微生物遗传学常用到的一类培养基。

在选择和设计培养基时，根据微生物的营养需要，选择合适的培养基。牛肉膏蛋白胨培养基适宜培养细菌，高氏 1 号培养基适宜培养放线菌，麦芽汁培养基适宜培养酵母菌，马铃薯培养基适宜培养霉菌。不同营养类型的微生物，对营养物质的需求差异很大，我们可以用"生长谱"法对微生物的营养需求进行测定。设计培养基时，还应该考虑营养物质的浓度和配比、碳氮比以及原料来源要遵循以粗代精、以废代好的原则。

七、课程作业

① 试述牛肉膏和蛋白胨的来源及其含有的营养成分。
② 请思考如何给未知发酵细菌设计培养基。

第二节
发酵实验消毒、灭菌方法

一、实验目的与学时

① 学习发酵实验中常用消毒与灭菌方法的原理与注意事项；
② 掌握发酵实验中对微生物培养基、玻璃器皿等进行灭菌的方法；
③ 建议 4 学时。

二、实验原理

环境中微生物多种多样，且无处不在，当我们进行实验操作时，很容易被环境中的微生物所污染，因此要对实验用到的溶液、培养基、玻璃器皿、接种工具等进行消毒和灭菌，同时要保证实验室环境处于无菌状态。消毒是指消灭病原菌和有害微生物的营养体，灭菌是指消灭一切微生物的营养体，包括芽孢和孢子。相比而言，灭菌对于微生物的杀灭会更加彻底。

消毒与灭菌的方法有很多，我们在实验中常常用到的方法有加热灭菌（包括高压蒸汽灭菌、干热灭菌）、过滤除菌、紫外消毒、化学药剂消毒等。下面简单介绍这些灭菌方法的原理与适用范围。

高压蒸汽灭菌的工作原理是：将待灭菌物品放入一个密封的加热灭菌锅内，通过加热使灭菌锅隔套间的水沸腾而产生蒸汽，待蒸汽急剧地将锅内的冷空气从排气阀排净后，关闭排气阀，继续加热，因蒸汽不能溢出，从而增加了灭菌锅内的压力，会使水的沸点增高，得到高于 100℃的温度，导致菌体蛋白质凝固变性，从而达到杀灭微生物的目的。高压蒸汽灭菌属于湿热灭菌，一般培养基的灭菌条件为 0.1MPa、121℃、15～30min，灭菌的温度和时间随灭菌物品的性质和容量等具体情况而定，如含糖培养基的灭菌条件为 0.06MPa、112℃、15～30min。

干热灭菌法是直接利用高温使微生物细胞内蛋白质凝固变性，从而达到灭菌的效果。一般包括火焰灼烧灭菌和使用电热干燥灭菌器灭菌。前者主要是指在无菌操作过程中利用酒精灯火焰对接种工具、玻璃器皿瓶口进行灭菌。后者是指在实验室中使用烘箱恒温装置对空的玻璃器皿以及金属用具等进行灭菌，但带有塑胶的物品、液体和固体培养基以及化学试剂不能进行干热灭菌。细胞内的蛋白质凝固与其含水量有关，在菌体受热时，环境和细胞内含水量越大，则蛋白质凝固越快，含水量越小，凝固越慢，因此和湿热灭菌相比，干热灭菌需要的温度会更高。常用到的灭菌条件为 160～170℃、1～2h。

过滤除菌是指通过过滤器去除液体或气体中细菌的方法。在配制培养基时常常需要添加一些热不稳定的物质如血清、抗生素、维生素等，它们具有体积小、不耐热等特点，故需采用微孔过滤除菌法进行灭菌后，然后再添加到灭过菌的培养基中。过滤以上物质常用膜过滤法，市售的膜过滤器是由硝酸纤维素膜、醋酸纤维素膜和树脂等材料制成的厚度超过 0.1mm 的微孔滤膜，可以根据实验条件选择不同孔径的滤膜，配合针管完成操作。

实验室也常常用到紫外线消毒。波长为 200～300nm 的紫外线均有杀菌能力，其中以 256～266nm 的杀菌力最强。紫外线杀菌的原理包括两方面：一方面是它诱导了胸腺嘧啶二聚体的形成和 DNA 链的交联，从而抑制了 DNA 的复制；另一方面，紫外线辐射能使空气中的氧电离成氧原子，然后可以使 O_2 氧化生成臭氧（O_3）或使水（H_2O）氧化生成过氧化氢（H_2O_2），二者都有杀菌作用。由于紫外线穿透力有限，所以只适用于接种室、超净工作台等实验场所及物体表面的灭菌。

三、实验材料与仪器

（一）待灭菌的溶液和培养基

牛肉膏蛋白胨培养基（配制方法见第一章第一节）、20g/L 的葡萄糖溶液（20g 葡萄糖溶于 1L 水中待灭菌）、牛肉膏蛋白胨平板（牛肉膏蛋白胨培养基配制方法见第一章第一节，121℃高温湿热灭菌 20min，培养基冷却至 50～60℃，以无菌操作法倒至已灭菌的培养皿中，每皿约 15mL，冷却凝固待用）、3%～5%（质量分数）石炭酸溶液、2%～3%（质量分数）来苏尔溶液。

（二）实验仪器与耗材

超净工作台、分析天平、pH 计、电磁炉、高压蒸汽灭菌锅、电热恒温培养箱、电热干燥箱、锥形瓶、烧杯、量筒、培养皿、试管、封口透气膜、水系纤维素酯微孔滤器（0.22μm）、注射器等。

四、实验方法

（一）高压蒸汽灭菌使用流程

① 灭菌前准备及检查：检查灭菌锅内的水位，应当浸没加热圈并不要高于套桶底部，若水量不足请加入蒸馏水或去离子水使得加热圈被浸没，灭菌锅在使用以前排液阀必须关闭；检查左侧下方排气管，使其浸在水盆里，并确保管口一定浸在水面以下。接

通灭菌锅电源，摁下开关键，打开灭菌锅盖子，加入蒸馏水没过金属杆。

② 将要灭菌的东西放入篮子里，再慢慢把篮子放入锅内，向左方向滑动盖子，并顺时针旋转，直至仪器发出第二声警报时，表示盖子锁定完毕。

③ 按 MODEL 键选择所需要的操作模式（如有需要，按 SET 键选择所需时间和温度以及灭菌模式，设定灭菌程序）。

④ 按 START 键，开始灭菌。灭菌锅按照设定程序运行。

⑤ 灭菌结束，灭菌锅开始发出警报声，待温度降低到80℃，关闭总电源后可以开启顶盖，开启时操作者应头部略微后仰。开盖后可以先让锅内物品稍微冷却后再取出。

⑥ 灭菌完成的培养基应放到培养箱里进行无菌检查，培养皿等玻璃器皿放到烘箱烘干后使用。

（二）微孔滤膜过滤除菌

① 将实验室购买一次性无菌过滤器、注射器、配制好的20g/L葡萄糖溶液和无菌三角瓶放到超净工作台，打开超净工作台紫外灯，照射30min。微孔滤膜过滤装置装配见图1-3。

② 在紫外线照射过的超净工作台中，以无菌操作方式将待滤溶液吸入注射器，将滤器入口连接于注射器上。

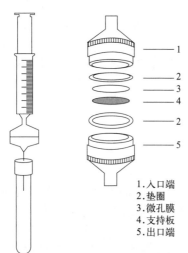

③ 将滤器出口放置到无菌三角瓶口，缓慢加压注射器，将液体过滤到三角瓶中。

④ 无菌操作吸取100μL过滤完的20g/L葡萄糖溶液到牛肉膏蛋白胨平板，均匀涂布，37℃恒温培养24h后，检查是否有菌生长。

（三）紫外线灭菌

① 打开超净工作台控制面板上的紫外灯按键，紫外线照射30min后，关闭。

② 取四个牛肉膏蛋白胨平板，将其中三个平板放到紫外线照射过的超净工作台中，打开皿盖放置15min，另外一个平板放到超净工作台外同样操作作为对照。时间到后，盖上皿盖，置恒温培养箱37℃培养24h。

1.入口端
2.垫圈
3.微孔膜
4.支持板
5.出口端

图1-3　微孔滤膜过滤装置

③ 观察平板，进行菌落计数。如果每个平板生长的菌落数不超过4个，说明达到了灭菌的要求。若超4个，则需要延长照射时间或采用紫外线与化学消毒剂（3%～5%石炭酸溶液、2%～3%来苏尔溶液）联合灭菌的方法。具体操作为：先喷洒3%～5%石炭酸溶液，或用2%～3%来苏尔溶液擦拭台面，然后再打开紫外灯照射15min，最后用同样方法检查灭菌效果。

④ 以上方法同样适用于无菌室的灭菌。

（四）干热灭菌

① 将待灭菌的玻璃和金属器具用牛皮纸包好，均匀放入电热干燥箱内（图1-4），关好箱门。物品不要放得太挤，以免妨碍空气流通，导致箱内温度不均一，影响灭菌效果。牛皮纸包装的灭菌物品不要接触电热干燥箱内壁的铁板，以防包装纸烤焦着火。

② 接通电源，按下电源开关，通过调节温度按钮将温度设置160～170℃，再将灭

菌时间调节到 2h。

③ 灭菌完毕后关闭电源开关，在电热干燥箱温度还没有降到 60℃ 以前，不能打开箱门，以免玻璃器皿破裂，待冷却至 60℃，打开箱门，取出灭菌物品。灭菌后的器皿、金属用具等，使用时才从纸包和金属盒中取出来。

④ 使用干燥箱灭菌过程中实验室不能离人，万一干燥箱内有焦糊味，应立即切断电源。取出灭菌物品时，小心不要碰破电热干燥箱顶部放置的温度计，万一温度计打破，立即报告教师，切断电源，用硫黄铺撒在水银污染的地面和仪器上，清除水银，以防水银蒸发中毒。

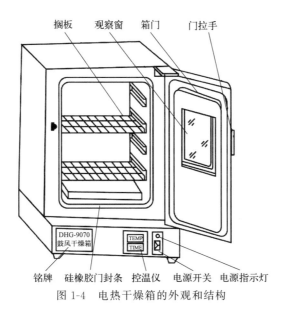

图 1-4　电热干燥箱的外观和结构

五、注意事项

① 高压蒸汽灭菌时要小心蒸汽烫伤。在压力指针降为 "0" 时方可打开灭菌锅，以免液体溢出瓶口。

② 灭菌完毕后关闭电源开关，温度高于 60℃ 不能打开箱门，以免玻璃器皿破裂。灭菌后的器皿、金属用具等，使用时才从纸包和金属盒中取出来。

③ 因紫外线会对眼睛造成损伤，对皮肤也有刺激作用，故不能在紫外灯下工作，或眼睛直视紫外灯。

六、知识扩展

抑制微生物生长和杀灭不需要的微生物，在实际生产和应用中具有重要意义，下面介绍一些与此相关的术语，供读者了解。

抑制（inhibition）：抑制是在亚致死剂量因子作用下导致微生物生长停止，但在移去这种因子后生长仍可以恢复的生物学现象。

死亡（death）：死亡是在致死剂量因子或在亚致死剂量因子长时间作用下，导致微生物生长能力不可逆丧失，即使这种因子移去、生长仍不能恢复的生物学现象。

防腐（antisepsis）：防腐是在某些化学物质或物理因子作用下，能防止或抑制微生物生长的一种措施，它能防止食物腐败或防止其他物质霉变。例如日常生活中以干燥、低温、盐腌或糖渍等进行防腐的方法是保藏食品（物）的主要方式。具有防腐作用的化学物质称为防腐剂。

消毒（disinfection）：消毒是利用某种方法杀死或灭活物质或物体中所有病原微生物的一种措施，它可以起到防止感染或传播的作用。具有消毒作用的化学物质称为消毒剂（disinfectant），一般消毒剂在常用浓度下只能杀死微生物的营养体，对芽孢则无杀灭作用。

灭菌（sterilization）：灭菌是指利用某种方法杀死物体中包括芽孢在内的所有微生物的一种措施。灭菌后的物体不再有可存活的微生物。

化疗（chemotherapy）：化疗是指利用具有选择毒性的化学物质如磺胺、抗生素等对生物体内部被微生物感染的组织或病变细胞进行治疗，以杀死组织内的病原微生物或病变细胞，但对机体本身无毒害作用的治疗措施。

七、课程作业

① 试述干热灭菌的类型与其适用范围。

② 加压蒸汽灭菌的原理是什么？是否只要灭菌锅压力表达到所需的值时，锅内就能获得所需的灭菌温度？为什么？

第三节
发酵菌种分离

一、实验目的与学时

① 了解发酵实验中常用的微生物纯种分离方法原理；

② 熟练掌握各种操作方法；

③ 建议 8 学时。

二、实验原理

为从混杂的样品中获得所需的发酵菌种，或是在实验室中把受污染的菌种重新纯化，都离不开菌种的分离纯化。分离纯化方法可分两大类，一是在细胞水平上的纯化，另一是菌落水平上的纯化，如下所示：

$$
\text{纯种分离法}\begin{cases}\text{菌落纯化}\begin{cases}\text{平板表面划线法}\\\text{平板表面涂布法}\\\text{倒平板法}\end{cases}\\\text{细胞纯化}\begin{cases}\text{显微镜单细胞分离法}\\\text{菌丝尖端分离法}\end{cases}\end{cases}
$$

用于纯化菌落的平板表面划线法、平板表面涂布法和倒平板法因方法简便、设备简单、分离效果良好，所以被一般实验室普遍选用；分离单细胞以达到菌株纯化的方法在微生物遗传等研究中虽十分重要，但通常设备要求较高，技术不易掌握。本组实验中将介绍有代表性的，简易、方便和效果良好的菌种分离纯化方法。

三、实验材料与仪器

（一）溶液和培养基

牛肉膏蛋白胨琼脂培养基（配制方法见第一章第一节）、马铃薯琼脂培养基（PDA）（配制方法详见附录Ⅰ）。

（二）菌种

大肠埃希菌（*Escherichia coli*）、金黄色葡萄球菌（*Staphylococcus aureus*）、黑曲霉（*Aspergillus niger*）。

（三）实验仪器与耗材

超净工作台、电热恒温培养箱、电热干燥箱、无菌培养皿、酒精灯、接种环、玻璃涂布器、显微镜等。

四、实验方法

（一）用平板划线法分离菌种

（1）熔化培养基

将装有牛肉膏蛋白胨琼脂培养基的三角瓶放入微波炉中加热至沸，直至充分熔化。

（2）倒平板

待培养基冷却至50℃左右后，按无菌操作法倒4只平板（每皿约倒15mL），平放在实验台上，凝固后使用（图1-5）。

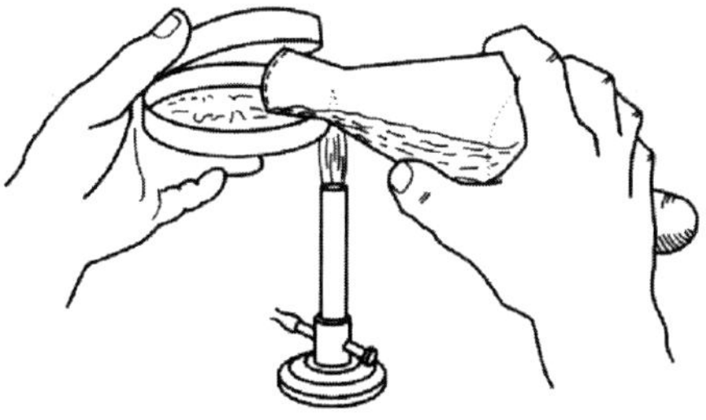

图1-5 倒平板操作示范图

（3）培养皿作分区标记

在培养皿底用记号笔划分成4个不同面积的区域，使①＜②＜③＜④，且各区的夹角应为120℃左右，以便使④区与①区所划出的线条相平行、美观（图1-6A）。

（4）划线操作

在酒精灯火焰旁，用左手持平板的皿底，右手持接种环挑取少量大肠埃希菌和金黄色葡萄球菌的混合液，按照（图1-6B）示范进行划线。具体操作为：先在①区轻巧地划3~4条连续的平行线当作初步稀释的菌源。烧去接种环上的残菌。将烧去残菌后的接种环在平板培养基边缘冷却一下，并使②区转至划线位置，把接种环通过①区（菌源区）在②区划上6~7条致密的平行线，接着再以同样的操作在③区和④区划上更多的平行线，并使④区的线条与①区平行（但不能与①区或②区的线条接触！），最后，烧去接种环上的残菌，盖上皿盖，倒置于恒温培养箱培养。

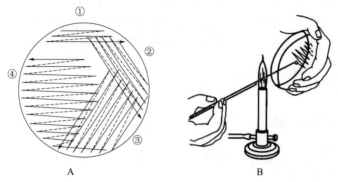

图 1-6　平板分区、划线操作示意图

（5）挑单菌落

理想的结果会在③区出现部分单菌落，在④区出现较多独立分布的单菌落。从典型的单菌落中挑取少量菌体至试管斜面，经培养后即为初步分离的纯种。

（二）用倒平板法分离微生物

（1）培养皿编号

取 9 只无菌培养皿，分别编上 10^{-4}、10^{-5}、10^{-6} 等 3 种稀释度（各 3 皿）。

（2）熔化

将牛肉膏蛋白胨琼脂培养基加热熔化，并置 50℃ 恒温水浴锅保温备用。

（3）稀释菌样

取 6 支无菌试管，依次编号为 $10^{-1} \sim 10^{-6}$，在各管中分别加入 4.5mL 无菌水。稀释待测菌的原始样品时，先将其充分摇匀。然后用 1mL 无菌移液管在待稀释的样品中来回吹吸数次（注意：吹出菌液时，移液管尖端必须离开菌液的液面），再精确移取 0.5mL 菌液至 10^{-1} 的试管中（注意：这根已接触过原始菌液样品的移液管的尖端不能再接触 10^{-1} 试管的液面）。然后另取 1mL 无菌移液管，以同样的方式，先在 10^{-1} 试管中来回吹吸样品数次，并精确移取 0.5mL 菌液至 10^{-2} 的试管中，如此稀释至 10^{-6} 为止。也可以用移液器代替移液管。整个稀释流程如图 1-7。

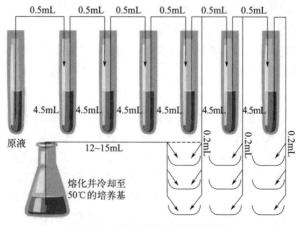

图 1-7　菌液梯度稀释流程图解

（4）吸取菌液

从 10^{-4}、10^{-5} 和 10^{-6} 各管中，分别吸出 0.2mL 菌液加至相应编号的无菌培养皿中。

（5）倒培养基

向各培养皿中分别倒入充分熔化并冷却至 45℃ 左右的琼脂培养基，并立即按图 1-8 所示，将含菌悬液与熔化琼脂培养基液的培养皿快速地前后左右轻轻地倾斜晃动，然后以顺时针和逆时针方向使培养液旋转摇匀，使待测定的细胞能均匀地分布在培养基内，培养后的菌落能均匀分散地分布，便于获得单菌落。混匀后水平放置培养皿待凝。

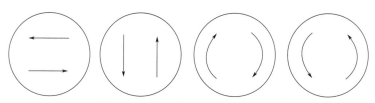

图 1-8　混菌摇匀方式和步骤示意图

（6）恒温培养

待培养基完全凝固后，在 37℃ 恒温箱中倒置培养 24h 左右。

（7）挑单菌落

无菌操作分别挑取大肠埃希菌和金黄色葡萄球菌的单菌落至试管斜面培养后 4℃ 保存。

（三）用平板涂布法分离微生物

（1）制备牛肉膏蛋白胨琼脂平板

按照图 1-5 的方法制备。共需 9 皿。分别编上 10^{-4}、10^{-5} 和 10^{-6}，各 3 皿。

（2）菌样稀释

按照图 1-7 方法进行逐级稀释。

（3）滴加菌液

从 10^{-4}、10^{-5} 和 10^{-6} 各管中分别吸出 0.2mL 菌液到相应编号的平板表面上，见图 1-9。

（4）涂布平板

左手执培养皿，并将皿盖开启一缝，右手拿涂布玻棒把平板上的一滴菌液轻轻涂开，均匀铺满整个平板，并防止培养基破损（见图 1-10）。

图 1-9　菌液添加操作示意图

图 1-10　平板涂布操作示意图

（5）平板培养

平板倒置于恒温培养箱 37℃培养 24h。

（6）挑单菌落

无菌操作分别挑取大肠埃希菌和金黄色葡萄球菌的单菌落至试管斜面培养后 4℃保存。

（四）真菌单孢子分离

（1）准备分离湿室

在直径 9cm 的无菌培养皿中，倒入 8～10mL 4％水琼脂，作保湿剂。在皿盖外壁上用记号笔整齐地画 49 或 56 个直径约 3mm 的小圈作点样记号。

（2）制备萌发孢子悬液

用无菌接种环在试管斜面上挑取生长良好的黑曲霉孢子若干环，接入盛有 10mL PDA 和玻璃珠的无菌三角瓶中，振荡 5min 左右，使孢子充分散开。用血细胞计数板准确计数，用 PDA 调整孢子浓度为 $5 \times 10^4 \sim 1.5 \times 10^5$ 个/mL。然后放入 28℃恒温培养箱中培养 8h 左右，促使孢子适度发芽。

（3）点样

点样前若皿盖内表面有冷凝水，则可先用微火在背面加热去除，然后用移液器吸取数微升已初步萌发的孢子悬液，立即快速轻巧地逐一点在皿盖内壁的相应黑圈记号内。

（4）检出单孢子液滴

把点样后的分离小室放在显微镜的载物台上（见图 1-11），用低倍镜依次检查每一液滴内有无孢子，若某液滴内只有一个孢子且是发芽的，则可在皿盖上另做 1 个记号（见图 1-11）。

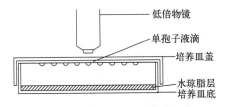

图 1-11　单孢子分离用的湿室与显微镜检查示意图

低倍物镜
单孢子液滴
培养皿盖
水琼脂层
培养皿底

（5）盖上薄片状培养基

将少量 PDA 倒入无菌并保持 45～50℃的培养皿内，让其迅速铺开，形成均匀的薄层，待其凝固后，用无菌小刀将它切成若干小片（每片约 25mm^2），然后一一挑起并盖在有记号的单孢子液滴上。最后盖上皿盖。

（6）恒温培养

将上述分离小室放 28℃恒温培养箱中培养 24h 左右，使每一单孢子长成一个微小菌落，以便于移种操作。

（7）移入斜面

经火焰灭菌并冷却后，把长有单菌落的琼脂薄片移种到新鲜的 PDA 斜面上，在 28℃下培养 4～7d 后，即可获得由单孢子发育成的生长良好的纯种（菌株）斜面。

五、注意事项

① 用于平板划线的培养基，琼脂含量宜高些（2％左右），否则会因平板太软而被

划破。平板不能倒得太薄，最好在使用前一天倒好。为防止平板表面产生冷凝水，倒平板前培养基温度不能太高。

② 在倒平板法中，注入培养基不能太热，否则会烫死微生物；在混匀时，动作要轻巧，应依次上下、左右、顺时针或逆时针方向旋动。作涂布用的平板，琼脂含量可适当高些，倒平板时培养基不宜太烫，否则易在平板表面形成冷凝水，导致菌落扩展或蔓延。若将凝固平板先倒置，并在皿盖上留一开口，事先放在 37℃ 恒温箱中一段时间，则可保证平板表面无冷凝水形成。

③ 用作分离小室中保湿剂的琼脂，不必倒得太厚，以免影响透光度和造成浪费。

六、知识扩展

平板划线法是将混杂在一起的不同种微生物或同种微生物群体中的不同细胞，通过在分区的平板表面上作多次划线稀释，经培养而繁殖成相互独立的单菌落的方法。通常认为这种单菌落就是某微生物的"纯种"。实际上同种微生物数个细胞在一起通过繁殖也可形成一个单菌落，故在科学研究中，特别在遗传学实验或菌种鉴定工作中，必须对实验菌种的单菌落进行多次划线分离，才可获得可靠的纯种。常用的划线方法有分区划线法和连续划线法等。

倒平板法（或称倾皿法）和涂布平板法是两种最常用的菌种分离纯化方法，它们不仅可用于分离纯化，还可用于计数等。倒平板法是将待分离的样品作梯度稀释后，取其中一合适稀释度的少量菌悬液加至无菌培养皿中，立即倒入熔化的固体培养基，经充分混匀后，置适宜温度下培养。最后可从其表面和内层出现的许多单菌落中，选取典型代表，将其转移至斜面上培养后保存，此即为初步分离的纯种。

涂布平板法是指取少量梯度稀释菌悬液，置于已凝固的无菌平板表面，然后用无菌的涂布玻棒把菌液均匀地涂布在整个平板表面，经培养后，在平板表面会形成多个独立分布的单菌落，然后挑取典型的代表移接至斜面，经培养后保存。

在分离某一新菌种时，为保证所获纯种的可靠性，一般可用上述方法反复分离多次来实现。在上述两种方法中，倒平板法较适合兼性厌氧的细菌和酵母菌的分离，而涂布平板法则更适用于好氧性或有气生菌丝的放线菌和细菌的分离。

丝状真菌的生长和繁殖方式一般有两种，菌丝顶端生长和孢子繁殖。因此纯化真菌常采用菌丝尖端接种法和单孢子分离法。由于真菌菌丝具有穿透琼脂培养基的能力，因而只要将菌丝接种到适合真菌生长的平板表面上，然后在上面覆盖一片无菌的盖玻片，并稍向下压，使盖玻片与培养基间不留空隙，以抑制气生菌丝的生长，营养菌丝就可穿过琼脂培养基而在盖玻片四周延伸。当气生菌丝尚未长出前，将平板置低倍镜下观察，寻找菌丝生长稀少的区域，做好标记，然后用接种针或无菌刀片将菌丝尖端连同琼脂块一起切下，移至适合该真菌生长的斜面培养基上，即可获得纯种。如用水琼脂代替营养琼脂制平板则更好，原因是其中营养少，菌丝生长稀疏，在显微镜下观察更清晰，切取单根菌丝尖端也方便，故分离效果更佳。

单孢子分离具体操作方法为：采用自制的厚壁磨口毛细吸管，吸取预先已适当萌发的孢子悬液，多点地点种在作为分离湿室的培养皿盖的内壁上，然后在低倍镜下逐个检查，当发现某一液滴内仅有一个萌发的孢子时，即做一记号，然后在其上盖一小块营养琼脂片，让其发育成微小菌落，最后把它移植至斜面培养基上，经培养后即获得了由单孢子发育而成的纯种。

七、课程作业

① 分别记录实验结果：

菌落结果描述		倒平板法			平板涂布法		
		10^{-4}	10^{-5}	10^{-6}	10^{-4}	10^{-5}	10^{-6}
菌落数/皿	大肠埃希菌						
	金黄色葡萄球菌						
形态特征	大肠埃希菌						
	金黄色葡萄球菌						

孢子悬液(个/mL)	点样数/皿	萌发单孢子个数/皿	每皿形成单菌落/个	成功率/%

② 试总结一下自己在平板划线分离操作中的收获与教训。
③ 试比较倒平板法和涂布平板法的优缺点和应用范围。
④ 分离单孢子时为何需要先使其萌发？

第四节

发酵菌种保藏

一、实验目的与学时

① 学习几种常用的简易保藏法原理；
② 熟练掌握各种操作方法；
③ 建议 8 学时。

二、实验原理

在生产实践或科学研究中所获得的许多具有优良性状的菌种，如从自然界直接分离到的野生型菌株，或者经人工方法选育出来的优良菌株以及基因工程构建的菌株等都是国家的重要资源。为了使这些菌种不死亡、不变异、不被杂菌污染，并保持其优良性状，以利于生产和科研的应用，人们针对性地建立了许多菌种保藏方法。

菌种保藏过程中为了防止菌种的衰退和变异，尽量采用其休眠体，如细菌的芽孢、真菌的孢子等进行保藏，并要创造有利于微生物休眠的环境条件，如低温、干燥、缺氧、缺乏营养以及添加保护剂等。

常用的菌种保藏方法大致可分为以下几种：

（1）常用简易保藏法

包括常规转接斜面低温保藏法、半固体穿刺保藏法、液体石蜡保藏法、含甘油培养物保藏法及沙土管保藏法等。由于这些保藏方法不需要特殊实验设备，操作简便易行，所以是常用的保藏方法。

（2）冷冻真空干燥法

这类方法是将要保藏的微生物样品悬浮于保护剂（如脱脂牛奶）中，先经低温（−70℃左右）预冻，然后在真空条件下使冰升华，以除去大部分水分。冷冻真空干燥保藏法集中了菌种保藏的有利条件，如低温、缺氧、干燥和添加保护剂等。采用此法保藏菌种，其保藏期一般可长达数年至十几年，并且均能取得良好保藏效果。缺点是设备昂贵，操作复杂。

（3）液氮超低温冷冻法

将微生物细胞悬浮于含保护剂的液体培养基中，或者把带菌琼脂块直接浸没于含保护剂的液体培养基中，经预先缓慢冷冻后，再转移至液氮内，于液相（−196℃）进行保藏。这种保藏方法即为液氮超低温冷冻法。此法是目前比较理想的一种菌种保藏方法，其主要优点是它不仅适合保藏各种微生物，而且特别适于保藏某些不宜用冷冻干燥保藏的微生物。此外，保藏期也较长，菌种在保藏期内不易发生变异。故此法现已被国内外许多菌种保藏机构作为常规保藏方法。这种方法需要液氮罐，故其应用受到一定限制。

三、实验材料与仪器

（一）菌种

大肠埃希菌、细黄链霉菌（*Streptomyces microflavus*）、酿酒酵母、产黄青霉（*Penicillium chrysogenum*）。

（二）培养基和溶液或试剂

牛肉膏蛋白胨琼脂斜面和半固体培养基（配制方法见第一章第一节），马铃薯固体培养基（见附录Ⅰ），高氏 1 号培养基（依次称取可溶性淀粉 20g，KNO_3 1g，NaCl 0.5g，$K_2HPO_4 \cdot 3H_2O$ 0.5g，$MgSO_4 \cdot 7H_2O$ 0.5g，$FeSO_4 \cdot 7H_2O$ 0.01g，琼脂 15～20g，加蒸馏水并定容至 1L，调节 pH 至 7.4～7.6，121℃高温湿热灭菌 20min。制法：先用少量冷水把可溶性淀粉调成糊状，用文火加热，然后再加水及其他药品，待各成分溶解后再补足水至 1000mL），豆芽汁培养基［先称新鲜豆芽 100g，放入烧杯中，加水 1000mL，煮沸约 30min，用纱布过滤用水补足原量再加入蔗糖（或葡萄糖）50g 煮沸溶化，121℃灭菌 20min］，甘油，脱脂奶粉或牛奶，石蜡，生理盐水，2% HCl。

（三）实验仪器与耗材

超净工作台、电热恒温培养箱、电热干燥箱、真空冷冻干燥机、液氮罐、无菌培养皿、酒精灯、接种针、接种环、试管、无菌一次性冻存管等。

四、实验方法

（一）试管斜面低温保藏法

这种方法是最常用的一种保藏方法，适于保藏细菌、放线菌、酵母菌及霉菌等。

（1）接种和培养

将不同菌种接种在合适的斜面培养基上。在适宜的温度下培养，使其充分生长。如果是有芽孢的细菌或产生孢子的放线菌及霉菌等，都要等到芽孢或孢子生成后才可保存。接种方法如图1-12所示。

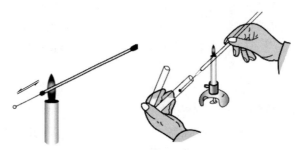

图1-12　试管斜面接种操作示意图

（2）保藏

将培养好的菌种置于4～5℃冰箱中进行保藏。

（3）转接

不同微生物都有一定有效的保藏期，到期后需另行转接至新配的斜面培养基上，经适当培养后，再行保藏。保藏时间依微生物的种类各异。霉菌、放线菌及有芽孢的细菌保存2～4个月移种一次，普通细菌最好每月移种一次，假单胞菌两周传代一次，酵母菌间隔两个月。此法操作简单、使用方便、不需特殊设备，能随时检查所保藏的菌株是否死亡、变异与污染杂菌等。缺点是保藏时间短、需定期传代，且易被污染，菌种的主要特性容易改变。

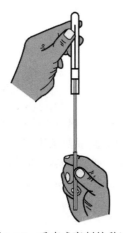

图1-13　垂直式穿刺接种法

（二）半固体穿刺保藏法

（1）接种

用穿刺接种法将菌种接种至半固体深层培养基中央部分，注意不要穿透底部。穿刺接种法具体操作为：灼烧接种针；用接种针尖按无菌操作挑取少量菌种，穿刺接种到深层固体培养基内，接种至培养基四分之三处，再沿原线拔出；穿刺时要求手稳，使穿刺线整齐（图1-13）。试管口通过火焰，盖上试管帽或棉塞。灼烧接种针上的残菌。

（2）培养

在适宜温度下培养，使其充分生长。

（3）保藏

将培养好的菌种放置于4～5℃冰箱保藏。这种保藏方法一般用于保藏兼性厌氧细菌或酵母菌，保藏0.5～1年后进行转接。

（三）液体石蜡保藏法

（1）准备

将灭过菌的液体石蜡放在105～110℃的烘箱约1～2h，使石蜡中的水汽蒸发后备用。

（2）接种

将需要保藏的菌种在最适宜的斜面培养基中培养，直到菌体健壮或孢子成熟。

（3）加石蜡油

用无菌吸管吸取无菌的液体石蜡到已长好菌的斜面上，其用量以高出斜面顶端 1cm 为准（图 1-14），使菌种与空气隔绝。

（4）保藏

将试管直立，置低温或室温下保存（有的微生物在室温下比在冰箱中保存的时间还要长）。此法实用而且效果较好。产孢子的霉菌、放线菌、芽孢菌可保藏 2 年以上，有些酵母菌可保藏 1～2 年，一般无芽孢细菌也可保藏 1 年左右，甚至用一般方法很难保藏的脑膜炎球菌，在 37℃ 温箱内，亦可保藏 3 个月之久。此法的优点是制作简单，不需特殊设备，且不需经常移种。缺点是保存时须直立放置，且不方便外带。

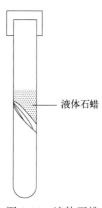

液体石蜡

图 1-14　液体石蜡覆盖保藏

（四）冷冻真空干燥保藏法

（1）准备安瓿管

安瓿管一般用中性硬质玻璃制成，管中内径约 6～8mm，长度约 100mm，先用 2％HCl（质量分数）浸泡过夜，然后用自来水冲洗至中性，最后用蒸馏水冲 3 次，烘干备用。将印有菌名和接种日期的标签纸置于安瓿管内，印字一面向着管壁，管口塞上棉花并包上牛皮纸，121℃ 灭菌 30min。

（2）菌种培养

将待保藏菌种接种到最适斜面培养基上生长，产芽孢的细菌培养至芽孢从菌体脱落，产孢子的放线菌或霉菌培养至孢子成熟，以便获得生长良好的培养物。

（3）准备保护剂

直接选用脱脂牛奶或选用脱脂奶粉配成 20％ 乳液，分装，灭菌（112℃ 灭菌 30min），并做无菌试验。

（4）菌悬液的制备

吸取 2～3mL 保护剂加入新鲜斜面菌种试管，用接种环将菌苔或孢子洗下振荡，制成菌悬液，真菌菌悬液则需置 4℃ 平衡 20～30min。

（5）分装样品

用移液器吸取菌悬液加入安瓿管，每管装 200μL。

（6）预冻

将装有菌液的安瓿管置于低温冰箱中（−80℃ 或 −20℃）冷冻 1h。

（7）真空干燥

将装有菌液的安瓿管放入冷冻干燥机中 2h 以上，至牛奶完全干燥后，关闭干燥机，取出安瓿管，用酒精喷灯熔封，然后置于 −80℃ 或 −20℃ 冰箱中保存。一般可保存数年。

（五）甘油冷冻保藏法

（1）制备保护剂

配制一定浓度的甘油水溶液，灭菌（121℃ 灭菌 30min）。

（2）制备冻存菌悬液

将斜面培养的细菌菌苔或霉菌孢子用生理盐水洗脱制成菌液和甘油混合，或直接取 1mL 摇瓶中的菌液，置于 2mL 冻存管中，使甘油终浓度为 20%（质量分数），颠倒混匀后，置于 4℃预冷 1h 后。

（3）冻存

分别置 −20℃和 −80℃冰箱中冻存。本方法适合中、长期菌种保藏，保藏时间一般为 2～4 年。

五、注意事项

用于保藏的菌种应选用健壮的细胞或成熟的孢子，因此掌握培养时间（菌龄）很重要，不宜用幼嫩或衰老的细胞作为保藏菌种。

六、知识扩展

菌种或培养物保藏是一项最重要的微生物学基础工作，微生物菌种是珍贵的自然资源，具有重要意义。许多国家都设有相应的菌种保藏机构，例如，中国普通微生物菌种保藏管理中心（CGMCC）、中国典型培养物保藏中心（CCTCC）、美国典型菌种保藏中心（ATCC）、美国的北部地区研究实验室（NRRL）、荷兰的霉菌中心保藏所（CBS）、英国的国家典型菌种保藏中心（NCTC）以及日本的大阪发酵研究所（IFO）等。国际微生物学联合会（IUMS）还专门设立了世界菌种保藏联合会（WFCC），用计算机储存世界上各保藏机构提供的菌种数据资料，可以通过国际互联网查询和索取，进行微生物菌种的交流、研究和使用。

七、课程作业

① 分别记录实验结果。

接种日期	菌种名称	培养条件	保藏方法	生长情况

② 试比较各种保藏方法的优缺点和使用范围。

第五节

常见发酵菌种形态观察

一、实验目的与学时

① 学习观察常见发酵菌种细胞形态的原理和方法；

② 熟练掌握各种操作方法；

③ 建议 8 学时。

二、实验原理

常见的发酵菌种包括细菌和真菌。细菌形态观察常用细菌单染色的方法。放线菌和霉菌等以菌丝体生长的菌种可以采用插片法或载片培养法的方法进行观察。观察酵母菌可以直接用亚甲蓝染液制备水浸片观察。本次实验学习发酵大肠埃希菌、枯草芽孢杆菌、放线菌、酵母菌以及绿色木霉等菌种。

三、实验材料与仪器

（一）菌种

大肠埃希菌、枯草芽孢杆菌、放线菌、酿酒酵母、绿色木霉斜面培养物。

（二）溶液或试剂

草酸铵结晶紫染色液、5%（质量分数）孔雀绿染色液、0.5%（质量分数）番红染色液、亚甲蓝染液、生理盐水、琼脂、甘油。

（三）实验仪器与耗材

显微镜、载玻片、盖玻片、擦镜纸、吸水纸、二甲苯、香柏油、玻片搁架、染色缸等。

四、实验方法

（一）用细菌单染色法观察大肠埃希菌

（1）涂片

取洁净载玻片，滴一小滴生理盐水于载玻片中央，严格按无菌操作程序，挑取大肠埃希菌于水滴中，并涂成薄膜。无菌操作涂片过程如图 1-15 所示。

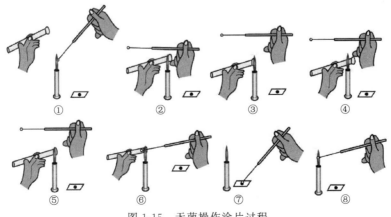

① ② ③ ④

⑤ ⑥ ⑦ ⑧

图 1-15　无菌操作涂片过程

（2）干燥

于室温自然干燥或于酒精灯火焰上方烘干。

（3）固定

涂片面向上，于火焰上通过 2～3 次，使细胞质凝固，以固定细菌的形态，并使其不易脱落。但不能在火焰上烤，否则细菌菌体变形。

（4）染色

将载玻片放在染色搁架上，滴加草酸铵结晶紫染色液于涂片薄膜上，染色 1～2min。

（5）水洗

染色时间到后，将自来水调成细水流冲洗，直至冲下之水无色时为止。然后用吸水纸吸干或用吹风机吹干。

（6）显微镜观察

利用低倍镜、高倍镜和油镜观察细菌的个体形态。

（二）用孔雀绿加热染色法观察枯草芽孢杆菌

芽孢是一种休眠体，具有芽孢壁厚、透性低、不宜着色等特点。当用着色力低的染料染色时，只有菌体和芽孢囊着色，芽孢往往不着色或仅仅有很淡的颜色。所谓芽孢染色法是用着色力比较强的孔雀绿在加热条件下进行染色，使得菌体和芽孢同时染上颜色，然后再水洗，菌体的颜色被洗掉，而芽孢一经着色其颜色便难以被洗掉，当用复染剂染色时菌体和芽孢便染上了两种颜色，便于观察芽孢的形态特征。

① 常规涂片、干燥、固定。

② 染色：在涂片区滴加数滴孔雀绿染色液，用木夹夹住一端，点燃酒精灯，加热载玻片，直至冒蒸汽开始计时，维持约 3min。

注意：加热过程中应缓缓移动载玻片，切勿加热一处；在加热过程中应及时补充染料，勿使染料干涸，以防载玻片炸裂。

③ 水洗：待载玻片冷却后，用水冲洗，直至水流无色为止。

④ 复染：用番红复染约 2min，水洗。

⑤ 镜检：吸干残水，利用低倍镜、高倍镜和油镜观察细菌的个体形态。

（三）印片法观察放线菌气生菌丝和孢子丝

（1）接种

将放线菌划线接种到高氏 1 号琼脂平板上，培养 4～6d。

（2）印片

用刀片将平板上的菌苔连同培养基切下一块，用一干净的载玻片轻轻地印一下。注意印片时不能用力过大，也不能错动，以免改变菌丝体的自然形态。

（3）观察

用草酸铵结晶紫染色约 1min，水洗、吸干，利用低倍镜、高倍镜和油镜观察气生菌丝和孢子丝。

（四）水浸片法观察酵母菌

① 取一干净的载片，在其上滴加一滴亚甲蓝染液，然后按照无菌操作取菌于染液

中，涂匀。

② 染色 2～3min，加盖玻片。

注意：加盖玻片时应该使一端先接触载玻片以免产生气泡。

③ 在低倍镜和高倍镜下观察酵母菌个体形态，区分其母细胞与芽体。

（五）载片湿室培养法观察绿色木霉

（1）准备湿室

在培养皿底铺一层等大的滤纸，其上放上 U 形玻璃管、一块载玻片和两块盖玻片，盖上皿盖，其外用纸包扎后，121℃湿热灭菌 20min，然后置烘箱烘干，备用。外形如图 1-16 所示。

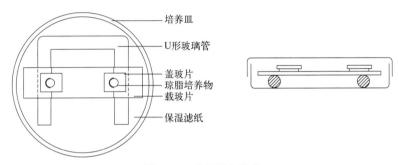

图 1-16　载片湿室培养

（2）接种

在载玻片上加一滴培养基，用接种针将少量孢子撒落到琼脂块边缘上，然后盖盖玻片。在整个过程中要注意无菌操作。

（3）培养

培养皿中加入甘油保湿，然后放入 28℃恒温培养箱培养。

（4）观察

根据观察的需要，在不同培养时间取出载玻片观察。

载玻片观察时，应该顺着培养基的边缘来观察；切勿挪动盖玻片，以免改变菌丝的自然生长状态。

五、注意事项

① 单染色时，挑菌宜少，涂片宜薄，过厚则不易观察。

② 放线菌的生长速度较慢，培养周期较长，在操作中应特别注意无菌操作，严防杂菌污染。

③ 做载玻片培养观察绿色木霉时，接种的菌种量宜少，培养基要铺得圆且薄些，盖上盖玻片时，不能产生气泡，也不能把培养基压碎或压平而无缝隙。观察时，应先用低倍镜沿着琼脂块的边缘寻找合适的生长区，然后再换高倍镜仔细观察有关构造并绘图。

六、知识扩展

显微镜是研究微生物必不可少的工具。自从发明了显微镜，人们才能观察到各种微生物的形态，从此揭开了微生物世界的奥秘。随着科学技术的不断发展，显微镜已经从利用可见光扩展到利用紫外线及非光源（电子显微镜），从而大大地提高了显微镜的分辨率和放大率。借助于各种显微镜，人们不仅能观察到真菌、细菌的形态和构造，而且还能清楚地观察到病毒的形态和构造。当今微生物实验中最常用的还是普通光学显微镜，因此我们应了解显微镜的构造和原理以达到正确使用和保养的目的。除暗视野显微镜和相差显微镜可用于观察活的细菌细胞外，其他普通光学显微镜大多用来观察染色后的细菌细胞，只有经过染色的细菌才能看清其形态和构造。因此，各种染色法也是微生物学工作者应掌握的基本技术。

七、课程作业

将观察结果记录于下表中。

菌种名称	观察方法	图示菌体形态（包括芽孢、菌丝、孢子丝、芽体等）

第六节

革兰氏染色鉴定发酵菌种

一、实验目的与学时

① 学习利用革兰氏染色法对微生物进行鉴定的方法；
② 建议 4 学时。

二、实验原理

革兰氏染色法是 1884 年由丹麦病理学家 C. Cram 所创立的。用革兰氏染色法可将所有的细菌区分为革兰氏阳性菌（G^+）和革兰氏阴性菌（G^-）两大类，此法是细菌学上最常用的鉴别染色法。

革兰氏染色法的主要步骤是先用结晶紫进行初染，再加媒染剂碘液，以增加染料与细胞的亲和力，使结晶紫和碘在细胞膜上形成分子量较大的复合物，然后用脱色剂（乙醇或丙酮）脱色，最后用番红复染。凡细菌不被脱色而保留初染剂的颜色（紫色）者为革兰氏阳性菌，被脱色后又染上复染剂的颜色（红色）者则为革兰氏阴性菌。

细菌对于革兰氏染色的不同反应，是由它们细胞壁的成分和结构不同而造成的。革兰氏阳性菌的细胞壁主要是由肽聚糖形成的网状结构组成的，在染色过程中，当用乙醇处理时由于脱水而引起网状结构中的孔径变小，通透性降低，使结晶紫-碘复合物被保留在细胞内而不易脱色，因此，呈现蓝紫色；革兰氏阴性菌的细胞壁中肽聚糖含量低，而脂类物质含量高，当用乙醇处理时，脂类物质溶解，细胞壁的通透性增加，使结晶紫-碘复合物易被乙醇抽出而脱色，然后又被染上了复染液（番红）的颜色，因此呈现红色，从而将细胞区分成 G^+ 和 G^- 两大类群。

三、实验材料与仪器

（一）菌种

大肠埃希菌、金黄色葡萄球菌斜面培养物。

（二）溶液或试剂

草酸铵结晶紫染色液、鲁氏（Lugol）碘液、95％乙醇、0.5％番红染色液。

（三）实验仪器与耗材

显微镜、载玻片、盖玻片、擦镜纸、吸水纸、二甲苯、香柏油、玻片搁架、染色缸等。

四、实验方法

（1）涂片

为保证实验结果的可靠性，革兰氏染色鉴定未知菌时需采用一株已知菌与待定菌进行混合涂片。将两株菌分别标记为 1 号菌和 2 号菌，进行三区涂片。在载玻片的左右两端，各加 1 滴水，严格按无菌操作程序，用无菌接种环挑取少量 1 号菌种与左边水滴充分混合成仅有 1 号菌的区域，并将少量菌液由左向右延伸至载玻片的中央，把接种环上残留的菌烧掉。再用无菌的接种环挑取少量 2 号菌种与右边水滴充分混合成仅有 2 号菌的区域，并将少量菌液由右向左延伸至载玻片的中央，使 1 号菌和 2 号菌在载玻片的中央混合成含有两种菌的混合液。如图 1-17 所示。

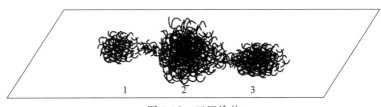

图 1-17　三区涂片

（2）干燥和固定

方法见本章第五节四、实验方法。

（3）染色

初染，加草酸铵结晶紫一滴，约一分钟，水洗。

媒染，滴加碘液冲去残水，并覆盖约一分钟，水洗。

脱色，将载玻片上面的水甩净，并衬以白背景，用 95％乙醇滴洗至流出乙醇刚刚不出现紫色时为止，约 20～30s，立即用水冲净乙醇。

（4）复染

用番红染色液染 1～2min，水洗。

（5）镜检

干燥后，置油镜观察。革兰氏阴性菌呈红色，革兰氏阳性菌呈紫色。以分散开的细菌的革兰氏染色反应为准，过于密集的细菌，常常呈假阳性。

五、注意事项

革兰氏染色的关键在于严格掌握酒精脱色程度，如脱色过度，则阳性菌可被误染为阴性菌；而脱色不够时，阴性菌可被误染为阳性菌。此外，菌龄也影响染色结果，如阳性菌培养时间过长，或已死亡及部分菌自行溶解了，都常呈阴性反应。

六、知识扩展

在对各种微生物进行鉴定的工作中，经典的表型指标有很多，这些指标是微生物鉴定中最常用、最方便和最重要的数据，也是任何现代化的分类鉴定方法的基本依据。概括起来包括下面几项内容：

（1）形态指标
① 个体：细胞形态、大小、排列、运动性、特殊构造和染色反应等。
② 群体：菌落形态、在半固体或液体培养基中的生长状态。
（2）生理生化反应
① 营养要求：能源、碳源、氮源、生长因子等。
② 酶：产酶种类和反应特性等。
③ 代谢产物：种类、产量、颜色和显色反应等。
④ 对药物的敏感性。
（3）生态特性：生长温度，与氧、pH、渗透压的关系，宿主种类。
（4）与宿主关系等生活史，有性生殖情况
（5）血清学反应
（6）对噬菌体的敏感性等

七、课程作业

将革兰氏染色结果记录于下表中。

菌种名称	菌体颜色	菌体形态(图示)	G$^+$或G$^-$

第七节

常见发酵菌种的生理生化鉴定

一、实验目的与学时

① 掌握细菌鉴定中主要生理生化反应的常规实验法；

② 建议 4 学时。

二、实验原理

由于各种细菌具有不同的酶系统，所以它们能利用的底物（如糖、醇及各种含氮物质等）不同，或虽利用底物的相同但产生的代谢产物却不相同，因此可利用各种生理生化反应来鉴别不同的细菌。在细菌的鉴定中，生理生化试验占有重要的地位，常用作区分种、属、族的重要依据。经典的生理生化实验包括 IMViC 试验、糖发酵试验。一组 IMViC 试验包括：吲哚试验、甲基红试验、VP 试验（伏-波试验）和柠檬酸盐试验。

三、实验材料与仪器

（一）菌种

大肠埃希菌（*Escherichia coli*）、枯草芽孢杆菌（*Bacillus subtilis*）、普通变形杆菌（*Proteus vulgaris*）。

（二）溶液或试剂

葡萄糖蛋白胨水培养基（依次加入蛋白胨 5g，葡萄糖 5g，NaCl 5g，水 1000mL，调 pH 至 7.2～7.4，121℃灭菌 20min），蛋白胨水培养基（依次加入蛋白胨 10g，NaCl 5g，水 1000mL，调 pH 至 7.2～7.4，121℃灭菌 20min），西蒙斯（Simons）柠檬酸盐培养基［柠檬酸钠 2g，NaCl 5g，$MgSO_4 \cdot 7H_2O$ 0.2g，$K_2HPO_4 \cdot 3H_2O$ 1g，$(NH_4)_2HPO_4$ 1g，1% 溴麝香草酚蓝水溶液 10mL，琼脂 15～20g，蒸馏水 1000mL。将上述成分（指示剂除外）加热溶解，调 pH 至 7.0，再加入指示剂充分混匀，使呈淡绿色再分装试管，121℃灭菌 20min，最终搁置斜面］，糖发酵培养液（依次加入蛋白胨 20g，NaCl 5g，K_2HPO_4 0.2g，糖类 10g，蒸馏水 1000mL，调 pH 至 7.0～7.4，最后加入溴麝香草酚蓝 0.03g，121℃灭菌 20min），40%（质量分数）KOH 溶液，肌酸，甲基红试剂，吲哚试剂，无水乙醚，16g/L 溴甲酚紫指示剂。

（三）实验仪器与耗材

恒温摇床、高压蒸汽灭菌锅、超净工作台、恒温水浴锅、恒温培养箱等。

四、实验方法

（一）吲哚试验

某些细菌具有色氨酸酶，能分解蛋白胨中的色氨酸产生吲哚（靛基质），当吲哚与试剂中的对二甲基氨基苯甲醛作用后可形成红色的玫瑰吲哚，其反应式如下：

（1）编号

取蛋白胨水培养基 4 支，分别注明①、②、③和④。

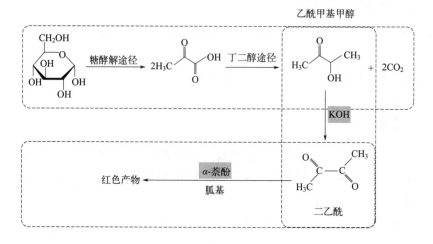

（2）接种

用接种环挑三种待测菌少量菌苔，分别接种至相应编号的培养液中，其中④号管为空白对照。置37℃恒温培养箱中培养24~48h。

（3）观察

在通风橱中向各管中加入1mL无水乙醚，充分振荡，使吲哚萃取至乙醚中，静置分层，然后沿管壁加入400μL吲哚试剂（此时不可振荡试管，以免破坏乙醚层）。如有吲哚存在，则乙醚层出现玫瑰红色，此即阳性反应，以"＋"表示。若为阴性，则用"－"表示。

（二）乙酰甲基甲醇试验

乙酰甲基甲醇试验（Voges-Prokauer试验，简称VP试验）：某些细菌在糖代谢过程中，能分解葡萄糖产生丙酮酸，丙酮酸在羧化酶的催化下脱羧后形成活性乙醛，后者与丙酮酸缩合、脱羧形成乙酰甲基甲醇，或者与乙醛化合生成乙酰甲基甲醇。乙酰甲基甲醇在碱性条件下被空气中的氧气氧化成二乙酰，二乙酰与培养基中含有胍基的化合物（如精氨酸中的胍基）起作用生成红色化合物，即为VP试验阳性。不生成红色化合物者为阴性反应。如果培养基中胍基太少，可加少量肌酸或肌酸酐等含胍基化合物，使反应更为明显。其反应式如下：

（1）编号

取葡萄糖蛋白胨水培养基 4 支，注明①、②、③和④，分别代表大肠埃希菌、枯草芽孢杆菌、普通变形杆菌和空白对照。

（2）接种

按编号接种，置 37℃恒温培养箱中培养 24～48h。

（3）观察

取 4 支空试管分别注明①②③④，然后从①、②、③和④菌液培养管中分别取 2mL 培养液至相应空白试管中，并加入等量 40％ KOH 溶液，混匀，再用牙签挑少量肌酸（0.5～1mg），加到各管中，然后剧烈振荡各试管，以保持良好通气。经 30min 后进行观察，培养液呈红色者为阳性反应（注意：留下的含菌培养液不要丢弃，还可供甲基红试验用）。

（三）甲基红试验

甲基红试验（methyl red 试验，简称 MR 试验）：某些细菌在糖代谢过程中分解葡萄糖产生丙酮酸，后者进而被分解产生甲酸、乙酸和乳酸等多种有机酸，使培养液中的 pH 降至 4.2 以下，因此，在培养液中加入甲基红指示剂（变色范围为 pH 4.4～6.3），就可测出 MR 试验是阳性或阴性。

在 VP 实验剩余的培养液中各加 2～3 滴甲基红试剂，混匀后进行观察，若培养液变成红色即表明 MR 试验为阳性，用"＋"表示。若培养液仍呈黄色，则 MR 试验为阴性，用"－"表示。

（四）柠檬酸盐试验

有些细菌能利用柠檬酸盐作为唯一的碳源，而有些细菌则不能利用，因此可作为鉴定细菌的指标之一。细菌不断地利用柠檬酸盐并生成碳酸盐，使培养基 pH 由中性变为碱性，培养基中的指示剂由浅绿色变为蓝色（溴麝香草酚蓝为指示剂：pH＜6 时呈黄色，pH 6～7.6 为绿色，pH＞7.6 为蓝色）。

（1）编号

取 4 支西蒙斯柠檬酸盐培养基，注明①、②、③和④，分别代表大肠埃希菌、枯草芽孢杆菌、普通变形杆菌和空白对照。

（2）接种

按编号接菌种，然后置 37℃恒温培养箱中培养 24～48h。

（3）观察

如培养基变为蓝色，则表明该菌能利用柠檬酸盐作为碳源而生长，即为阳性反应，以"＋"表示。如培养基仍为绿色，则为阴性反应，用"－"表示。

（五）糖发酵试验

不同的细菌分解糖、醇的能力不同。有些细菌分解某些糖产酸并产气，有的分解糖仅产酸而不产气，因此可以其分解利用糖能力的差异作为鉴定菌种的依据之一。在糖发酵培养基中加入溴麝香草酚蓝作为酸碱指示剂。其 pH 指示范围为 6.0～7.6，它在碱性条件下呈紫色，在酸性条件下变成黄色。若细菌分解糖产酸，则培养液由蓝色转变为黄色。可从培养液中杜氏小管的闭口端上有无气泡来判断有无气体产生（见图 1-18）。

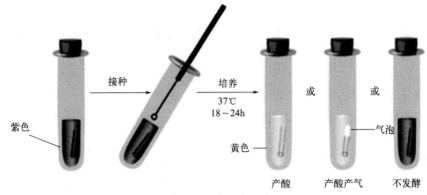

图 1-18 糖发酵试验

（1）编号

取葡萄糖、蔗糖、乳糖培养液各 4 支，编号①、②、③和④，分别代表大肠埃希菌、枯草芽孢杆菌、普通变形杆菌和空白对照。

（2）接种

用接种环挑少量菌种培养（18～24h）于相应编号的试管中。置 37℃恒温培养箱中培养 24h 或 72h 后观察结果。

（3）观察

结果与空白对照管比较，如培养基保持原有颜色，则表明该菌不能利用某种糖，用"－"表示；如培养基变黄色，则表明该菌能分解某种糖产酸，用"＋"表示；如培养基颜色变黄色而且杜氏小管内有气泡，表明该菌能分解糖产酸并产气，用"⊕"表示。

五、注意事项

① 在测定 MR 试验的结果时，不可加太多甲基红指示剂，以免出现假阳性反应。

② 装有杜氏小管的糖发酵培养基在灭菌时要特别注意排净灭菌锅内的冷空气，灭菌后尽量让灭菌锅内的压力自然下降到"0"后再打开排气阀，否则杜氏小管内会留有气泡，影响实验结果的判断。

③ 接种前必须仔细核对菌名和培养基，以免弄错。

六、知识扩展

细菌生理生化鉴定实验除了本次实验学习到的内容外，还有一种称为 API 微生物鉴定系统。这是一种能同时测定 20 项以上生化指标的鉴定实验，因而可用作快速鉴定细菌。长形卡片（24cm×4.5cm，法国生产），其上整齐地排列着 20 个塑料小管，管内加有适量糖类等生化反应底物的干粉（有标签标明）和反应产物的显色剂。每份产品都有薄膜覆盖，保证无杂菌污染。使用时，先打开附有的一小瓶无菌基本培养基（液体），用于稀释待鉴定的纯菌落或菌苔。实验时，将稀释好的菌液逐一加入每个小管中（每管约加 0.1mL）。放入恒温培养箱培养 24～48h 后，观察显示结果，并在相应的表格中记录结果，再结合若干补充指标，包括细胞形态、大小、运动性、是否产色素、溶血性、芽孢有无和革兰氏染色反应等，就可按规定对结果进行编码、查检索表，最后获得该菌种的鉴定结果。20 余年来，此系统已为国际有关实验室普遍选用。适用于 API 鉴定系统的细菌有 700 多种，使用前，可根据自己的鉴定对象去选购相应系列的产品，例如，肠道菌鉴定可用"API-20E"（"20"指试管管数，"E"指肠道细菌），厌氧菌可用"API-20A"（"A"指厌氧菌，故接种后应放入厌氧中培养）等等。

七、课程作业

将实验结果记录于下表中。

菌种	IMViC 试验				糖发酵试验		
	吲哚试验	VP 试验	MR 试验	柠檬酸盐试验	葡萄糖	乳糖	蔗糖
大肠埃希菌							
枯草芽孢杆菌							
普通变形杆菌							
空白对照							

第八节
利用 16S rDNA 序列鉴定发酵细菌

一、实验目的与学时

① 学习利用 16S rDNA 基因序列进行细菌的分类鉴定的方法；
② 学习菌落 PCR 的方法；
③ 建议 8 学时。

二、实验原理

近年来随着核酸技术的发展，核酸序列分析已经用于细菌鉴定、种系发生及分类。核糖体 16S rDNA 基因序列全长约 1550bp，是由交替的保守区和可变区组成的，利用保守区域能设计引物，此引物几乎能与所有种属的核糖靶位点结合。16S rDNA 分子内的变异程度也许并不能区分亲缘关系十分接近的细菌，但 DNA 的多样性区域可提供序列的多态性信息，基因序列足够长，完全能够提供足够的信息鉴定微生物。引物通常选择在保守区域，如序列开始端、中间端（540bp）、序列末端（约 1550bp），在各段引物之间的可变区可以用于细菌分类鉴定。

三、实验材料与仪器

（一）菌种

分离纯化的待鉴定细菌平板培养物。

（二）溶液或试剂

（1）PCR 相关试剂

细菌 16S rDNA 基因的通用引物：引物 1（27F）5′-GAGTTTGATCCTGGCTCA-3′；引物 2（1492R）5′-TACCTTGTTACGACTT-3′。10×扩增缓冲液、dNTP 混合液、热稳定 DNA 聚合酶、25mmol/L MgCl$_2$ 溶液。

（2）电泳检测相关试剂

琼脂糖、1×TAE（Tris-乙酸）缓冲液（使用时把 50×TAE 稀释 50 倍）、6×凝胶加样缓冲液、DL2000 DNA 标记、核酸染料。

（三）实验仪器与耗材

离心机、PCR 仪、电泳仪、电泳槽、成像系统、振荡器、微波炉、天平、微量移液器以及配套吸头、称量纸、150mL 三角瓶、100mL 量筒、制胶器、15mL 无菌离心管、0.2mL 无菌 PCR 管、冰盒、封口膜、牙签、PE 手套、隔热手套等。

四、实验方法

① 按照以下成分和体积配制 PCR 50μL 反应体系：10×扩增缓冲液 5μL；dNTP 混合液（2mmol/L）4μL；引物 1（10μmol/L）5μL；引物 2（10μmol/L）5μL；MgCl$_2$（25mmol/L）3μL；DNA 聚合酶（2U/μL）2μL；加 ddH$_2$O 至 50μL。

② 用牙签从平板上挑取少量菌体，溶入配好的 PCR 反应体系中，瞬时离心混匀。

③ 在 PCR 仪上设置好反应程序，立即置 PCR 仪上，进行 PCR 扩增。扩增程序为：94℃预变性 3min；94℃变性 45s，52℃退火 45s，72℃延伸 90s，循环 30 次；72℃总延伸 6min。4℃保存。

④ 预先制备 1％（质量分数）的琼脂糖凝胶：称取 0.2g 琼脂糖加入 20mL 电泳缓冲液（1×TAE）中，加热溶解后待琼脂糖凝胶液冷却至 65℃左右，加入 4μL 的核酸染液。待琼脂糖凝胶凝固后，拔出梳子放入加有 1×TAE 的电泳槽（1×TAE 液面高于凝胶面 1mm）内。扩增反应完毕后，取 PCR 产物 5μL 与 6×凝胶加样缓冲液 1μL 混合，加样于琼脂糖凝胶点样孔中进行电泳，电压为 5V/cm。如果 PCR 成功，经成像后则可见到约为 1500bp 的条带。

⑤ 16S rDNA 序列测定及分析：最后将扩增成功的 PCR 产物送到测序服务有限公司进行测序，登录 NCBI 网站（https://blast.ncbi.nlm.nih.gov/Blast.cgi），利用 BLAST 功能组件将测得的基因序列与 GenBank 数据库的序列进行同源性比较并绘制系统发育树。

五、注意事项

① 对较黏的菌落，需挑取少量菌置于 0.5mL 灭菌生理盐水中，经振荡、离心之后从沉淀中取少量菌体来作模板。放线菌一般不适宜做菌落 PCR。

② 如果通过菌落 PCR 得不到扩增产物，应从待测菌株提取 DNA 作为模板进行 PCR 扩增。

③ 准备 PCR 反应液时应注意最后加 DNA 聚合酶，当加入此酶后应及时放进 PCR

仪进行扩增。

六、知识扩展

C. R. Woese 通过小亚基核糖体 RNA（16S/18S rRNA）分析构建了系统发育树，建立了三域学说，为微生物的系统进化分类奠定了重要的基础。而且，PCR 扩增技术和测序技术的发展加快了人们对纯培养原核微生物 16S rDNA 基因序列的获得。20 世纪 80 年代开始，《伯杰细菌鉴定手册》中原核生物分类已从以表型和实用性鉴定指标为主的鉴定细菌学体系逐渐向鉴定遗传型的系统进化分类新体系转变。核糖体 16S rDNA 基因序列全长约 1550bp，是由交替的保守区和可变区组成的，利用保守区域能设计引物，此引物几乎能与所有种属的核糖靶位点结合。一般来讲，如果所测菌株的 16S rDNA 基因序列与已知典型菌株的相似度小于 97%，则认为该菌株可能是新种，若两者相似度大于 97%，则不能确定是这个种，只能被认为最接近于该种。若需要更准确的结果，就应进行 DNA-DNA 杂交等。菌落 PCR 不需提取待鉴定细菌的 DNA，通常可直接将少量的细菌菌体加入 PCR 体系中使得在变性过程中由细胞裂解而释放出来的 DNA 作为模板。菌落 PCR 方法节省了培养大量微生物的时间，并省略了从菌体中提取 DNA 的繁琐过程。但对一些不易破壁的细菌还需要提取 DNA 作为模板。

七、课程作业

① 记录实验结果，包括电泳结果图、测序结果、比对结果等。
② 为什么这对引物（27F 和 1492R）可以扩增大部分细菌的 16S rDNA 基因？

第九节
利用 ITS 序列鉴定发酵真菌

一、实验目的与学时

① 学习利用 ITS 序列鉴定真菌的方法；
② 建议 8 学时。

二、实验原理

真菌的分类鉴定以往主要以形态学性状以及生理生化特点为主要依据。但随着分子生物学的发展及以基因型为主的原核生物（细菌和古菌）分类学的发展，也趋向于以结合基因型来对真菌进行分类。真菌的基因型分类方法中最广泛利用的是根据其 18S rRNA 基因序列来分类。但因 18S rRNA 基因的高度保守性，不同属之间有时也很难区分。因此相对 18S rRNA 基因变化比较大的 rRNA 基因内转录间隔区（internal transcribed spacer，ITS）的序列更广泛地应用于真菌分类。ITS 序列由 18S 和 5.8S rRNA 基因之间的序列以及 5.8S 和 28S rRNA 基因之间的序列所组成。ITS 序列的扩增主要是根据 18S rRNA 基因末端和 28S rRNA 基因开端的保守序列区间设计引物并进行 PCR 扩增。这样既能从大部分真菌中扩增出 ITS 片段又能使得到的序列差异相对较大从而可用于分辨真菌不同的属。

三、实验材料与仪器

（一）菌种

分离纯化的待鉴定真菌（酵母菌或霉菌）培养物。

（二）溶液或试剂

（1）PCR 相关试剂

真菌 ITS 序列的通用引物：引物 1（NSA3），5′-AAA CTC TGT CGT GCT GGG GAT A-3′；引物 2（NLC2），5′-GAG CTG CAT TCC CAA ACA ACT C-3′。10×扩增缓冲液、dNTP 混合液、热稳定 DNA 聚合酶、25mmol/L $MgCl_2$ 溶液。

（2）电泳检测相关试剂

琼脂糖、1×TAE（Tris-乙酸）缓冲液（使用时把 50×TAE 稀释 50 倍）、6×凝胶加样缓冲液（loading buffer）、DNA 标记、核酸染料。

（三）实验仪器与耗材

离心机、PCR 仪、电泳仪、电泳槽、成像系统、振荡器、微波炉、天平、微量移液器以及配套吸头、称量纸、150mL 三角瓶、100mL 量筒、制胶器、15mL 无菌离心管、0.2mL 无菌 PCR 管、冰盒、封口膜、牙签、PE 手套、隔热手套等。

四、实验方法

① 按照以下成分和体积配制 PCR 50μL 反应体系：10×扩增缓冲液 5μL；dNTP 混合液（2mmol/L）4μL；引物 1（10μmol/L）5μL；引物 2（10μmol/L）5μL；$MgCl_2$（25mmol/L）3μL；DNA 聚合酶（2U/μL）2μL；基因组 DNA 模板（1～10ng/μL）2μL（制备方法参照：分子克隆实验指南［M］. 北京：科学出版社，2016）；加 ddH_2O 至 50μL。瞬时离心混匀。

② 在 PCR 仪上设置好反应程序，立即置 PCR 仪上，进行 PCR 扩增。扩增程序为：94℃预变性 3min；94℃变性 45s，58℃退火 30s，72℃延伸 90s，循环 30 次；72℃总延伸 6min。4℃保存。PCR 产物电泳检测。方法见第一章第八节。

③ 序列测定及分析：最后将扩增成功的 PCR 产物送到测序服务有限公司进行测序，登录 NCBI 网站（https：//blast.ncbi.nlm.nih.gov/Blast.cgi），利用 BLAST 功能组件将测得的基因序列与 GenBank 数据库的序列进行同源性比较并绘制系统发育树。

五、知识扩展

真菌的鉴定是真菌研究和利用的基础。DNA 条形码（DNA barcoding）技术作为一新兴的物种鉴定方法以其灵敏、精确、方便和客观的优势，在动植物研究中已经得到广泛应用。rDNA ITS 作为真核生物域的第二大界——真菌界的 DNA 条形码，有利于真菌多型分类生态学和生物多样性的研究。rDNA ITS 是指核糖体 RNA 基因（rDNA）的内转录间隔区（ITS），通常情况下，ITS1、5.8S 和 ITS2 这 3 个区段合称为 ITS 序列，真菌 ITS 的长度一般在 650～750bp 之间。我国研究者应用 rDNA ITS 序列于医学、土壤、工业、植物内生、植物病原和污染真菌的鉴定中，对口腔黏膜、临床浅部真菌，银杉根际土壤真菌，纤维素降解菌，甘草、麻风树根部内生真菌，桃、猕猴桃果实贮藏期间病原真菌，黄瓜叶斑病菌，烟草根黑腐病致病菌，化妆品中污染真菌等的鉴定都以 rDNA ITS 序列作为主要的鉴定手段。

六、课程作业

① 记录实验结果，包括电泳结果图、测序结果、比对结果等。

② 为什么扩增 ITS 区域时所用引物对应的是 18S rRNA 基因和 28S rRNA 基因片段？

第二章
发酵工程菌种选育

第一节
土壤中产淀粉酶芽孢杆菌的富集与筛选

一、实验目的与学时

① 学习从自然环境中分离筛选工业微生物菌株的方法；
② 学习芽孢杆菌和产淀粉酶菌株的筛选方法；
③ 建议 4 学时。

二、实验原理

自然界中微生物资源十分丰富，各种各样的微生物基因组包含种类丰富的产酶基因，因此从自然界直接分离和筛选菌种（自然选育）是获取工业微生物菌种的最根本途径。空气、水体以及土壤中都含有丰富的微生物，土壤中微生物种类最为繁多，是分离工业菌种的最主要来源。然而自然样本中的微生物混合在一起，生长特点、代谢能力等有巨大的差异，要获得适合发酵工业的菌株，必须要经过分离、筛选的步骤。其中，稀释涂布法是分离、筛选微生物最基本的方法。其原理是放入无菌水的样品经充分振荡后悬浮于液体中，静置一段时间后样品中的各种组分开始沉降，由于微生物细胞体积小沉降慢，会较长时间悬浮于液体中。接下来通过对微生物细胞悬液的进一步稀释和选择性培养，从而分离获得目的菌株。

三、实验材料与仪器

(一) 实验菌种

① 湖泊沉积物、河边和花坛表层 10cm 以下的土壤样品中的菌株。
② 产淀粉酶模式菌株 2～3 株。

(二) 实验药品

芽孢染色液、碘液、无菌生理盐水、牛肉膏、蛋白胨、NaCl、可溶性淀粉、琼脂、孔雀绿、番红、碳酸盐、麦芽糖、DNS、红紫酸胺/尿酸铵、柠檬酸、柠檬酸钠。

（三）实验仪器与耗材

超净工作台、分析天平、pH计、电磁炉、高压蒸汽灭菌锅、电热恒温培养箱、恒温振荡水浴摇床、高速冷冻离心机、可见分光光度计、超声波细胞粉碎机、显微镜、移液枪、枪头、锥形瓶、烧杯、量筒、培养皿、试管、封口透气膜等。

四、实验方法

（一）试剂配制

（1）LB液体培养基

详见附录Ⅰ。

（2）淀粉琼脂培养基

依次称取牛肉膏 5g、蛋白胨 10g、NaCl 5g、可溶性淀粉 2g、琼脂 18g，加热溶解，加蒸馏水并定容至 1L，调节 pH 至 7.2，121℃高温湿热灭菌 20min，培养基冷却至 50～60℃，以无菌操作法倒至已灭菌的培养皿中，每皿约 25mL，冷却凝固待用。注意：配制时，先把淀粉用少量蒸馏水调成糊状，再加入熔化好的培养基中。

（3）麦芽糖标准溶液（1mg/mL）

精确称取 100.00mg 麦芽糖，用蒸馏水溶解并定容至 100mL。

（4）3,5-二硝基水杨酸（DNS）试剂

详见附录Ⅱ。

（5）柠檬酸缓冲液（100mmol/L、pH 5.6）

①称取 42.03g 柠檬酸，用蒸馏水溶解、定容至 1000mL，配制成母液 A（200mmol/L 柠檬酸）；②称取 58.82g 柠檬酸钠，用蒸馏水溶解、定容至 1000mL，配制成母液 B（200mmol/L 柠檬酸钠）；③取 27.5mL 母液 A 与 72.5mL 母液 B，混匀，调节 pH 至 5.6，用蒸馏水稀释至 200mL。

（6）1%淀粉溶液

称取 1g 可溶性淀粉，溶于 100mL 100mmol/L、pH 5.6 的柠檬酸缓冲液中。

（二）实验步骤

（1）样品预处理

① 稀释样品：称取样品 10g 加入锥形瓶中，与 90mL 无菌水和玻璃珠混匀，充分振荡 5min，并稀释到 $10^{-5}\sim10^{-3}$ 稀释度。

② 加热处理：取稀释好的样品，置于 100℃水浴 5min，灭活营养细胞，保留芽孢。

（2）菌株活化和初筛

① 菌株活化：取 100μL 处理好的稀释液涂布于淀粉琼脂培养基上，倒置于 30℃的恒温培养箱中培养 2d。

② 产酶菌株初筛（碘-淀粉实验）：在每个平板中加数滴碘液，观察菌落周围是否

出现透明圈，若出现则为阳性菌落。

③ 观察菌落形态：记录阳性菌落的形态特征。

④ 测试产酶能力：测量透明圈与菌落大小并计算其比值（HC 值）。与对照平板相比较，说明该菌株产淀粉酶的能力。数据记录至表 2-1。

表 2-1　碘-淀粉实验结果记录表

反应时间/min	结果 1			结果 2		
	透明圈直径/cm	菌落直径/cm	HC 比值	透明圈直径/cm	菌落直径/cm	HC 比值
1						
3						
0（对照）						

（3）染色法筛选芽孢杆菌

① 涂片、固定：滴半滴生理盐水在载玻片中央，挑取少量菌体与生理盐水混匀并均匀涂布，室温自然晾干或用电吹风吹干后，涂片朝上，通过火焰 2～3 次固定。

② 初染：滴加数滴 5%（质量分数）孔雀绿染液于涂片上，用木夹夹住载玻片在微火上加热至染液冒蒸汽时计时 5min（注意：加热过程中要及时添加染色液，切勿让标本干涸。）

③ 水洗：待载玻片冷却后，用缓流自来水冲洗至流出的水无色为止。

④ 复染：滴加数滴 5% 番红染色液，复染 2min。

⑤ 水洗：待载玻片冷却后，用缓流自来水冲洗至流出的水无色为止。

⑥ 干燥：室温自然晾干或电吹风吹干（也可用吸水纸吸干）载玻片上的水。

⑦ 镜检：干燥后用显微镜观察（红色为菌体，绿色为芽孢）。

（4）菌种复筛

① 种子制备：挑取两环目的菌株接种于 10mL LB 液体培养基中，置于 30℃ 的恒温培养箱中培养 20h。

② 摇瓶发酵：取菌悬液 1mL 接种于 20mL LB 液体培养基中，置于 30℃，150r/min 的恒温振荡器中培养，在 24h、48h 分别取 5mL。

③ 收取细胞外酶：将②中收取的发酵液以 4℃、4000g 离心 10min，收集上清液备用。

④ 收集细胞：在③中的细胞沉淀中加入生理盐水，充分振荡后以 4℃、4000g 离心 10min，弃上清液。

⑤ 收集细胞内酶：将④中的细胞重悬于 5mL 蒸馏水制成细胞悬液，冰水浴超声波粉碎细胞（120W，处理 3s，间隔 6s，处理 100 次）；接下来以 4℃、4000g 离心 10min，收集上清液备用。

（5）测试淀粉酶活性（3,5-二硝基水杨酸试剂法）

① 绘制麦芽糖标准曲线：取 7 支具塞刻度试管，编号，按表 2-2 加入试剂。摇匀，置沸水浴中煮沸 5min。取出后流水冷却，加蒸馏水至 20mL。以 0 号管作为空白调零，在波长 540nm 处比色测定。以麦芽糖含量（mg）为横坐标，吸光度值（OD）为纵坐标，绘制标准曲线，求得线性回归方程。

表 2-2　麦芽糖标准曲线制作表

试剂/mL	0	1	2	3	4	5	6
麦芽糖标准液	0.00	0.20	0.60	1.00	1.40	1.80	2.00
蒸馏水	2.00	1.80	1.40	1.00	0.60	0.20	0.00
DNS 试剂	2.00	2.00	2.00	2.00	2.00	2.00	2.00
相当于麦芽糖量	0.00	0.20	0.60	1.00	1.40	1.80	2.00

② 制备酶液：将待测样品转入 50mL 容量瓶中，加蒸馏水定容至刻度，摇匀，即为淀粉酶稀释液，用于 α-淀粉酶活性和淀粉酶总活性的测定。

③ 酶活测定：取 6 支具塞刻度试管，编号，按表 2-3 进行操作。加入 DNS 试剂后，摇匀各试管，置沸水浴中煮沸 5min，取出后迅速冷却，加蒸馏水至 20mL，摇匀。按照与制作标准曲线相同的方法，在 540nm 波长下比色，记录测定结果。

④ 计算结果：根据Ⅰ-2、Ⅰ-3 吸光度平均值与Ⅰ-1 吸光度值之差，Ⅱ-2、Ⅱ-3 吸光度平均值与Ⅱ-1 吸光度值之差，分别在标准曲线上查出相应的麦芽糖量（mg），计算 α-淀粉酶的活性和淀粉酶总活性，然后再计算出 β-淀粉酶活性。β-淀粉酶活性＝淀粉酶总活性－α-淀粉酶活性

注：40℃下每分钟产生 1mg 麦芽糖的酶量为一个酶活单位（U）。

表 2-3　淀粉酶活性测试表

试剂/mL	Ⅰ-1	Ⅰ-2	Ⅰ-3	Ⅱ-1	Ⅱ-2	Ⅱ-3
淀粉酶稀释液	1.00	1.00	1.00	—	—	—
钝化 β-淀粉酶	在 70℃水浴中保温 15min,取出后在流水中冷却					
淀粉酶稀释液	—	—	—	1.00	1.00	1.00
DNS 试剂	2.00	0.00	0.00	2.00	0.00	0.00
预保温	将各试管和淀粉溶液置于 40℃恒温水浴中保温 10min					
40℃ 1%淀粉溶液	1.00	1.00	1.00	1.00	1.00	1.00
保温	40℃水浴中准确保温反应 5min					
DNS 试剂	0.00	2.00	2.00	0.00	2.00	2.00

五、注意事项

① 注意无菌操作。

② 稀释时注意将 10^{-1} 稀释液振荡后静置 2min，用无菌移液管吸取 0.5mL 上层细胞悬液，加至装有 4.5mL 无菌水的试管中，制成 10^{-2} 稀释液。同法依次制备 10^{-3}、10^{-4}、10^{-5} 稀释液。稀释过程中，从高浓度到低浓度，每稀释一次应更换一支移液管。

③ 涂布时注意另取移液管，分别以无菌操作法吸取 10^{-5}、10^{-4}、10^{-3} 的稀释液 0.1mL（依样品中微生物的多少选取不同的稀释度）加至制备好的平板上，用无菌涂布棒涂布均匀。从低浓度到高浓度，可以用同一根移液管或涂布棒。

④ 测定淀粉酶总活性时常需要稀释，样品提取液的定容体积和酶液稀释倍数可根据不同材料酶活性的大小而定。

⑤ DNS 试剂是强碱性试剂，在淀粉原酶液和稀释液中分别先加入 DNS 试剂（Ⅰ-1、

Ⅱ-1号试管），可以钝化酶活性，作为空白对照。

⑥ 为了确保酶促反应时间的准确性，在进行保温这一步骤时，可以将各试管每隔一定时间依次放入恒温水浴，准确记录时间，达到5min时取出试管，立即加入3,5-二硝基水杨酸以终止酶反应，以便尽量减小各试管保温时间不同而引起的误差。

⑦ 同时恒温水浴温度变化应不超过±0.5℃。酶反应需要适当的温度，酶只有在一定的温度条件下才表现出最大活性，40℃是淀粉酶的最适温度，所以应将酶液和底物（淀粉液）先分别保温至最适温度，然后进行酶反应，这样才能使测得的数据更加准确。

六、知识扩展

从复杂的微生物生态系统中分离单个细菌的传统方法通常需要耗费较多的人力、物力以及时间，达到规模化的水平比较困难，而且缺乏表型-基因型的整合。在常规的分离培养实验室中，使用视觉特征进行选择性挑选菌落通常是定性的，没有标准化，结果在不同的实验和实验者之间可能有很大的不同。为了解决这些问题，科学家们设计了一个平台，称为自动微生物组成像和分离的培养学（Culturomics by Automated Microbiome Imaging and Isolation，CAMII），将培养学与形态学和基因型数据系统化，用于菌落分离和功能分析。CAMII平台由四个关键因素组成：①收集菌落形态数据的成像系统和人工智能指导的菌落选择算法；②用于高通量分离和排列分离物的自动菌落采摘机器人；③为采集的分离株快速生成基因组数据的低成本管道；④具有可搜索菌落形态、表型和基因型信息的物理分离株生物库和数字数据库。

七、课程作业

① 计算菌株的细胞外和细胞内酶活。
② 设计从土壤中分离产碱性磷酸酶芽孢杆菌的实验方案。

第二节
紫外诱变法选育酒酒球菌乙醇胁迫耐受菌株

一、实验目的与学时

① 学习和理解紫外诱变基本原理，掌握紫外诱变选育发酵工业菌种的基本步骤；
② 学习活细胞计数和菌株胁迫耐受性测定方法；
③ 建议4学时。

二、实验原理

诱变育种即对出发菌株进行诱变，然后运用合理的程序与方法筛选符合要求的优良菌株的工业微生物育种方式。其原理是基于自发突变，菌株由于接触到诱变剂（如紫外线辐射、电离辐射或5-溴尿嘧啶），突变频率显著增加，接下来通过目的性筛选获得生产性能得到改善的新菌株。

诱变剂包括物理诱变剂、化学诱变剂和生物诱变剂三类。物理诱变剂即通过物理作用使菌种发生遗传信息改变的物质，包括快中子、^{60}Co γ 射线、β 射线和紫外线等。其中，紫外诱变是在微生物发酵技术育种中最早使用的一种诱变方法，原因是紫外线是一种非电离辐射的诱变剂，该法具有简便易行、对条件和设备要求较低并且适用于多种工业菌种（如芽孢杆菌、链霉菌、镰刀菌）的优点，在微生物育种中广泛应用。

三、实验材料与仪器

（一）实验菌种

所用菌种来自市面所售酒酒球菌（*Oenococcus oeni*）。

（二）实验药品

乙醇、甘油、蛋白胨、葡萄糖、酵母浸出粉、$MgSO_4 \cdot 7H_2O$、$MnSO_4$、盐酸半胱氨酸、番茄汁、琼脂等。

（三）实验仪器与耗材

超净工作台、分析天平、pH 计、电磁炉、高压蒸汽灭菌锅、电热恒温培养箱、恒温振荡水浴摇床、高速冷冻离心机、紫外可见分光光度计、移液枪、枪头、锥形瓶、烧杯、量筒、培养皿、试管和封口透气膜等。

四、实验方法

（一）试剂配制

① ATB 液体培养基：详见附录Ⅰ。
② ATB 固体培养基：详见附录Ⅰ。

（二）实验步骤

（1）种子制备

① 菌株活化：用移液枪吸取 100 μL 甘油中保藏的 SD-2a 菌液，接种至 ATB 培养基（pH 4.8）中，28℃静置培养 2d。

② 转接：将上述菌液转接一次再培养 2d，然后稀释制成 OD_{600nm} 约为 1 的菌悬液。

（2）诱变处理

① 优化诱变时间：使用紫外灯照射准备好的菌株单细胞悬液，紫外灯距平板 20cm，分别照射 65s、70s、75s、80s、85s、90s、95s 和 100s，每个实验三个重复，之后用移液器从每管中吸取 100 μL 涂布于 ATB 平板上，放入 28℃恒温培养箱中静置避光培养 5d。

② 计算致死率：挑选每种诱变时间对应的菌落数在 30～300 之间的平板进行菌落计数，与未处理的对比，选择致死率在 80%～90% 对应的照射时间作为接下来诱变的时间，将结果记录在表 2-4 中。

表 2-4　诱变致死率记录表

处理时间/min	稀释倍数			存活率/%	致死率/%
	10^{-4}	10^{-5}	10^{-6}		
1					
3					
0(对照)					

③ 紫外诱变：使用紫外灯照射准备好的菌株单细胞悬液，紫外灯距平板 20cm，按照最优的三个时间条件处理菌悬液，每个实验三个重复。

（3）菌种初筛

① 稀释涂布：用移液器从每管处理后的菌液中吸取 $100\mu L$，梯度稀释并涂布于 ATB 固体平板上，放入 28℃恒温培养箱中静置避光培养 5d。

② 观察形态：观察菌落形态并记录形态特征，统计形态变异率。

③ 制备种子液：吸取诱变后的菌液 1mL 于含有 14%乙醇（体积分数）的 ATB 液体培养基中，26℃条件下静置培养 7d 作为种子液。

④ 乙醇耐受性测试：将种子液按 2%（体积分数）的接种量转接到含有 14%乙醇（体积分数）的 ATB 液体培养基中，26℃静置培养 7d，此为第二代，以此类推，共转接五代。

⑤ 纯化菌株：取转接五代的菌液，按 10 倍梯度稀释至 10^{-5}，取稀释度为 10^{-3}、10^{-4}、10^{-5} 的稀释液涂布于 ATB 固体平板上，26℃静置培养 7d。

⑥ 挑取突变株：长出单菌落后，挑选三个长势较好的单菌落，进一步划线纯化，获得突变菌株。

（4）菌种复筛

① 制备种子液：调整出发菌株和突变菌株种子液的 OD_{600nm} 值为 1.0。

② 接种培养：取 2mL 的种子液接种至 98mL 的含体积分数为 10%、12%、14%乙醇的 ATB 液体培养基中，每个处理做 3 个平行实验，置于 26℃的恒温培养箱中，共培养 216h。

③ 测试菌株生长曲线：每隔 12h 测一次 OD_{600nm} 值，以培养时间为横坐标，以 OD_{600nm} 值为纵坐标，绘制生长曲线。

④ 菌落计数：分别在发酵 0h、48h、96h、144h、192h 时取 $500\mu L$ 发酵液，用 0.9%生理盐水按 10 倍梯度稀释到 10^{-6}，取稀释液 $5\mu L$ 点接于 ATB 固体平板上，26℃静置培养 4~5d，长出单菌落后，对菌落进行计数。

五、注意事项

① 经紫外线损伤的 DNA，能被可见光复活作用修复。因此，经诱变处理后的微生物菌种要避免可见光的照射，故经紫外线照射后样品需用黑纸或黑布包裹。

② 一些细胞可以在黑暗中修复紫外线对 DNA 的损伤，不需要光照，即黑暗复活或间接光复活作用。因此，照射处理后的菌悬液不要贮放太久，以免突变在黑暗中修复。

六、知识扩展

我国地域广阔，生态条件复杂，研究者们从 20 世纪开始对我国葡萄酒主产区存在的苹果酸-乳酸菌进行分离和鉴定，筛选了优良的自然菌株，建立了酒酒球菌的分离培养体系，并对葡萄酒苹果酸-乳酸发酵调控、酒酒球菌的生长代谢及相关机制进行了报道，一系列的研究和育种工作推动了我国葡萄酒产业的发展。

七、课程作业

① 计算照射 70s 和 85s 实验组的致死率和存活率。
② 比较突变菌株与对照菌株的乙醇耐受性，耐受性是否提高并思考其原因。

第三节
化学诱变法选育高产片球菌素乳酸片球菌菌株

一、实验目的与学时

① 学习化学诱变的基本原理，掌握化学诱变选育发酵工业菌种的基本步骤；
② 学习测试突变菌株遗传稳定性的方法；
③ 建议 4 学时。

二、实验原理

化学诱变剂即能对 DNA 起作用，引起遗传变异的化学物质。化学诱变具有诱变剂用量少、种类较多且设备简单的优点，所以其应用发展较快、应用广泛。根据其作用方式，可以分为碱基类似物（base analogue）、碱基修饰剂（base modifier）和移码突变剂（frameshift mutagen）三种。在实际诱变过程中，最好使用多种类型的诱变剂，使产生的突变类型尽可能多样。

化学诱变剂的诱变效应受其理化特性的影响，处理浓度、缓冲液成分、处理时间以及温度都会影响诱变效果，操作中实际使用的参数取决于诱变剂的种类和微生物本身的特征。此外，诱变过程中由于反应的进行，诱变剂本身以及反应体系发生变化，在设计实验方案时应该特别注意。

三、实验材料与仪器

（一）实验菌种

① 待诱变菌株来自实验室保藏的乳酸片球菌（*Pediococcus acidilactici*）。
② 商品化指示菌：单核细胞增生李斯特菌（*Listeria monocytogenes* CVCC1595）、植

物乳杆菌（*Lactobacillus plantarum* CICC6043）及干酪乳杆菌（*Lactobacillus casei* LD3）。

（二）实验药品

蛋白胨、酵母提取物、酵母膏、牛肉膏、大豆胨、葡萄糖、吐温-80、$MgSO_4 \cdot 7H_2O$、$MnSO_4$、琼脂、NaOH、H_3PO_4、NaCl、K_2HPO_4、CH_3COONa、柠檬酸铵、$CaCO_3$、考马斯亮蓝、LiCl、HCl、硫酸二乙酯、无水乙醇等。

（三）实验仪器与耗材

超净工作台、电子天平、pH计、电磁炉、电磁搅拌器、高压蒸汽灭菌锅、电热恒温培养箱、恒温振荡水浴摇床、高速冷冻离心机、紫外分光光度计、旋涡混合器、移液枪、枪头、锥形瓶、烧杯、量筒、培养皿、试管、封口透气膜等。

四、实验方法

（一）试剂配制

① MRS液体培养基：详见附录Ⅰ。
② MRS固体培养基：详见附录Ⅰ。

（二）实验步骤

（1）制备菌悬液

① 菌株活化：取甘油管中冻藏的菌液 5μL 接种于 5mL MRS液体培养基中，置于 37℃恒温培养箱中培养14h。

② 种子制备：取上述菌液 10μL 接种于 5mL MRS液体培养基中，置于 37℃恒温培养箱中培养14h。

③ 收集种子液：按上述步骤重复转接一次，在对数生长后期收集 5mL 菌液备用，菌液 OD_{600nm} 值在 1.6 左右。

④ 漂洗培养基：将处于对数生长期的菌液在室温离心（4000g，15min）后倒掉上清液，加入 5mL 蒸馏水，充分混匀后离心，重复加入 PBS 冲洗 3 次以洗净培养基。

⑤ 调节细胞浓度：将细胞重悬于蒸馏水中，用磁力搅拌器搅拌 20min，打散细胞后进行显微镜计数，调节细胞浓度至 10^8 cfu/mL、10^7 cfu/mL、10^6 cfu/mL、10^5 cfu/mL、10^4 cfu/mL 备用。

（2）单因素优化诱变条件

① 优化菌悬液浓度：用浓度为 0.6% 的硫酸二乙酯（DES）处理浓度分别为 10^4 cfu/mL、10^5 cfu/mL、10^6 cfu/mL、10^7 cfu/mL、10^8 cfu/mL 的菌悬液，在 37℃ 的水浴锅中反应 20min，菌落计数后计算致死率。

② 优化硫酸二乙酯浓度：选取浓度为 10^7 cfu/mL 的菌悬液，调节 DES 的浓度为 0.6%、0.8%、1.0%、1.2%、1.4%，在 37℃ 的水浴锅中反应 20min，菌落计数后计算致死率。

③ 优化诱变时间：选取浓度为 10^7 cfu/mL 的菌悬液，调节 DES 浓度为 0.6%，在 37℃ 的水浴锅中分别反应 20min、25min、30min、35min、40min，菌落计数后计算致死率。

④ 优化诱变温度：选取浓度为 10^7 cfu/mL 的菌悬液，调节 DES 浓度为 0.6%，在 35℃、37℃、39℃、41℃、43℃ 的水浴锅中反应 35min，菌落计数后计算致死率。

（3）诱变条件的多因素优化

参照第三章中的正交试验设计、响应面优化设计以及神经网络等方法对菌悬液浓度、诱变剂浓度、反应时间和温度进行多因素优化，并挑选最适的反应条件进行后续实验。

（4）第一次诱变及筛选菌株

① 诱变处理：选取适当的反应参数，对菌株进行诱变处理。

② 结束反应并收集突变体：吸取诱变过程得到的液体于离心管中，8000r/min 离心 3min 收集细胞。

③ 去除诱变剂：加入蒸馏水轻柔混匀后再离心，蒸馏水漂洗 2 次后重悬于 PBS 中。

④ 涂布培养：吸取适量菌悬液并调节细胞密度，涂布，置于 37℃ 恒温培养 16h。

⑤ 摇瓶发酵准备：选取菌落分布均匀、菌落数在 100~250cfu/mL 之间的平皿，挑选 5~10 株接种成发酵种子液，之后进行液体发酵培养。

⑥ 菌株初筛：采用双层牛津杯平板抑菌实验验证菌株的抑菌性能，保留抑菌圈较大的突变菌株用于后续实验。

（5）第二次诱变（氯化锂诱变）及菌株筛选

① 制备菌悬液：将上述实验中获得的菌株制成浓度为 10^7 cfu/mL 的菌悬液。

② 诱变处理：参照前文步骤优化反应条件后用氯化锂进行诱变处理。

③ 菌株初筛：摇瓶发酵后采用双层牛津杯平板抑菌实验验证菌株的抑菌性能，保留抑菌圈较大的突变菌株保藏并用于后续实验。

（6）菌株复筛（评价片球菌素效价）

① 发酵并收集产物：挑取经诱变的平板上的单菌落划斜面，将斜面传代两次后使菌种活力达到一定的要求。挑取一环菌接种于 10mL MRS 液体培养基中，37℃ 下恒温培养 16h；发酵结束时用 2mol/L 的 HCl 调节 pH 至 2.0（防止片球菌素吸附到细胞上），然后去除蛋白酶等（详细步骤参照第五章产物分离），收集产物备用。

② 管碟法测试抑菌活性：利用抑菌物质在摊布特定实验菌的固体培养基内成球面形扩散，形成含一定浓度抑菌物质的球形区，抑制了实验菌的繁殖而呈现出透明的抑菌圈，且在一定浓度范围内，对数剂量与抑菌圈直径（面积）呈直线关系而设计，通过检测该物质对微生物的抑制作用，比较标准品与供试品产生抑菌圈的大小，计算出供试品的效价。

（7）评价突变菌株产片球菌素的遗传稳定性

① 传代培养：将突变菌株进行连续的斜面传代，每一代置于 37℃ 下培养 16h 后继续传代。

② 发酵并测试其抑菌性能：在第 1、3、5、8、10、12、15、10 和 20 代分别挑取 1 环菌种接入 MRS 液体培养基中，在最适条件下培养并发酵，用牛津杯双层平板法（MRS 固体培养基）测定其效价大小，判断片球菌素高产突变菌株产片球菌素的遗传稳定性。

五、注意事项

① 致死率的计算方法为：将诱变后菌悬液与未经处理的菌悬液逐级稀释，分别取 $100\mu L$ 涂布平板，同时置于 37℃ 恒温培养箱中进行培养，16h 后计算致死率。计算公式为：

$$致死率 = \frac{A-B}{B} \times 100\%$$

其中，A 表示未经处理的菌悬液涂布的平板中菌落数，B 表示诱变后菌悬液涂布的平板中菌落数。

② 一般化学诱变剂都有毒，很多又是致癌物，所以在使用中必须非常谨慎，要避免吸入诱变剂的蒸气以及避免化学诱变剂与皮肤直接接触（尤其是带伤口的皮肤）。

③ 操作室内有吸风装置或蒸气罩，有些人对某些化学诱变剂很敏感，在操作时就更应该注意。

④ 使用者除了要注意自身的安全，更要防止污染环境，避免造成公害。

六、知识扩展

乳酸菌（lactic acid bacteria，LAB）是一类能发酵碳水化合物（主要指葡萄糖）产生大量乳酸的细菌的统称。乳酸菌分布非常广泛，是人体和环境中的一类重要的微生物，可抑制一些腐败菌和病原菌，维持人体内环境特别是肠道正常的微生态环境。近年来，我国研究者在乳酸菌方面取得了重要的系列研究成果，建成了亚洲最大乳酸菌菌种资源库，其中经过认证的菌株高达 38000 多株，打破了西方国家垄断了的菌种发酵技术，对于我国益生菌产业发展的意义十分重大。

七、课程作业

① 计算并比较致死率与正突变率的关系。
② 比较各突变株的遗传稳定性。
③ 说明物理诱变和化学诱变的特点，并比较其优点与不足。

第四节

基于 ARTP 和适应性进化选育耐胃酸凝结芽孢杆菌

一、实验目的与学时

① 学习并掌握常压室温等离子体诱变（atmosphericand roomtemperature plasma，ARTP）的基本原理和操作步骤；
② 掌握适应性进化在微生物育种中的使用方法和意义；

③ 建议 4 学时。

二、实验原理

ARTP 在处理过程中，系统产生的具有活性的高能粒子会引起细胞壁、膜理化性质的改变进而导致遗传物质的损伤；细胞被迫启动组织的修复机制，产生修复位点及多种突变株。相对于传统的育种方法，ARTP 具有诱变速度快、频率高、绿色无辐射、突变株多样等明显优势。

适应性进化（adaptive laboratory evolution，ALE）是利用微生物固有的"生物鲁棒性"，即在特定的压力条件下生物体为适应环境会进行自我进化，将微生物置于一定的环境压力，通过长期驯化得到具有特定表型突变株的方法。

三、实验材料与仪器

（一）实验菌种

所用菌种来自实验室保藏的凝结芽孢杆菌（*Bacillus coagulans*）。

（二）实验药品

葡萄糖、蛋白胨、酵母膏、牛肉膏、柠檬酸铵、CH_3COONa、$MnSO_4$、吐温-80、琼脂、$MgSO_4 \cdot 7H_2O$、NaCl、KCl、Na_2HPO_4、KH_2PO_4、无水乙醇等分析纯试剂，胃蛋白酶、胰蛋白酶、NaOH、HCl、胆盐等。

（三）实验仪器与耗材

常压室温等离子体诱变仪、旋涡振荡仪、立式全自动高压灭菌锅、酶标仪、台式高速冷冻离心机、便携式 pH 计、超声波双频清洗机、超净工作台、恒温恒湿培养箱、组合式摇床、电子天平、移液枪、枪头、锥形瓶、烧杯、量筒、培养皿、试管、封口透气膜等。

四、实验方法

（一）试剂配制

① 斜面及固体培养基（MRS 固体培养基）：详见附录Ⅰ。

② MRS 液体培养基：详见附录Ⅰ。

③ 筛选培养基：MRS 固体平板培养基 1L，加入 3g 胆盐。

④ PBS（pH 7.4）：详见附录Ⅱ。

⑤ 24 孔板培养基：在 MRS 液体培养基（附录Ⅰ）的基础上分别用 PBS 调 pH 至6.2、4.0、3.5、3.0 和 2.5，115℃灭菌 20min。

⑥ 模拟胃液：MRS 液体培养基中加入终浓度为 1.0g/L 的胃蛋白酶，用 HCl 调pH 至 2.5，经 $0.22\mu m$ 滤膜过滤备用。

⑦ 模拟肠液：MRS 液体培养基添加 0.3%（质量分数）的胆盐和终浓度为 1.0g/L的胰蛋白酶，用 NaOH 调 pH 至 7.4，经 $0.22\mu m$ 滤膜过滤备用。

（二）实验步骤

（1）预处理

① 菌株活化：挑取一环斜面保存的菌体转接到 5mL 无菌 MRS 液体培养基中，37℃、180r/min 振荡培养 48h。

② 传代：取 $100\mu L$ ①中的菌液转接到 5mL 无菌 MRS 液体培养基中，37℃、180r/min 振荡培养 48h。

③ 收集对数期细胞：取 1mL ②中的菌液转接到 50mL 新鲜无菌的 MRS 液体培养基中，37℃、180r/min 振荡培养约 16h（对数生长期），备用。

④ 稀释涂布：取对数期菌液，稀释至 10^{-6}、10^{-7}、10^{-8}；吸取稀释好的 $100\mu L$ 菌悬液涂布于含 0.3%（质量分数）胆盐的筛选培养基，37℃培养 48h。

⑤ 挑选培养：挑取长势较好的单菌落，转接到 5mL 无菌 MRS 液体培养基中。

⑥ 制备菌悬液：取 $100\mu L$ ⑤中的菌液转接到 5mL 新鲜无菌的 MRS 液体培养基中，37℃、180r/min 振荡培养约 16h（对数生长期），然后离心收集菌体（8000r/min，1min，4℃），重悬于 PBS 中，并调节细胞数量约在 2.5×10^8 个/mL，备用。

（2）ARTP 诱变

① 仪器准备：依次开启仪器开关、冷却水循环机、气阀，点击操作界面"紫外灯开"，照射 30min。

② 诱变处理：取 $10\mu L$ 预先准备好的菌悬液涂布于已灭菌的金属片上，置于育种机辐射室内，以氦气为致变剂，建议按照表 2-5 设定功率等参数。

表 2-5　ARTP 诱变凝结芽孢杆菌参数

参数	条件
功率/W	120
气流量/(L/min)	8
辐射距离/mm	2
辐射时间/s	0～30

③ 收集突变菌液：诱变结束后将铜片置于盛有 1mL 新鲜培养基的离心管中，充分振荡使菌体完全散落，形成新的菌悬液。

④ 关机：关闭气阀，点击"流量计关"排除仪器内残留气体。清洁操作室，再次开启紫外灯杀菌 30min 后，关闭冷却水循环机并关机。

⑤ 计算致死率：将离心管中的菌悬液稀释到适当梯度，取 $100\mu L$ 均匀涂布到 MRS 固体平板上，37℃倒置培养 48h。以 0s 作为空白对照，计算致死率。

（3）菌株初筛

① 稀释涂布：取 $100\mu L$ 最佳诱变时间下的菌悬液，均匀涂布于筛选培养基，37℃倒置培养 48h。

② 挑选菌落：挑出 20 个肉眼可见的、形态饱满、颗粒较大的菌落至 1mL 无菌 MRS 液体培养基中，37℃、180r/min 振荡培养 16h，备用。

（4）菌株复筛

① 准备 24 孔板：分别向孔中倒入 pH 3.0、3.5 和 4.0 的 MRS 液体培养基 2mL，备用。

② 准备种子液：将活化好的出发菌株和初筛菌株的菌液离心（8000r/min，1min，

4℃），收集菌体，重悬于 PBS 中并调节菌液 OD_{600nm} 为 1.0，备用。

③ 接种培养：取 $20\mu L$ 种子液转接到 24 孔板中，37℃培养 3h。

④ 稀释涂布：取 $100\mu L$③中的菌液涂布于 MRS 固体平板，37℃倒置培养 48h。

⑤ 计算存活率：以出发菌株为空白对照，计算存活率并筛选出 5 株正突变菌株。

⑥ 保存菌株：将⑤中选出的菌株挑至 1mL 无菌 MRS 液体培养基中，37℃、180r/min 振荡培养 48h，然后转接到甘油冻存管中进行保藏备用。

（5）适应性进化

① 准备种子液：活化复筛得到的菌株，培养至对数期并调节菌液 OD_{600nm} 为 1.0，备用。

② 摇瓶培养：在 50mL 三角瓶中装入 20mL pH 5.0 的无菌 MRS 液体培养基，接种 $400\mu L$ 种子液，37℃、180r/min 振荡 3d。

③ 转接培养：取②中的菌液 $400\mu L$ 转接至 pH 4.5 的新鲜 MRS 液体培养基中，37℃、180r/min 振荡 3d，之后依次转接至 pH 6.2、4.0、3.5、3.0 和 2.5 的新鲜 MRS 液体培养基中。

④ 计算存活率：取③中培养了 3d 的菌液稀释涂布，计算存活率。

⑤ 平行试验：将上述步骤重复 3 次。

（6）耐胃酸性能评价

① 模拟胃液：取 1mL 对数期菌液转接到 9mL 模拟胃液中（体外胃肠道模拟消化系统），混匀，置于 37℃孵育 3h。

② 模拟肠液：离心（5000r/min，10min，4℃）收集①中的菌体，转接到相同体积的模拟肠液中，混匀，置于 37℃孵育 3h。

③ 计算存活率：整个过程中每隔 1h 取 $100\mu L$ 菌液进行稀释涂布，计算存活率。

五、注意事项

使用常压室温等离子体诱变仪诱变时，注意使用前、后的灭菌处理，避免交叉污染。

六、知识扩展

常压室温等离子诱变育种技术与装备是我国科学家历经十余年研发工作的成果，开发了以多种气源为工作气体、无丝状放电、均匀稳定的大气压射频辉光放电等离子体射流技术，利用离子体射流中丰富的活性粒子实现对微生物的高强度遗传物质损伤和高效突变。项目团队通过与企业合作，研制出系列 ARTP 新型诱变育种装备，能满足不同类型微生物诱变育种的需求。该技术此前曾获得第四十五届日内瓦发明博览会金奖和中国发明专利优秀奖等奖项。ARTP 育种技术及装备已经成功应用于包括细菌、放线菌、真菌、酵母、微藻等在内的 100 多种微生物诱变育种。系列设备销售服务于国内外 70 余家科研机构和企业，取得了显著的社会和经济效益。

七、课程作业

① 说明致死率与产生正向突变的概率的关系。

② 简述 ARTP 应用于真菌育种的基本原理和实验步骤。

第五节
原生质体融合技术选育高产
ε-聚赖氨酸（ε-PL）白色链霉菌

一、实验目的与学时

① 掌握原生质体育种的基本原理和操作步骤；
② 掌握甲基橙显色法测定发酵产物的基本原理和操作步骤；
③ 建议 8 学时。

二、实验原理

原生质体育种技术是在经典基因重组基础上发展起来的一种新的更为有效的方法，原生质体育种技术主要有原生质体融合、原生质体转化和原生质体诱变育种等。原生质体融合是通过人为手段实现基因组交换重组，最后筛选出具有双亲优良性状融合子的技术。相较于常规的基因重组育种方式（如原核微生物的接合、转导和转化），原生质体融合时两亲本的整套染色体都参与交换，细胞质也完全融合，能产生更丰富的性状组合，融合子集中获得两亲本优良性状的机会增大，而且可以进行三亲本，甚至多亲本的原生质体融合，集各亲株优良性状于一体。原生质体融合育种技术可以很大程度上缩短菌株改造所花费的时间，仅需要几轮融合就可以达到经典育种技术几年甚至几十年的目标，在微生物育种中占有重要地位。

三、实验材料与仪器

（一）实验菌种

经过选育保藏在实验室的白色链霉菌（*Streptomyces albus*）高链霉素抗性突变株 S-53 和高遗传霉素抗性突变株 G-154。

（二）实验药品

可溶性淀粉、蔗糖、琼脂、NaOH、$MnCl_2$、EDTA·Na_2（乙二胺四乙酸二钠）、$FeCl_3$、$ZnCl_2$、$Na_2B_4O_7$、HCl、PEG6000、Tris、SDS（十二烷基硫酸钠）、葡萄糖、$(NH_4)_2SO_4$、K_2HPO_4、KH_2PO_4、Na_2HPO_4、NaH_2PO_4、K_2SO_4、$(NH_4)_6Mo_7O_2$、$MgSO_4$（$MgSO_4·7H_2O$）、$ZnSO_4$、$FeSO_4$、$MgCl_2$、$CaCl_2$、链霉素、遗传霉素、甲基橙、蛋白胨、酵母粉、溶菌酶、ε-聚赖氨酸标准品等。

（三）实验仪器与耗材

超净工作台、分析天平、电子天平、pH 计、电磁炉、高压蒸汽灭菌锅、电热恒温培养箱、恒温振荡水浴摇床、高速冷冻离心机、紫外分光光度计、多功能酶标仪、移液枪、枪头、锥形瓶、烧杯、量筒、培养皿、试管、封口透气膜等。

四、实验方法

（一）试剂配制

① BNT 液体培养基：详见附录 I。

② M_3G 培养基：详见附录 I。

③ 菌丝片培养基：依次称取可溶性淀粉 20g，酵母粉 6g，K_2HPO_4 0.5g，KH_2PO_4 2g，$MgSO_4$ 1g，加入蒸馏水定容至 1L。调节 pH7.5，然后 121℃灭菌 20min。

④ 高渗再生培养基：依次称取蔗糖 103g，葡萄糖 20g，蛋白胨 4g，酵母粉 3g，$MgCl_2$ 10g，加入微量元素溶液 2mL，TES 溶液 10mL，琼脂 20g，加入蒸馏水定容至 1L，然后 121℃灭菌 20min。灭菌后每 200mL 培养基依次加入 KH_2PO_4 2mL、$CaCl_2$ 1.6mL、NaOH 0.8mL。加入过程中不断摇动锥形瓶，充分混匀培养基，添加完成后倾倒平板。

⑤ 1mmol/L 甲基橙溶液：称量甲基橙 0.327g，蒸馏水溶解并定容至 1L。

⑥ 0.7mmol/L 磷酸盐缓冲液：分别称取 Na_2HPO_4 0.2606g 和 NaH_2PO_4 0.1092g，溶解后分别定容至 1L，两者混合至 pH 6.9。

⑦ 微量元素溶液：依次称取 $FeCl_3$ 200mg，$CaCl_2$ 10mg、$ZnCl_2$ 40mg、$Na_2B_4O_7$ 10mg、$(NH_4)_6Mo_7O_2$ 10mg、$MnCl_2$ 10mg，加入蒸馏水定容至 1L。

⑧ TES 溶液：$EDTA·Na_2$ 1g、Tris 3.2g、SDS 2.2g，加入蒸馏水定容至 1L，用盐酸调 pH 至 7.2，然后 121℃灭菌 20min。

⑨ PB 高渗液：依次称取蔗糖 103g、$MaCl_2$ 2g、K_2SO_4 0.25g，加入微量元素溶液 2mL，加入蒸馏水定容至 880mL。121℃灭菌 20min，灭菌后依次加入 KH_2PO_4 10mL、$CaCl_2$ 10mL、无菌 TES 溶液 100mL。

⑩ 无菌 KH_2PO_4 溶液：称量 KH_2PO_4 0.5g，加入蒸馏水定容至 100mL，121℃灭菌 20min。

⑪ 无菌 $CaCl_2$ 溶液：称量 $CaCl_2$ 37g，加入蒸馏水定容至 100mL，121℃灭菌 20min。

⑫ 无菌 NaOH 溶液：称量 NaOH 4g，加入蒸馏水定容至 100mL，121℃灭菌 20min。

⑬ 溶菌酶母液：溶菌酶 1g 溶于 20mL 高渗液，配制成 50mg/mL 的溶菌酶母液，0.22μm 孔径滤膜过滤，4℃保存备用。

⑭ 聚乙二醇溶液：称量 PEG 6000 40g 溶于高渗溶液，加入蒸馏水定容至 100mL，121℃高温灭菌 20min。

⑮ 甲基橙溶液：甲基橙从水中重结晶并干燥至恒重，然后溶于 0.1mol/L 的磷酸钠缓冲液中（pH 6.6）。

⑯ ε-聚赖氨酸标准品溶液：将 ε-聚赖氨酸的标准品溶于 0.1mol/L 的磷酸钠缓冲液中，配制成不同浓度。

（二）实验步骤

（1）制备原生质体

① 菌体培养：刮取孢子两环，接种于 M_3G 培养基，30℃，200r/min 培养 30h。

② 收集菌体：收集 10mL 发酵液 10000r/min 低温离心 10min，弃上清液。

③ 洗涤菌体：菌体沉淀用无菌水重悬后离心，之后取 PB 高渗液重悬菌体沉淀，12000r/min 低温离心，去上清液并重复操作两次。

④ 重悬菌体：取 5mL PB 高渗液重悬菌体。

⑤ 原生质体制备：取 0.5mL 溶菌酶母液加入菌体悬液，使溶菌酶浓度为 5mg/mL，30℃水浴 120min，其间每 5min 轻微颠倒。

⑥ 原生质体纯化：酶解结束后过滤酶解反应液，去除未酶解菌丝，滤液 5000r/min 温和离心 6min，弃上清液并用 PB 高渗液重悬。

（2）优化制备原生质体的条件

① 优化菌体形态：刮取 G-154 孢子两环分别接种于 M_3G 培养基和菌丝片培养基，培养 30h 后收集菌体并进行原生质体的制备，其他条件同上文（1）制备原生质体，每隔 15min 镜检原生质体制备情况。

② 优化菌株的对数生长期：刮取两环亲本孢子接种于菌丝片培养基中，每 8h 测定菌体生物量并绘制生长曲线，确定 S-53 和 G-154 的对数生长期。

③ 优化最适溶菌酶浓度：设置溶菌酶浓度梯度为 1mg/mL、3mg/mL、5mg/mL、7mg/mL、9mg/mL，其他条件同上文"（1）制备原生质体"进行原生质体的制备。

④ 优化最适酶解时间：将溶菌酶浓度设置为 5mg/mL，酶解时间梯度设置为 30min、60min、90min、120min、150min、180min，其他条件同上文（1）制备原生质体进行原生质体的制备。

⑤ 优化最适的酶解温度：将溶菌酶浓度设置为 5mg/mL，酶解作用温度梯度设置为 28℃、30℃、32℃、34℃，其他条件同上文（1）制备原生质体进行原生质体的制备。

（3）优化双亲灭活法原生质体融合条件

① 紫外灭活原生质体：把原生质体悬液倾倒于无菌培养皿中，平皿置于距离超净台 20W 紫外灯 10cm 位置处，使用紫外线对原生质体进行照射灭活处理，紫外灭活时间设置为 20min、40min、60min、80min、100min、120min，每 5min 晃动平皿。取不同时间处理样品涂布再生平板，培养 8～15d，观察菌落的生长情况，计算致死率。

② 热灭活原生质体：把原生质体悬液用离心管分装后，置于 60℃水浴环境处理，热灭活时间设置为 10min、20min、30min、40min、50min、60min，每 5min 晃动离心管，使受热均匀。取不同时间处理样品涂布再生平板，培养 8～15d，观察菌落的生长情况，计算致死率。

③ 聚乙二醇（PEG 6000）浓度对原生质体融合的影响：收集灭活原生质体悬液，5000r/min 低温离心 10min，分别加入不同质量浓度（0.2kg/L、0.3kg/L、0.4kg/L、0.5kg/L）的 PEG 6000 溶液 2mL，用移液枪轻轻吹打，使原生质体悬浮，37℃水浴融合 15min 后离心去上清液，加入 PB 高渗液重悬。重悬后取样镜检原生质体融合情况，涂布再生平板培养 8～15d，观察融合子的再生情况。

（4）原生质体融合选育 ε-PL 高产菌株

① 双亲灭活法原生质体融合选育 ε-PL 高产菌株：综合以上条件并对两亲本菌株 S-53 和 G-154 进行原生质体制备、灭活及聚乙二醇融合，将融合子悬液涂布于固体再生平板，30℃培养 10～15d。如果再生平板长出融合子数目较少，对所有融合子菌落进行 6 孔板扩增培养及摇瓶初筛和复筛。

② 原生质体融合结合抗性筛选选育 ε-PL 高产菌株：将亲本菌株 S-53 和 G-154 的原生质体悬液混合均匀，离心去上清液，加 3mL 浓度 30%（质量分数）的 PGE 6000 重悬原生质体，37℃水浴融合 20min，离心去 PEG 6000 并加入适当 PB 高渗液重悬。重悬融合子接种到含有 1MIC 庆大霉素的液体高渗再生培养基中（50mL/250mL），30℃、200r/min 培养 4～5d，此为第一轮以庆大霉素为筛子的原生质体融合；将培养基中长出的菌体收集

并再次进行原生质体制备，使原生质体悬液均分，一部分涂布于 1MIC 庆大霉素固体再生平板，30℃培养 8～10d，并对长出单菌落进行 ε-PL 产量测定，剩余原生质体悬液进行融合实验，融合子悬液接种于 2MIC 庆大霉素抗性的液体再生培养基，此为第二轮以庆大霉素为筛子的原生质体融合，方法同第一轮。随后进行第三轮、第四轮。

（5）计算突变率

正突变率计算公式为：

$$\mathrm{Rp} = \frac{P}{T} \times 100\%$$

其中，Rp 代表正突变率，P 代表 ε-PL 产量提高的突变株数，T 代表从平板上挑选的单菌落总数。

（6）甲基橙显色法测定 ε-PL 浓度

① 制作标准曲线：a. 将 2mL 标准品溶液与 2mL 1mmol/L 甲基橙溶液混合；b. 置于 30℃ 水浴摇床中（剧烈振荡）反应 30min；c. 以 4000r/min 离心 15min（除去 ε-PL 与甲基橙形成的复合物），取 1mL 上清液，加入磷酸盐缓冲液定容至 50mL，测试在 465nm 处的吸光值，以吸光值为横坐标，以 ε-PL 浓度为纵坐标，拟合标准曲线。

② 样品中 ε-PL 浓度的测定：取样品 1.5mL，10000r/min 离心 6min，取上清液 100μL 与 1.9mL 磷酸盐缓冲液混合后加入甲基橙溶液 2mL，30℃振荡反应 30min，离心后取 1mL 上清液，加入磷酸盐缓冲液定容至 50mL，测试在 465nm 处的吸光值，根据标准曲线计算待测样品 ε-PL 浓度。

五、注意事项

① 在原生质体亲本菌体前培养中，培养时间较长的菌细胞壁变厚，溶菌酶降解时间长、效率低；而培养时间短的菌菌丝生长不完全，制备出的原生质体少且易受到溶菌酶刺激。有文献表明，对数生长期的微生物细胞生长旺盛，在溶菌酶的作用下，菌株原生质体的制备与再生效果较好。

② 在原生质体制备过程中，低浓度溶菌酶会导致制备时间长、制备效率低；而过高浓度会损害已制备原生质体的活力，降低再生率。

六、课程作业

① 计算不同时间热灭活原生质体实验的正突变率。
② 说明甲基橙显色法还可以用于什么物质浓度的测量。

第六节

CRISPR 技术改造谷氨酸棒杆菌生产γ-氨基丁酸

一、实验目的与学时

① 学习基因工程育种的基本原理和操作步骤；

② 学习 CRISPR-Cas9（CRISPR 中文名称是簇状规则间隔短回文重复序列）基因编辑系统的基本原理和应用方式；

③ 建议 8 学时。

二、实验原理

基因工程（genetic engineering）是在分子水平上对基因进行操作的复杂技术，是将外源基因通过体外重组后导入受体细胞内，使这个基因能在受体细胞内复制、转录、翻译表达的操作。基因工程育种是利用基因工程技术，主动地去改善工业菌株性状，从而获得所需工业菌株的方法。由于可以实现异源蛋白质的高效表达，该方法拓宽了发酵工业范围。此外，随着基因结构、功能及表达调控的分子生物学机制研究的不断深入，细胞代谢调控网络逐渐清晰，以及组学技术的成熟，代谢工程、系统生物学、合成生物学等在微生物育种中的使用更为广泛，将工业微生物菌种的选育带向了一个新的高度。

三、实验材料与仪器

（一）实验菌种

市面所售的大肠埃希菌（*Escherichia coli* DH5α）和谷氨酸棒杆菌（*Corynebacterium glutamicum* ATCC 13032）。

（二）实验药品

D-山梨糖醇、蛋白胨、酵母提取物、一水葡萄糖、NaCl、吐温-80、K_2HPO_4、$MgSO_4$、$MnSO_4$、$FeSO_4$、脑心浸液提取物、脑心浸液琼脂、NaOH、$CaCl_2$、异丙基硫代半乳糖苷（IPTG）、卡那霉素、甘油、L-甘氨酸、玉米浆、尿素、Trizol、无 RNA 酶灭菌水、DEPC（焦磷酸二乙酯）、无水乙醇、EDTA、SDS、Tris-HCl、反转录酶、T4 DNA 聚合酶、RNA 酶、多种限制性核酸内切酶、SYBR Green Ⅰ试剂等。

（三）实验仪器与耗材

超净工作台、电子天平、pH 计、电磁炉、高压蒸汽灭菌锅、电热恒温培养箱、恒温振荡水浴摇床、高速冷冻离心机、可见分光光度计、核酸电泳仪、凝胶成像系统、超纯水仪、PCR 仪、超低温冰箱、小型高速离心机、定量 PCR 仪、移液枪、枪头、锥形瓶、烧杯、量筒、培养皿、试管、封口透气膜等。

四、实验方法

（一）试剂配制

① LB 液体培养基：详见附录Ⅰ。

② BHI 液体、固体培养基：详见附录Ⅰ。

③ SOB 液体培养基：详见附录Ⅰ。

④ 谷氨酸棒杆菌感受态制作培养基：依次称取 D-山梨糖醇 91g，蛋白胨 5g，酵母

膏 2.5g，NaCl 5g，脑心浸液提取物 18.5g，吐温-80 1mL，加入蒸馏水定容至 800mL，121℃灭菌 20min 后，加入 L-甘氨酸 25g（单独灭菌）并定容至 1L。

⑤ 发酵种子培养基：依次称取一水葡萄糖 25g，玉米浆 20g（膏状），K_2HPO_4 1g，$MgSO_4$ 0.4g，尿素 5g，加入蒸馏水定容至 1L，加入 NaOH 调 pH 7.2～7.4，115℃灭菌 15min。

⑥ L-谷氨酸发酵培养基：依次称取一水葡萄糖 110g（单独灭菌），玉米浆 1g，K_2HPO_4 2g，$MgSO_4$ 0.8g，$MnSO_4$ 0.01g，$FeSO_4$ 0.02g，调节 pH 7.2～7.4，115℃灭菌 15min。

⑦ 添加抗生素的培养基：取 100mL 用于培养大肠埃希菌的 LB 培养基，向其中加入卡那霉素 3mg，获得卡那霉素浓度为 30mg/L 的 LB；同理，配制氨苄青霉素浓度为 50mg/L 的培养基以及氯霉素浓度为 30mg/L 的培养基。对于 LB 固体培养基，取 100mL 培养基加热熔化，冷却至 55℃时，加入 5mg 卡那霉素，充分混匀后倒平板，获得 50mg/L 卡那霉素的 LB 平板备用。

⑧ $CaCl_2$ 溶液：称取 11.0980g $CaCl_2$，然后加入蒸馏水定容至 1L，获得 0.1mol/L $CaCl_2$ 溶液；然后取 200mL 0.1mol/L $CaCl_2$ 溶液与约 200mL 的甘油混合，获得含甘油的 $CaCl_2$ 溶液。

⑨ 谷氨酸棒杆菌转化子筛选培养基：称取脑心浸液琼脂 52.0g，加热搅拌溶解，加入蒸馏水定容至 1L，121℃高压灭菌 15min，待冷却至 55℃，加入 20mg 卡那霉素和 0.0023g IPTG，充分混匀后倒平板，获得含有 20mg/L 卡那霉素、0.01mmol/L IPTG 的 BHI 平板备用。

（二）实验步骤

（1）构建 CRISPR-Cas9 编辑载体

① 设计引物：查找已报道的目的片段引物或根据目的片段 DNA 序列从头设计引物。从头设计的步骤为：a. 将待扩增片段的序列输入在线工具（Primer-BLAST：http://blast.ncbi.nlm.nih.gov/）或软件（Primer Premier 5：http://www.premierbiosoft.com/primerdesign/）；b. 设定退火温度（T_m）、引物长度、产物长度、GC 含量等参数获得引物；c. 依据 3′端碱基是否有 GGG 或 CCC 的相连情况、是否形成二级结构（包括发卡结构、二聚体）等验证引物特异性，依据上下游引物 T_m 值的配对情况、GC 含量在 45%～55%之间等判断引物质量，并选择引物。

② 提取质粒 DNA：将含有质粒的大肠埃希菌菌株在含有相应抗生素的 LB 培养基中活化并培养至对数生长后期，然后通过煮沸法或碱裂解法提取质粒 DNA。

③ 克隆分子元件：通过 PCR 法从质粒上克隆得到卡那霉素抗性基因 kan^r、谷氨酸棒杆菌中温敏复制子 pBL1TS、大肠埃希菌复制子 pUC ori 以及片段 Fx2（包括：乳糖操纵子调节基因 lacIq、Cas9 蛋白基因和终止子 T1T2），接下来通过琼脂糖凝胶电泳检验 DNA 产物。

④ 合成启动子：使用引物退火的方法合成 PtacM 启动子（含有 Apa Ⅰ 和 Sma Ⅰ 酶切黏性末端）。

⑤ 拼接片段：使用融合 PCR 法将抗性基因 kan^r、谷氨酸棒杆菌中温敏复制子 pBL1TS 以及大肠埃希菌复制子 pUC ori 连接成一个片段 Fx1。

⑥ 酶切和酶连：使用 Not Ⅰ 和 Apa Ⅰ 双酶切 Fx1 形成黏性末端，使用 Not Ⅰ 和 Sma Ⅰ 双酶切 Fx2 形成黏性末端，然后采用 T4 连接酶将以上三个片段连接（包括启动子、抗性基因、谷氨酸棒杆菌复制子、大肠埃希菌复制子、乳糖操纵子调节基因、

Cas9 蛋白基因和终止子）。

⑦ CaCl$_2$ 法制备大肠埃希菌感受态细胞：a. 将大肠埃希菌（E. coli DH5α）活化培养至对数后期；b. 离心去除培养基，用 0.1mol/L CaCl$_2$ 溶液漂洗和孵育；c. 加入含甘油的 CaCl$_2$ 溶液重悬菌体，轻柔混匀后分装成小管，−70℃保存备用。

⑧ 热激法转化：a. 将冰上预冷的 10μL 连接酶连接产物加入 100μL 大肠埃希菌感受态细胞（CaCl$_2$ 法制备）中轻轻吹吸混匀；b. 冰上放置 30min；c. 42℃热激 90s，立即放冰上冷却 3min；d. 加入 900μL 的液体 LB 或 SOC 培养基（SOB＋一水葡萄糖 20mmol/L），置于 37℃ 的恒温振荡器（200r/min）中恢复培养 1h；e. 将菌体涂布于含有 50mg/L 卡那霉素的 LB 平板上，37℃培养 12h 左右至菌落长至适当大小。

⑨ 筛选转化子：挑取长出的菌落接种于含有 50mg/mL 卡那霉素的 LB 液体培养基中，37℃振荡培养 8～12h，通过双酶切法或 PCR 法验证，获得可用于谷氨酸棒杆菌基因组编辑的质粒 pCCG1。

注：该步骤为构建质粒载体的通用步骤，后续构建质粒载体参照该步骤。a. 获得分子元件，利用对应引物、模板（基因组 DNA、已获得的质粒载体等）通过 PCR、酶切、合成等方式获得相应的分子元件；b. 酶切和连接，选择合适的核酸内切酶和 DNA 连接酶将各元件连接；c. 转化和筛选转化子，将连接产物转化至大肠埃希菌感受态细胞中，筛选获得含有目的质粒的菌株。

（2）构建 sgRNA 载体质粒

将 tracrRNA 和 crRNA 融合为一个单一的片段 sgRNA，通过上述方式构建质粒 pBS-sgRNA，作为克隆 sgRNA 的模板使用。

（3）构建靶基因编辑重组质粒

① 提取基因组：采用酚-氯仿-异戊醇法提取谷氨酸棒杆菌 ATCC 13032 基因组。

② 设计 N20 序列（protospacer-adjacent motif, PAM）：采用在线工具（CHOPCHOP：http://chopchop.cbu.uib.no；CRISPy-web：https://crispy.secondarymetabolites.org/#/input）。

③ 克隆分子元件：以谷氨酸棒杆菌 ATCC 13032 基因组为模板进行 PCR 得到靶基因上下游同源臂，以质粒 pBS-sgRNA 为模板进行 PCR 得到含有 N20 序列的 sgRNA 片段，然后通过 PCR 法将 sgRNA 片段、上下游同源臂融合为一个片段。

④ 酶切和酶连：使用双酶切法线性化载体 pCCG1，然后将具有同源末端的融合片段与其连接。

⑤ 转化和筛选转化子：采用化学转化法将连接产物转入 E. coli DH5α 感受态细胞，并筛选重组质粒（方法同上）。

（4）编辑谷氨酸棒杆菌基因组

① 制备电转化法谷氨酸棒杆菌感受态细胞：a. 将谷氨酸棒杆菌活化并在谷氨酸棒杆菌感受态制作培养基中培养至对数期（OD$_{600nm}$＝0.9～1.0）；b. 将菌液转移至 50mL 离心管中冰浴 15～20min，离心后用预冷的 10%（质量分数）甘油溶液漂洗两次；c. 加入 10%甘油的溶液重悬菌体，轻柔混匀后分装成小管，−70℃保存备用。

② 电转化法导入质粒：a. 将约 1μg 的重组质粒与谷氨酸棒杆菌感受态细胞混合，用移液器轻轻吹吸混匀；b. 转入冰上预冷的电激杯中冰上放置 10～15min；c. 用电转化仪在 1.8kV 下电激两次；d. 立即加入冰上预冷的 BHI 培养基 900μL，混匀后置于 30℃恒温振荡器（200r/min）中恢复培养 1～1.5h；e. 将菌体 8000r/min 离心 1min，取少量上清液重悬菌体，涂布于谷氨酸棒杆菌转化子筛选培养上，28℃培养约 2～3d 至

菌落长至适当大小。

③ 验证转化子：使用设计在 *cas9* 基因内部的引物 *cas9* Test-F（5′-GAAAAC-CCAATCAACGCATCT-3′）/*cas9* Test-R（5′-GCTTAGGCAGCACTTTCTCGT-3′）进行菌落 PCR，结合琼脂糖凝胶电泳和测序验证 PCR 产物的长度及序列，验证转化子，然后用验证靶基因的引物进行 PCR 验证编辑效果。

④ 去除质粒并获得工程改造菌株：将验证正确编辑的菌落接种于含 4mL BHI 培养基的试管中，37℃，200r/min 培养 16～18h，用接种环挑取少量菌液在不含抗生素的 BHI 平板上划线，30℃培养 24～36h 至长出适当大小的单菌落。采用菌落 PCR 法验证质粒的去除情况，当质粒成功去除后，没有 PCR 产物。或采用含卡那霉素的 BHI 平板验证质粒是否被去除。将验证正确的菌株保存在甘油中备用。

注：该过程为编辑谷氨酸棒杆菌基因的通用步骤，后续根据具体需要，进行基因敲除和基因插入，改造菌株代谢。

⑤ 构建 GABA 生产菌株：a. 将来自 *Lactobacillus brevis* 的谷氨酸脱羧酶基因 *gadB2* 插入菌株 ATCC 13032 的 *gabP* 中，得到菌株 CGY100；b. 将菌株 CGY100 的基因簇 *gabTD* 敲除，得到菌株 CGY101；c. 将菌株 CGY100 自身的谷氨酸脱氢酶基因 *gdhA1* 的启动子和 RBS 序列替换为强启动子 PtacM 和人工设计的 RBS 序列（5′-GAAAGGACTTGAACG-3′），得到菌株 CGY200；d. 将来自 *E.coli* W3110 的谷氨酸脱氢酶基因 *gdhA* 插入菌株 CGY100 的 *eutD* 中，得到菌株 CGY300；e. 将菌株 CGY300 的基因簇 *gabTD* 敲除，得到菌株 CGY400；f. 将 *gdhA* 插入菌株 CGY400 的 *poxB* 中，得到菌株 CGY500；g. 将 *gadB2* 插入菌株 CGY400 的 *lldD* 中，得到菌株 CGY501；h. 将 *gadB2* 插入菌株 CGY500 的 *lldD* 中，得到菌株 CGY600；i. 将 *gadB2* 插入菌株 CGY600 的 *aldB2* 中，得到菌株 CGY700；j. 将 *gadB2* 插入菌株 CGY700 的 *achl* 中，得到菌株 CGY800；k. 分别敲除菌株 CGY700 中的 *alaT*、*alnA1*、*aceAB*、*glnA2*、*ldh* 或 *ach1* 分别产生菌株 CGY701、CGY702、CGY703、CGY704、CGY705 和 CGY706。

（5）摇瓶发酵和检测

① 摇瓶发酵：菌株接种于含 4mL BHI 培养基的试管中，30℃，200r/min 培养 12～14h 活化种子，然后取 0.1～0.2mL 的菌液接种于含有 30mL 种子培养基的 500mL 规格带挡板的三角瓶中，30℃，200r/min 培养 8～10h 至种子液的 OD_{562nm} 值达到 40 ± 3。然后取 3mL 种子液接种于含有 30mL L-谷氨酸发酵培养基的 500mL 规格带挡板的三角瓶中，30℃，200r/min 发酵 72h。在发酵的 0h、10h、12h、14h、17h、20h 分别补加 300g/L 的尿素 0.4mL、0.24mL、0.24mL、0.24mL、0.24mL、0.24mL。从 24h 开始，每 12h 取一次样，待测。

② 检测基因表达：a. 采用 Trizol 法提取待测样品总 RNA 并去除基因组 DNA；b. 配制反转录体系（包括引物、反转录酶等），以 RNA 为模板合成 cDNA；c. 以 DNA 结合染料法进行实时荧光定量 PCR 检测待测基因表达量，以管家基因（β-actin）作阳性模板和内参基因，计算基因表达量。

③ 高效液相色谱法检测氨基酸和有机酸：a. 用 10%（质量分数）三氯乙酸处理发酵上清液并进行稀释、过滤；b. 准备标准样品，设计程序进行产物检测。

五、注意事项

① sgRNA 是一个只有 82bp 的小片段，不利于克隆和纯化，可先将其连接到质粒

上构建成质粒 pBS-sgRNA，作为克隆 sgRNA 的模板。

② 对于经过 PCR 法或酶切法获得的存在较多杂质的 DNA 片段，可以通过乙醇沉淀法或切胶回收法提纯目的 DNA。

③ 构建靶基因编辑重组质粒时依据具体需要敲除或插入的基因序列设计相应的引物进行对应的同源臂、sgRNA 的准备。

④ $CaCl_2$ 法制备大肠埃希菌感受态细胞时注意让细胞处于对数生长期（OD_{600nm} 0.5～0.6），细胞的状态对于制备感受态至关重要，制备过程全程保持低温（4℃、冰浴）。

⑤ Cas9 蛋白的表达也可采用短时间诱导的方式，具体操作是在电转化后，在回复培养的 BHI 培养基中添加 0.1mmol/L IPTG 诱导，恢复培养 1～1.5h 后将菌体 8000r/min 离心 1min，尽量弃去上清液，然后重新加入 50～100μL 新鲜的 BHI 培养基混匀，涂布在不含 IPTG 的平板上。这种方式是 Cas9 蛋白被短时间诱导表达后，基因表达被重新关闭，保证胞内 Cas9 活性完成基因编辑即可。

⑥ 大肠埃希菌在 37℃ 培养，谷氨酸棒杆菌在 30℃ 下培养，含有质粒 pCCG1 的谷氨酸棒杆菌在 28℃ 下培养，质粒 pCCG1 在 37℃，200r/min 条件下培养约 16h 以去除质粒。

六、知识扩展

CRISPR（clustered regularly interspaced short palindromic repeat）被称为簇状规则间隔短回文重复序列，CRISPR-Cas 是细菌和古菌在长期演化过程中形成的一种适应性免疫防御，细菌或古菌通过该系统保护自身不受外来病毒或其他核酸物质的攻击。该系统通过 crRNAs（CRISPR-derived RNA）标记外来的遗传物质并将其降解。成熟的 CRISPR RNA 引导 CRISPR 相关核酸酶位点特异性地切割目标 DNA 或 RNA，提供了有效的基因工程工具。其中 Cas9、Cas12 和 Cas13 是具有多个结构域的单蛋白，是该类系统中使用最广泛的 CRISPR 核酸酶。然而，这些 CRISPR 内切酶体积较大，导致操作困难和对细胞的毒性。而大多数古菌基因组和一半细菌基因组编码不同类型的 CRISPR-Cas 系统。因此，开发基于内源性 CRISPR-Cas 系统的基因组编辑将简化操作并提高原核细胞的编辑效率。我国科学家在这一领域不断探索，取得了一系列成果，例如建立了绿色生物制造重要底盘微生物运动发酵单胞菌（*Zymomonas mobilis*）和乳酸片球菌（*Pediococcus acidilactici*）的高效基因组编辑工具。

七、课程作业

① 计算 CRISPR-Cas9 系统在谷氨酸棒杆菌中的基因编辑效率。

② 说明 CRISPR-Cas9 基因编辑系统与传统基因工程技术的区别。

第三章

发酵培养基的设计与优化

第一节

汽爆灭菌配制枯草芽孢杆菌培养基

一、实验目的与学时

① 掌握汽爆灭菌和传统蒸汽灭菌设备构造、原理及操作流程；
② 通过实验了解不同灭菌方式对培养基理化性质的影响，并学习相应测定方法；
③ 建议 4 学时。

二、实验原理

（一）汽爆灭菌

汽爆是一种典型的高温短时过程，具体指通入饱和蒸汽至汽爆罐，达到一定压力并维持特定时间，突然泄压，蒸汽膨胀，物料随蒸汽被喷出，从而达到灭菌效果的过程。图 3-1 为汽爆装置示意图，表 3-1 对不同灭菌方法的原理和特点进行了比较。

表 3-1　不同灭菌方法的原理和特点

灭菌方式	机制	优点和缺点
化学杀菌剂灭菌	化学杀菌剂氧化微生物或破坏细胞	适用于不能加热的材料；污染材料
微波灭菌	热效应使蛋白质变性和非热效应改变细胞膜的通透性	时间短,操作方便；效果不均匀,对人体有害
超声波灭菌	通过辐射压力、超声压力、热效应、空化效应和化学效应杀菌	操作方便,无污染；成本高
辐照灭菌	通过辐射穿透微生物细胞	操作简单；应用面积有限,对人体有害
干热灭菌	使蛋白质凝结从而用热空气消灭微生物	操作简单,无腐蚀性；时间长(约 1h),降解营养物质
湿热灭菌	通过蒸汽使微生物的蛋白质变性	潜热大,穿透力强,运营成本低；固体材料耗时久,养分降解
汽爆灭菌	通过高温蒸汽对微生物产生灭活作用；通过瞬时减压破坏细胞	时间短,提高固体培养基的营养,节能,适用于固体材料

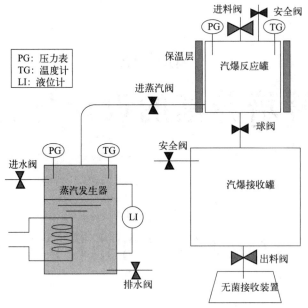

图 3-1 汽爆装置示意图

（二）发酵方式

发酵是一种由微生物的生长繁殖引发的自然过程。它是利用微生物（如酵母菌、细菌）在生长繁殖过程中的新陈代谢及产物积累引起食品成分和性质的变化。目前，主要有 3 种发酵工艺，液态发酵、固态发酵和液固两相发酵应用于微生物发酵中。其中固态发酵是一种环境友好的过程，微生物在没有（或几乎没有）自由水的情况下在固体基质上生长。由于其具有产品浓度高、能耗低、废水排放量少等优点，其应用范围已扩大到饲料添加剂、生物肥料、生物农药和工业化学品等方面。固体培养基的灭菌是固态发酵纯培养的一个关键步骤，它决定了发酵的成功与否。

培养基理化性质的变化反映营养物质供给和生长空间情况，对微生物的生长代谢有重要影响。对于大规模固态物料灭菌，目前多采用蒸汽湿热灭菌法。通过通入饱和蒸汽对物料和设备进行加热，加热到121℃后，高温维持 20～30min，然后进行冷却。这一方式可有效杀死培养基中微生物，保证灭菌效果。但在长时间的蒸汽加热过程中，营养物质会发生热降解，从而降低了固态培养基的营养价值，改变培养基理化性质。作为一种新型灭菌方式，汽爆灭菌通过高蒸汽压力和快速减压有利于破坏微生物细胞，有效地改善固体培养基营养。当汽爆灭菌条件在 172℃以上 2min 和 128℃以上 5min 时，可实现完全灭菌。以这两种灭菌方式为例研究不同灭菌方式对培养基理化性质的影响并进行测定。

三、实验材料与仪器

（一）实验菌种

所用菌种为由中国工业微生物菌种保藏管理中心（CICC）保藏的枯草芽孢杆菌（*Bacillus subtilis* 10732）。

（二）实验药品

酵母提取物、胰蛋白胨、琼脂、NaCl、去离子水、麦麸、豆粕、葡萄糖、溴化钾、ABTS、酒石酸钠、酒石酸钠缓冲溶液、KH_2PO_4、$(NH_4)_2SO_4$、$MnSO_4$、$CaCO_3$、$MgSO_4$。

（三）实验仪器与耗材

超净工作台、分析天平、pH 计、电磁炉、高压蒸汽灭菌锅、电热恒温培养箱、恒温振荡水浴摇床、高速冷冻离心机、紫外分光光度计、低场核磁共振仪、红外光谱仪、液相色谱仪、比表面积分析仪、真空干燥箱、蒸汽灭菌锅、汽爆装置、离心机、移液枪、枪头、锥形瓶、烧杯、量筒、培养皿、封口透气膜、纱布、滤膜等。

四、实验方法

（一）试剂配制

① LB 液体培养基：详见附录Ⅰ。

② LB 固体培养基：详见附录Ⅰ。

③ 固态发酵培养基：依次称取麦麸 200g、豆粕 20g、葡萄糖 5g、$CaCO_3$ 10g，再加入质量分数为 2.5％的 KH_2PO_4，质量分数为 1.25％的 $(NH_4)_2SO_4$，质量分数为 0.05％的 $MnSO_4$ 无机盐溶液共 200mL。通过加入去离子水，将固态发酵培养基的初始含水率调整为质量分数为 60％。

④ 种子培养基：依次称取葡萄糖 40g/L、胰蛋白胨 10g/L、酵母提取物 5g/L、$CaCO_3$ 10g/L、$MgSO_4$ 0.5g/L，加蒸馏水并定容至 1L，pH 自然，121℃ 高温湿热灭菌 20min。

⑤ 含 ABTS（0.5mmol/L）酒石酸钠缓冲溶液：依次称取酒石酸钠 9.7g、2,2′-联氮双(3-乙基苯并噻唑啉-6-磺酸)二铵盐（ABTS）0.274g，加蒸馏水并定容至 1L，调节 pH 至 4.5。

（二）实验步骤

（1）固态发酵培养基灭菌处理

分别配制 2 组固态发酵培养基于 250mL 锥形瓶中，每个实验条件做 2 个平行样，进行不同灭菌处理。第 1 组为常规蒸汽灭菌，条件为 121℃，20min；第二组为汽爆灭菌，条件为 172℃，2min 和 128℃，5min。

① 汽爆灭菌

汽爆灭菌设备主要由反应罐、接收罐和蒸汽发生器构成，固态物料由反应罐顶部进料后关闭进料阀，蒸汽由蒸汽发生器进入反应罐与物料接触，保持温度直到达到所需值，维持所需时间后（172℃，2min 和 128℃，5min），快速打开球阀，使物料进入无菌接收罐。灭菌后的材料冷却后用于后续的发酵和分析。

② 常规蒸汽灭菌

常规蒸汽灭菌作为对照。将固态物料装入覆盖 8 层纱布的 2.0L 烧杯，然后放入灭菌锅中。温度和持续时间设置为 121℃，20min。灭菌后的材料冷却后用于后续的发酵和分析。

（2）菌株活化

在 LB 斜面培养基上接种所购枯草芽孢杆菌，于 37℃恒温培养箱培养 24h 后保藏于 4℃备用。

（3）种子制备

进行发酵实验前，从 LB 斜面培养基上适量挑取两环菌体，加入已灭菌的 100mL LB 液体培养基中，置于恒温空气摇床 37℃，150r/min 培养 24h。取 LB 液体培养基中 6mL 菌液加入已配制好的灭菌的 100mL 种子培养基，放置于摇床培养 24h 制成种子液，培养条件为 37℃，150r/min。

（4）固体发酵培养

分别接种 12mL 种子液在处理完的固态发酵培养基中，均匀搅拌。搅拌均匀后放置于 37℃的恒温培养箱中进行发酵培养，共发酵 72h，在发酵第 24h 开始，间隔 12h 进行取样测定。

（5）菌体生长测定

① 活菌数测定。在超净工作台无菌环境下称取 3.1g 固态发酵培养基，放入装有 50mL 无菌水的锥形瓶中。于 37℃空气摇床中以 150r/min 的条件振荡。振荡 30min 后，在无菌操作台上取锥形瓶内 100μL 上清液，用无菌水进行 10^7 倍梯度稀释。取 100μL 稀释后的样品在 LB 固体平板上进行涂布，一式两份。并置于 37℃恒温培养箱中培养，在 24h 开始每隔 12h 进行菌落计数，共培养 72h，从而得到单位干重培养基中的活菌数。运用 SPSS、Origin、Excel 等软件整理数据。

② 芽孢数测定。取上述 150r/min 振荡 30min 的混合液 5mL 于 15mL 无菌管在 80℃水浴锅中水浴，15min 后，取 100μL 混合液，用无菌水进行 10^7 倍梯度稀释，取 100μL 稀释后的样品在 LB 固体平板上进行涂布，一式两份。并置于 37℃恒温培养箱中培养，在第 24h 开始每隔 12h 进行菌落计数，共培养 72h，从而得到单位干重培养基中的芽孢数。运用 SPSS、Origin、Excel 等软件整理数据。

③ 漆酶酶活测定

粗酶液的制备：分别取 0.5g 样品装入小锥形瓶，加入酒石酸钠缓冲溶液（50mmol/L，pH 4.5），200r/min 振荡浸提 1h，3500r/min 离心 15min。取上清液用 0.45μm 滤膜过滤，滤液用以测定酶活。

采用 ABTS 法测定漆酶酶活：取含 ABTS（2,2'-联氮-双-3-乙基苯并噻唑-6-磺酸，0.5mmol/L）的酒石酸钠缓冲溶液（50mmol/L，pH 值 4.5）3mL，加入 0.5mL 粗酶液启动反应，于 420nm 下测定反应 3min 吸光度值的变化。

测定原理：ABTS 被漆酶氧化，氧化产物的消光系数为 3.6×10^4 L/(mol·cm)。漆酶活力单位：一个酶活单位（U）定义为每分钟氧化 1μmol ABTS 所需的酶量。

（6）灭菌前后培养基理化性质的测定

① 灭菌前后培养基红外光谱表征。为表征灭菌前后培养基结构及成分变化，对其进行红外吸收光谱分析。运用傅里叶红外光谱仪，使用溴化钾混合压片法制片，扫描范围 4000～400cm^{-1}，分辨率 4cm^{-1}，扫描 32 次进行光谱累加，环境气氛为空气。

② 培养基比表面积测定。用 Brunauer-Emmett-Teller（BET）法测定经过不同方式灭菌的固态发酵培养基的比表面积变化情况。取 3～5g 培养基样品，用 100mL 去离子水洗后，置于 105℃烘箱，烘干 4h 至绝干。取 0.2g 绝干物料，运用比表面积仪进行

测定。

③ 培养基低场核磁水分状态表征。运用低场核磁分析仪考察不同灭菌处理后培养基中水分分布状态，及发酵过程中水分状态的变化情况。取 3g 固态物料于测试管中，置于低场核磁检测区域，进行核磁共振分析与成像。核磁共振分析软件使用：首先在 FID（自由感应衰减）序列中确定中心频率、延迟时间和回波个数，接着转到 CPMG（Carr-Purcell-Meiboom-Gill）序列测定横向弛豫时间 T_2。根据所测得的图谱利用核磁共振反演分析软件进行反演，得到不同形态水分含量与弛豫时间分布图。核磁共振成像仪使用：根据分析软件得到的中心频率值，调整成像软件中信号，得到最大信号值，进行扫描后，傅里叶转换所得图谱，最终生成二维成像图。

④ 灭菌前后营养素及抑制剂分析。无菌条件下称取 5g 灭菌后的固态发酵培养基，置于装有 100mL 无菌水的 250mL 三角瓶中。在 37℃ 空气摇床中，转速 150r/min 振荡 30min。取上清液离心 10min，转速为 8000r/min。离心后取上清液，运用 HPLC 分析其中营养物质葡萄糖、木糖以及抑制物甲酸、乙酸、糠醛、羟甲基糠醛等的含量。

五、注意事项

① 使用实验灭菌设备时，需要提前学习操作流程和注意事项，不得随意上手，以防操作不当造成实验事故。

② 接种样品、转种菌株必须在超净台内的酒精灯前操作，接种环和接种针在接种菌株前应经火焰烧灼全部金属丝，必要时还要烧到环和针与杆的连接处。

③ 整个实验过程中所有的样品包括各组发酵瓶、平板涂布以及平行样等序号需清楚标明，以防混乱造成数据错误。

六、知识扩展

低场核磁共振技术是近年来发展迅猛的一种快速、无损检测技术，可定量检测基质中不同水的状态和含量。水在固态培养基中由于所处位置及与培养基相互作用方式不同，以不同形态存在。测定培养基水分状态可有效反映其所处的微环境，因此，采用低场核磁方法可有效表征固态发酵过程基质中水分的变化，结合发酵基质降解及微生物生长规律，为认知固态发酵过程提供新视野。

核磁共振分析的原理为射频脉冲激发样品内氢质子，引起氢质子共振，并吸收能量达到饱和态，在停止射频脉冲后，氢质子将吸收的能量释放出来发生弛豫，弛豫信号转换成射电信号，被接受器捕捉、收录并进行分析。射频波的强度或功率越大，质子系统达到饱和状态所用的激励时间则越短。弛豫时间的长短体现样品中氢质子所处状态的不同，通过算法分析可反映出其中水分分布状态。此外，在进行检测过程中，还可利用核磁共振成像系统成像，从物质的切层图像直观地观察水分分布状态。

七、课程作业

① 分析汽爆灭菌的工作原理及其特点。

② 请解释傅里叶变换红外光谱仪的工作原理。

第二节

碱处理木质素配制浑浊红球菌 *Rhodococcus opacus* PD630 培养基

一、实验目的与学时

① 通过碱法、常规湿热法以及两者结合的灭菌方式对发酵培养基进行灭菌处理；
② 利用三种不同灭菌方式的培养基进行发酵实验生产脂质，测定灭菌效果和发酵效率，评价碱灭菌的可行性和优势；
③ 建议 4 学时。

二、实验原理

木质素是由三种苯丙烷单元通过醚键和碳碳键连接而成的三维网状结构的高分子。天然木质素在植物中的分布具有不均一性，木质素的结构因植物种类、不同部位、生长时间而异。工业木质素主要包括烧碱法制浆产生的碱木质素、亚硫酸盐法制浆产生的木质素磺酸盐（又称磺化木质素）、硫酸盐法制浆产生的硫酸盐木质素（又称牛皮纸木质素、Kraft 木质素）和生物炼制乙醇法产生的酶解木质素等，使得工业木质素呈现出更为复杂和多样的变化。木质素的异质性对其升级利用是一个很大的障碍。木质素通常表现出较差的水溶性，导致木质素在液态发酵培养基中的分布不均匀，限制了木质素的生物转化效率。

发酵培养基的灭菌是保证纯培养的必要操作。湿热灭菌因其可靠的灭菌效果而广泛应用于发酵，但在加热灭菌过程中缩合反应导致木质素颗粒聚集。碱可以促进木质素的分散，并可用于灭菌操作。碱处理可以改变胶体木质素粒子的电荷，避免胶体凝聚，从而改善木质素的分散性。研究表明，先将含木质素的培养基 pH 调节到 12.0，溶解木质素粉末，再将培养基中和到 pH 7.0～7.5 后，木质素培养基可以用于发酵。大多数微生物无法在极端 pH 环境中生存，高浓度的氢氧根离子会导致生物大分子（如蛋白质、核酸）的变性和失活，因此碱处理可以达到有效的杀菌效果。本实验通过使用碱灭菌替代热处理用于木质素培养基灭菌，以期在达到灭菌条件的同时改善木质素的分布，并获得纯培养物。

红球菌是一种典型的木质素降解微生物，对木质纤维素中发现的部分有毒芳香族化合物具有天然的耐受性。红球菌脂质合成主要依赖脂肪酸合成酶（FAS）Ⅰ的作用，FASⅠ不仅可以引导碳源和乙酰辅酶 A 进入脂质合成系统，也负责将底物乙酰辅酶 A 转化为合成甘油三酯（TAG）的底物——直链脂肪酰基辅酶 A。

三、实验材料与仪器

(一) 实验菌种

浑浊红球菌 *Rhodococcus opacus* PD630（DSMZ 44193）来自德国微生物菌种保藏

中心（DSMZ，Braunschweig，Germany）。

（二）实验药品

硫酸盐木质素、磷酸盐缓冲液、甲醇、己烷、NaOH、H_2SO_4、NaCl、$(NH_4)_2SO_4$、$MgSO_4 \cdot 7H_2O$、$CaCl_2 \cdot 2H_2O$、$CoCl_2 \cdot 6H_2O$、$CuCl_2 \cdot 2H_2O$、EDTA、$FeSO_4 \cdot 7H_2O$、H_3BO_3、$MnSO_4 \cdot H_2O$、$NiCl_2 \cdot 6H_2O$、$ZnSO_4 \cdot 7H_2O$、FeNaEDTA、$NaMoO_4 \cdot H_2O$、缓冲液 A、KH_2PO_4/KOH、DTT（二硫苏糖醇）、BSA（牛血清白蛋白）、乙酰辅酶 A、丙酰辅酶 A、NADPH 等。

（三）实验仪器与耗材

超净工作台、分析天平、pH 计、电磁炉、高压蒸汽灭菌锅、电热恒温培养箱、恒温振荡水浴摇床、高速冷冻离心机、超声波破碎仪、紫外分光光度计、真空冷冻干燥机、冰箱、移液枪、枪头、锥形瓶、烧杯、量筒、培养皿、试管、封口透气膜、滤纸、接种环、酒精灯等。

四、实验方法

（一）试剂配制

① LB 固体培养基：详见附录Ⅰ。

② RM 红球菌液体培养基：详见附录Ⅰ。

③ 储备液：依次称取 FeNaEDTA 5.0g、$NaMoO_4 \cdot H_2O$ 2.0g，加蒸馏水溶解并定容至 1L。

④ 硫酸盐木质素 RM 红球菌液体培养基，RM 红球菌液体培养基 1L，10g 硫酸盐木质素。

⑤ 胰酪大豆胨液体培养基（TSB）：依次称取胰酪蛋白胨 15g、大豆蛋白胨 5g、氯化钠 5g，加蒸馏水溶解并定容至 1L，121℃高温湿热灭菌 20min。

（二）实验步骤

（1）木质素纯化

首先将 100g 干燥的硫酸盐木质素悬浮于 1000mL 含有 $EDTA-2Na^+$（质量浓度为 5g/L）的 0.1mol/L NaOH 溶液中。然后通过滤纸过滤混合物。用 2mol/L H_2SO_4 将滤液逐渐酸化至 pH 3.0，然后在－20℃保存过夜。解冻后离心收集沉淀，用去离子水彻底洗涤。将所得风干木质素粉末用于后续发酵。

（2）含木质素的培养基的碱灭菌处理

① 发酵培养基的制备

将 1.5g 硫酸盐木质素与 150mL RM 培养基混合于 250mL 锥形瓶中，180r/min 振荡 15min，之后用 10mol/L NaOH 调节培养基 pH 至 12.7。

② 培养基的碱处理

将培养基分为两组。一组培养基以 180r/min 振荡 30min，使木质素粉末溶解。另一组以 180r/min 振荡 24h，在提高木质素分散的同时通过碱处理实现完全灭菌。

③ 培养基的高压灭菌

在无菌条件下，用 4mol/L HCl 将所有样品的 pH 调整为 7.2。在发酵前，每组各取 1 个样品进行常规的湿热灭菌（121℃，20min），以高压灭菌作为对照。

（3）以木质素为唯一碳源进行发酵

① 种子制备。通过将 *R. opacus* PD630 的单个菌落接种到 80mL 胰酪大豆胨液体培养基（TSB）中来制备种子液，在 28℃下以 180r/min 的振荡速度培养大约 24h 至 OD_{600nm} 值为 1.5。用 80mL 无菌的质量浓度为 8.5g/L 的 NaCl 溶液离心洗涤 2 次，收集培养的细胞，重悬于 80mL 质量浓度为 8.5g/L 的 NaCl 溶液中。

② 发酵试验。将种子溶液以体积分数为 5% 的接种剂量接种到含木质素的培养基中。在 250mL 锥形瓶中进行发酵，并在 28℃温度下 180r/min 振荡孵育 7d。

（4）灭菌效果测定

采用铺板法（SP）评价不同处理的木质素培养基的灭菌效果。无菌条件下取 100μL 不同培养基样本，铺于 LB 固体平板表面。在 28℃孵育 72h 后，检测菌落形成单位（cfu），评价不同灭菌处理的灭菌效果。

（5）发酵效果测定

① 生长量测定。采用连续稀释平板法（SDP）监测 PD630 细胞在发酵过程中的生长情况。无菌条件下取 0.1mL 发酵培养基连续稀释至 10^{-4} 并接种于 LB 固体培养基上，在 28℃温度下培养 72h 后，确定菌落数并以 cfu/mL 表示。

② 脂质产量测定。取 30mL 发酵液，用 10mol/L NaOH 将 pH 调至 12.7 使木质素溶解，然后以 5000r/min 的速度离心 10min，上清液收集起来用于进一步分析。沉淀的细胞用 30mL 质量浓度为 8.5g/L 无菌 NaCl 洗涤，然后在真空冷冻干燥机中冻干。冻干后重悬于 20mL 的甲醇溶液中，在 65℃条件下水浴 30min。加入 1.0mL 10mol/L NaOH，65℃继续孵育 2h。然后将样品从水浴中移出并冷却到室温。逐滴加入质量分数为 98% 的 H_2SO_4 1.0mL，在 65℃水浴中继续孵育 2h，然后将溶液冷却至室温，加入 8.0mL 己烷，周期性振荡孵育 5min。以 5000r/min 离心 10min 后，将顶部己烷层收集在玻璃小瓶中（小瓶质量记为 W_1），再次重复该己烷萃取步骤，再次将顶部己烷层转移至玻璃小瓶中且随后干燥至恒定质量（质量记为 W_2）。脂质产量计算如下：

$$脂质浓度（mg/L）= \frac{W_2 - W_1}{0.03} \tag{3-1}$$

③ 脂肪酸合酶（FAS）酶活测定。利用超声破碎仪对用缓冲液 A 重悬的菌体进行破碎，破碎条件为脉冲时间 4s，缓冲时间 6s，总脉冲时间 10min，功率 150W，整个破碎过程在冰上进行。破碎后的菌液在预冷的 4℃离心机中 13000r/min 离心 20min，收集上清液测定酶的酶活性。破碎后上清液通过 Bradford 法测定其蛋白质浓度。酶反应温度在 30℃条件下进行，每次反应的蛋白质含量不能超过 0.3mg。酶活性的计算以每毫克蛋白质每分钟底物的减少量或者产物的增加量表示。计算公式为：

$$酶活性 = \Delta A \times \frac{10^6}{3 \times \varepsilon \times 蛋白质质量} \tag{3-2}$$

式中，ΔA 指酶反应过程中吸光值的变化量，ε 指酶在某个特定的波长下反应时具有最大吸光值的物质的摩尔吸光系数。蛋白质质量单位为 mg。

酶活测定反应体系包括 100mmol/L KH_2PO_4/KOH（pH 6.5），2.5mmol/L EDTA，4.0mmol/L DTT，0.3mg/mL BSA 体系，0.18mmol/L 乙酰辅酶 A，0.09mmol/L

丙酰辅酶 A，0.14mmol/L NADPH。所有试剂除丙酰辅酶 A 外充分混匀，30℃孵育 2min，在 340nm 处测定吸光度值，测定 3min 数值基本稳定后，加入底物丙酰辅酶 A 充分混匀，再测定 340nm 处吸光度值，测定 3min，根据吸光度值变化，计算酶活性。

五、注意事项

① 使用甲醇时应注意防护，甲醇的毒性对人体的神经系统和血液系统影响很大，经消化道、呼吸道或皮肤摄入都会产生毒性反应，甲醇蒸气能损害人的呼吸道黏膜和视力。

② 使用真空冷冻干燥机制备样品应尽可能扩大其表面积，其中不得含有酸碱物质和挥发性有机溶剂。

③ 放入真空冷冻干燥机的样品必须完全冻结成冰，如有残留液体会造成汽化喷射。

六、知识扩展

烧碱法制浆工艺采用碱性化学药液，在高温高压下蒸煮植物纤维原料，使其中的木质素断裂而溶解脱除，植物纤维原料解离成浆。烧碱法制浆产生的造纸黑液中除了碱、无机盐之外，其余主要就是碱木质素。硫酸盐法制浆与烧碱法制浆的原理和过程基本相同，都是采用碱性药液，在高温高压下蒸煮植物纤维以脱除木质素从而得到化学浆的过程。硫酸盐木质素与碱木质素结构也有许多相似之处。S^{2-}、HS^- 比 OH^- 具有更强的亲核性，在蒸煮过程中更容易促使木质素醚键断裂，因此硫酸盐法制浆的脱甲氧基反应比烧碱法更多。硫酸盐木质素经过 Na_2S 的处理，其结构中除了含有 C、H、O 之外，还含有一定量的 S 元素。从结构单元的角度分析，阔叶木硫酸盐木质素结构中主要是 S 型结构单元和少量的 G 型结构单元。针叶木硫酸盐木质素以 G 型结构单元为主，其余为少量 H 型。竹类硫酸盐木质素属于 GSH 型木质素，且 S 型结构单元的含量高于 G 型结构单元的含量。

NaOH 预处理、水热预处理、稀硫酸预处理是三种比较常用的生物质预处理方法。从木质素的变化来看，在 NaOH 预处理中 β-O-4 结构的还原程度最高，其次是水热预处理和稀硫酸预处理。NaOH 预处理可以通过破坏单元间连接、降低分子量、提高溶解度或保持天然 β-O-4 结构的完整性来改变木质素的物理和化学性质。NaOH 预处理后 S 型木质素的 β-芳基醚键比 G 型木质素更容易降解，导致 S/G 降低。G 型和 H 型木质素更适合生物利用。有研究表明，玉米秸秆经 NaOH 预处理后，有 56% 的总木质素可分离到碱预处理液（APL）中，APL 富集了木质素的低分子量组分。而残余固体保留了 95%（质量分数）的葡聚糖和 81%（质量分数）的木聚糖，洗涤残余固体可以分离另外 35% 具有高分子量的木质素。

细菌芽孢的含水量低，抗逆性强，能抵抗常见的一些高温和消毒处理，包括高温、辐射和各种化学物质的灭杀。研究表明，许多因素有助于芽孢抵抗不良环境，包括芽孢核心的相对不渗透性、芽孢核心的低含水量和高水平的吡啶-2,6-二羧酸和二价阳离子，以及较厚的蛋白质外膜。芽孢杆菌和梭状芽孢杆菌的孢子对各种灭菌方法都有抗性。在灭菌监测中，可利用芽孢的高抗逆性制备生物指示剂。然而，在 1mol/L NaOH 的碱性灭菌条件下，99.99% 的枯草芽孢杆菌细胞在 1min 内被杀死，90% 的孢子不能存活。

说明碱灭菌可以有效地杀死细菌芽孢，具有一定的可行性。

七、课程作业

① 碱处理灭菌的原理是什么？
② 试讨论碱处理对木质素培养基的影响。
③ 请简述浑浊红球菌降解木质素合成脂质的过程，简述影响脂质合成效率的关键酶是哪些。

第三节
木质素不灭菌的增溶液态发酵培养基设计

一、实验目的与学时

① 学会配制木质素不灭菌的增溶液态发酵培养基；
② 对污染微生物生长进行监测，揭示不灭菌（ETS）培养基是否可用于实现纯培养；
③ 通过监测微生物生长量、*Rhodococcus opacus* PD630 产脂量和木质素降解率来评估不灭菌（ETS）培养基策略的发酵性能；
④ 建议 4 学时。

二、实验原理

木质素作为植物体的主要组分之一，填充在细胞壁构架中使细胞壁有足够的机械强度。木质素被认为是影响生物质抗性最重要的因素之一。由于其结构的复杂性，木质素难以被降解。一方面限制了其高效利用，另一方面也影响了生物质中纤维素的可及性和糖的释放，从而降低生物炼制的效率。木质素在发酵培养基中的分布决定了微生物细胞或胞外降解酶对木质素的可及性。木质素可及性的提高会促进微生物的生长和代谢，木质素转化和脂质生成得到有效促进，显著影响木质素的生物转化效率。

灭菌方法包括加热、过滤、辐照、声波振动和使用化学药剂。在这些方法中，最常见的是加热。热灭菌技术因其可靠性和易用性而被广泛应用于发酵过程中的纯培养。但无论使用哪种灭菌方法，在整个发酵过程中封闭生物反应器系统都会显著增加基础设施成本。对于以木质素为唯一碳源的发酵培养基来说，木质素在热灭菌过程中既发生降解又发生再聚合。一方面，降解的低分子量木质素在培养基中溶解，另一方面，加热过程增强了胶体粒子的布朗运动，增大胶体木质素颗粒之间的碰撞概率，形成更大的木质素聚集体，重聚合的高分子量木质素更容易形成沉淀，降低了木质素的可及性。热处理还改变木质素的分子结构。因此，常规的热灭菌（CTS）促进胶体颗粒聚集，降低了木质素的可溶性，并抑制发酵介质中木质素的分散，且加热灭菌过程中的能量消耗增加了发酵成本。

为避免高温杀菌造成的木质素性质的变化，促进木质素形成更多的小分子，增加木质素的可溶性，使微生物与底物更好地进行相互作用，一种新兴的节能策略——非灭菌发酵应运而生，该策略适用于使用极端微生物或不易于利用的底物进行的发酵，已在各种研究中得到应用。相比于无菌发酵，非无菌发酵具有维护要求低、生物反应器设计相对简单、简化实验操作的优点，可显著降低发酵成本。硫酸盐木质素在世界上工业木质素中占有相当大的比例，且供应广泛，因此本实验选择硫酸盐木质素作为发酵底物。木质素可溶于碱液和大多数有机溶剂，碱溶是一种有效分散木质素的方法。木质素在碱性增溶作用下容易形成胶体结构，当酸性基团（例如酚类—OH 和—COOH）电离时，带负电荷的木质素胶体通过静电斥力相互排斥，使得溶液保持稳定。但大多数微生物通常无法在极端碱性环境中生存，所以在发酵之前需要将培养基的 pH 调至中性环境使微生物得到有效生长。此时的中和过程木质素仍然会保持胶体结构。

不灭菌（ETS）培养基中木质素有较高的 OH^- 含量，酚羟基的电离会产生带负电荷的离子，带负电荷的离子通过静电斥力相互排斥，这阻碍了木质素胶体的聚集，导致木质素颗粒尺寸更小，有利于其在水性发酵培养基中的分散。且不灭菌培养基有效地降低了能耗和成本，是一种绿色节能策略。木质素作为培养基的唯一碳源也有筛选或抑制微生物生长的作用。木质素具有芳香生物大分子结构，在自然界中一般难以生物降解，污染微生物一般不能以木质素作为唯一的碳源进行繁殖。即使污染微生物可以利用木质素，也不一定对发酵不利。一方面，筛选能转化木质素的微生物菌株是木质素高值化的重要组成部分。另一方面，共发酵是一种提高木质素生物转化率的有效策略。所以ETS 策略适用于以木质素作为唯一碳源的发酵。本实验消除了木质素发酵中的高压蒸汽灭菌过程，并将使用灭菌的发酵培养基作为对照，进一步评估这种节能策略对木质素生物转化性能的影响。

三、实验材料与仪器

（一）实验菌种

浑浊红球菌 *Rhodococcus opacus* PD630（DSMZ 44193）来自德国微生物菌种保藏中心（DSMZ，Braunschweig，Germany）。

（二）实验药品

硫酸盐木质素、磷酸盐缓冲液、甲醇、己烷、乙酰辅酶 A、丙酰辅酶 A、BSA、NaOH、H_2SO_4、NaCl、$(NH_4)_2SO_4$、$MgSO_4 \cdot 7H_2O$、$CaCl_2 \cdot 2H_2O$、$CoCl_2 \cdot 6H_2O$、$CuCl_2 \cdot 2H_2O$、EDTA、$FeSO_4 \cdot 7H_2O$、H_3BO_3、$MnSO_4 \cdot H_2O$、$NiCl_2 \cdot 6H_2O$、$ZnSO_4 \cdot 7H_2O$、FeNaEDTA、HCl、$NaMoO_4 \cdot H_2O$、缓冲液 A、$KH_2PO_4/$KOH、DTT、NADPH 等。

（三）实验仪器与耗材

超净工作台、分析天平、pH 计、电磁炉、高压蒸汽灭菌锅、电热恒温培养箱、恒温振荡水浴摇床、高速冷冻离心机、超声波破碎仪、紫外分光光度计、真空冷冻干燥机、冰箱、移液枪、枪头、锥形瓶、烧杯、量筒、培养皿、试管、封口透气膜、滤纸、接种环、酒精灯等。

四、实验方法

（一）试剂配制

① LB 固体培养基：详见附录Ⅰ。

② RM 红球菌液体培养基：详见附录Ⅰ。

③ 胰酪大豆胨液体培养基（TSB）：依次称取胰酪蛋白胨 15g、大豆蛋白胨 5g、氯化钠 5g，加蒸馏水溶解并定容至 1L，121℃高温湿热灭菌 20min。

④ 储备液：依次称取 FeNaEDTA 5.0g、$NaMoO_4 \cdot H_2O$ 2.0g，加蒸馏水溶解并定容至 1L。

（二）实验步骤

（1）木质素纯化

将 100g 干燥的硫酸盐木质素悬浮于 1000mL 含有 $EDTA-2Na^+$（质量浓度为 5g/L）的 0.1mol/L NaOH 溶液中。然后通过滤纸过滤混合物。用 2mol/L H_2SO_4 将滤液逐渐酸化至 pH 3.0，然后在 -20℃ 保存过夜。解冻后离心收集沉淀，用去离子水彻底洗涤。将所得风干木质素粉末用于后续发酵。

（2）发酵培养基配制

① 不灭菌（ETS）培养基配制。在 250mL 摇瓶中加入 1.5g 硫酸盐木质素和 150mL 红球菌液体培养基。混合 15min 后，用 10mol/L NaOH 将含木质素的培养基调至 pH 12.7 进行碱性增溶，并将培养基以 180r/min 振荡 30min，使木质素完全溶解。然后用 4mol/L HCl 将样品 pH 调到 7.2。设置 3 个平行实验。

② 常规热灭菌（CTS）培养基配制。将 ETS 培养基置于 121℃ 的高压蒸汽灭菌锅中 20min 制备 CTS 培养基。设置三个平行实验。

（3）液态发酵

① 种子制备。通过将 R. opacus PD630 的单个菌落接种到 80mLTSB 培养基中来制备种子液，在 28℃ 下以 180r/min 的振荡速度培养大约 24h 至 OD_{600nm} 值为 1.5。用 80mL 无菌的质量浓度为 8.5g/L 的 NaCl 溶液离心洗涤 2 次，收集培养的细胞，重悬于 80mL 质量浓度为 8.5g/L 的 NaCl 溶液中。

② 发酵。将 7.5mL 种子液分别接种到 ETS 和 CTS 培养基中，在 28℃ 下以 180r/min 的振荡速度发酵 7d。

（4）发酵效果测定

① 生长量测定。采用连续稀释平板法（SDP）监测 PD630 细胞在 ETS 和 CTS 培养基中的生长情况。无菌条件下取 0.1mL 发酵培养基连续稀释至 10^{-4} 并平铺接种于 LB 琼脂培养基上，在 28℃ 下培养 72h 后，确定菌落数并以 cfu/mL 表示。

② 脂质产量测定。取 30mL 发酵液，用 10mol/L NaOH 将 pH 调至 12.7 使木质素溶解，然后以 5000r/min 的速度离心 10min 获取上清液。沉淀的细胞用 30mL 质量浓度为 8.5g/L 的无菌 NaCl 洗涤，然后在真空冷冻干燥机中冻干 48h，称量冻干细胞质量，表示为细胞干重。冻干后重悬于 20mL 的甲醇溶液中，在 65℃ 条件下水浴 30min。加入 1.0mL 10mol/L NaOH，65℃ 继续孵育 2h。然后将样品从水浴中移出并冷却到室温。

逐滴加入质量分数为 98% 的 H_2SO_4 1.0mL，在 65℃ 水浴中继续孵育 2h，然后将溶液冷却至室温，加入 8.0mL 己烷，周期性振荡提取脂质 5min。以 5000r/min 离心 10min 后，将顶部己烷层收集在玻璃小瓶中（小瓶质量记为 W_1），再次重复该己烷萃取步骤，再次将顶部己烷层转移至玻璃小瓶中且随后干燥至恒定质量（质量记为 W_2）。脂质产量计算如下：

$$脂质浓度(mg/L) = \frac{W_2 - W_1}{0.03} \qquad (3\text{-}3)$$

③ 木质素降解率测定。建立 ETS 和 CTS 木质素浓度与紫外吸光度的校准曲线：采用相同的试剂和已知浓度构建 ETS 和 CTS 木质素的校准曲线。取接种前的 ETS 或 CTS 木质素培养基 1mL，调整 pH 为 12.7。将培养基稀释 80 倍、90 倍、100 倍、110 倍、120 倍。在 300nm 波长下对这些稀释的木质素溶液样品进行紫外可见吸收（UV/Vis）测量。

采样 1mL 木质素培养基，用 NaOH 将其 pH 调至 12.7。随后将样品以 5000r/min 离心 10min，收集上清液，适当稀释后在 300nm 波长下进行 UV/Vis 测量，测定木质素浓度。根据发酵过程中木质素浓度的变化来监测木质素的降解情况。

④ 脂肪酸合酶（FAS）酶活测定。利用超声破碎仪对用缓冲液 A 重悬的菌体进行破碎，破碎条件为脉冲时间 4s，缓冲时间 6s，总脉冲时间 10min，功率 150W，整个破碎过程在冰上进行。破碎后的菌液在预冷的 4℃ 离心机中 13000r/min 离心 20min，收集上清液测定酶的酶活性。

破碎后上清液通过 Bradford 法测定其蛋白质浓度。酶反应温度在 30℃ 条件下进行，每次反应的蛋白质含量不能超过 0.3mg。酶活性的计算以每毫克蛋白质每分钟底物的减少量或者产物的增加量表示。计算公式为：

$$酶活性 = \Delta A \times \frac{10^6}{3 \times \varepsilon \times 蛋白质质量} \qquad (3\text{-}4)$$

式中，ΔA 指酶反应过程中吸光值的变化量，ε 指酶在某个特定的波长下反应时具有最大吸光值的物质的摩尔吸光系数。蛋白质质量单位为 mg。

酶活测定反应体系包括 100mmol/L KH_2PO_4/KOH（pH 6.5），2.5mmol/L EDTA，4.0mmol/L DTT，0.3mg/mL BSA 体系，0.18mmol/L 乙酰辅酶 A，0.09mmol/L 丙酰辅酶 A，0.14mmol/L NADPH。所有试剂除丙酰辅酶 A 外充分混匀，30℃ 孵育 2min，在 340nm 处测定吸光度值，测定 3min 数值基本稳定后，加入底物丙酰辅酶 A 充分混匀，再测定 340nm 处吸光度值，测定 3min，计算这 3min 内的吸光度值变化，计算酶活性。

五、注意事项

① 使用酸碱试剂时要戴防护手套，穿好实验服。

② 制备 NaOH 溶液时，应把碱加入水中，避免沸腾和飞溅。如皮肤不慎沾到试剂，应立即用水冲洗至少 15min，若有灼伤，应立即就医治疗。

③ 配制硫酸溶液时，应将浓硫酸沿着器壁慢慢注入水里，并不断搅拌。切不可将水注入浓硫酸，这样会造成硫酸液滴飞溅，非常危险。如果酸液滴在皮肤上，需立即用大量水冲洗，并用 5% 的 $NaHCO_3$ 冲洗，严重时需要就医。如果滴在皮肤上的酸是浓硫酸，需先用干抹布轻轻擦去，再进行冲洗。

六、知识扩展

为避免竞争微生物污染、本地微生物生长超过接种微生物的发生，通常需要在发酵前对原料进行灭菌，特别是在纯培养发酵过程中，灭菌通常是必不可少的。湿热灭菌是直接用蒸汽灭菌。蒸汽冷凝时释放大量的潜热，并具有强大的穿透力，在高温和水存在时，微生物细胞中的蛋白质极易发生不可逆的凝固性变性，致使微生物在短时间内死亡。湿热灭菌有经济和快速等特点，因此被广泛用于工业生产。多数细菌和真菌的营养细胞在 60℃左右处理 5~10min 后即可杀死，酵母菌和真菌的孢子稍耐热些，要用 80℃以上的温度处理才能杀死，而细菌的芽孢一般要在 120℃下处理 15min 才能杀死。湿热灭菌一方面易于传递能量，另一方面湿热更容易破坏保持蛋白质稳定性的氢键等结构，加速其变性。

在年产 1 万吨微生物脂的工厂中，灭菌成本（如蒸汽、人工）占总效用成本的 1.4％，占发酵工艺安装成本的 4％。红球菌 R.opacus PD630 是一种能够积累甘油三酯（TAG）高达细胞干重 76％的模式菌株，已被证明能利用可再生木质纤维素生物质的水解物生产 TAG。然而，脂质生物燃料的生产成本仍然很高，一方面是培养前的灭菌操作带来高成本，另一方面是从微生物中提取 TAG 的工艺昂贵。培养基灭菌占生物脂质生物燃料生产总能耗的 16.4％。

经研究总结，适合不灭菌策略的微生物可能存在以下几种特点：①可以在极低或极高 pH、温度、渗透压下快速生长；②在有毒化合物（甲醇、乙醇、丁醇、重金属等）存在的情况下可以快速生长；③在不常见的底物上可以快速生长，如纤维素、几丁质、橡胶等，甚至是气态的底物，如 H_2、CO、CO_2 和 CH_4。

七、课程作业

① 请概述木质素发酵不灭菌的可行性。
② 简要说明浑浊红球菌 R.opacus PD630 降解木质素生产脂质的优势。

第四节

补料分批发酵产 L-山梨糖脱氢酶培养基的设计与优化

一、实验目的与学时

① 通过摇瓶补料发酵实验进行从 L-山梨糖到 2-酮基-L-古龙酸（2-KLG）的第二步发酵，确定发酵培养基的总投糖浓度、起始糖浓度、残糖浓度范围；
② 优化补料液的基质配比，使混合菌系在摇瓶中有较高的发酵综合水平，达到降低成本、缩短发酵周期、提高底物转化率的目的；
③ 建议 4 学时。

二、实验原理

维生素 C（vitamin C）是一种结构类似于葡萄糖的六碳多羟基化合物，其化学名称为 2,3,5,6-四羟基-2-己烯酸-4-内酯，分子式 $C_6H_8O_6$，分子量 176.12。维生素 C 分子中有两个手性碳原子，故有四种旋光异构体。维生素 C 分子结构中第 2 和 3 位上两个相邻的烯醇式羟基极易解离而释放出 H^+，具有酸的性质，又叫 L-抗坏血酸。它具有很强的还原性，是一种水溶性维生素。

生产维生素 C 的两步发酵法是首先利用黑醋酸菌将山梨醇发酵成为 L-山梨糖，再以 L-山梨糖为底物，用氧化葡萄糖酸杆菌（产酸菌，通称"小菌"）和芽孢杆菌（伴生菌，通称"大菌"）组成的混合菌系继续发酵，氧化生成 2-酮基-L-古龙酸（2-KLG），再经内酯化和烯醇化生成维生素 C。本节实验主要进行第二步发酵，即从 L-山梨糖到 2-KLG。我国特有的"两步发酵法"中产酸"小菌"的关键酶是 L-山梨糖脱氢酶（SDH），它可以催化 L-山梨糖转化为 L-山梨酮，进而由 L-山梨酮脱氢酶催化生成维生素 C 生产的重要前体 2-KLG。了解 SDH 与之催化的氧化还原反应对提高维生素 C 的发酵效率有重要意义。

摇瓶发酵主要包括三个发酵时期：发酵初期、发酵中期、发酵后期。发酵初期主要是菌体繁殖阶段，此时产酸量少，小菌利用 L-山梨糖为底物进行繁殖，伴生菌产生生长因子促进小菌的生长和产酸，但不利用 L-山梨糖。发酵初期 L-山梨糖浓度过高易对菌体产生生长抑制，导致发酵周期延长，所以应适当调节初始糖浓度来缩短发酵周期。大菌出现芽孢是进入发酵产酸高峰期的标志，即进入发酵中期，此时期 L-山梨糖被快速消耗，产物产量迅速增长，应及时合理地供给营养物质增加产酸量。当大菌游离芽孢开始自溶时，菌系产酸能力下降，进入发酵后期，残余 L-山梨糖浓度下降到 1mg/mL 以下时发酵结束。

三、实验材料与仪器

（一）实验菌种

氧化葡萄糖酸杆菌（*Gluconobacter oxydans*）SCB329 和苏云金芽孢杆菌（*Bacillus thuringiensis*）SCB933 均由中国科学院上海生命科学院生物工程研究中心保存。

（二）实验药品

L-山梨糖、玉米浆、蛋白胨、尿素、琼脂、牛肉膏、去离子水、磷酸钾缓冲液、NaCl、$CaCO_3$、KH_2PO_4、$MgSO_4 \cdot 7H_2O$、$(NH_4)_2SO_4$、Triton X-100、2,6-二氯靛酚钠（DCIP）等。

（三）实验仪器与耗材

超净工作台、分析天平、pH 计、电磁炉、高压蒸汽灭菌锅、电热恒温培养箱、恒温振荡水浴摇床、高速冷冻离心机、超声波破碎仪、紫外分光光度计、高效液相色谱仪、磁力搅拌器、色谱冷柜、试管、三角瓶、接种环、摇瓶、无菌注射器、烧杯、量筒、培养皿、移液枪、枪头、酒精灯、药匙、透析袋等。

四、实验方法

（一）试剂配制

① 小菌斜面及固体培养基：依次称取 L-山梨糖 15g、玉米浆 3g、蛋白胨 5g、尿素 4g、KH_2PO_4 5g、$MgSO_4 \cdot 7H_2O$ 0.2g、琼脂 20g，加蒸馏水并定容至 1L，调节 pH 至 7.0，121℃高温湿热灭菌 30min。

② 大菌斜面及固体培养基：依次称取牛肉膏 5g、蛋白胨 10g、NaCl 5g、琼脂 20g，加蒸馏水并定容至 1L，调节 pH 至 7.4，121℃高温湿热灭菌 30min。

③ 种子培养基：依次称取 L-山梨糖 15g、玉米浆 3g、$CaCO_3$ 4g、KH_2PO_4 5g、$MgSO_4 \cdot 7H_2O$ 0.2g、尿素 4g，加蒸馏水并定容至 1L，调节 pH 至 6.7，121℃高温湿热灭菌 30min。

④ 发酵液体培养基：依次称取 L-山梨糖 80g、玉米浆 20g、$CaCO_3$ 4g、KH_2PO_4 1g、$MgSO_4 \cdot 7H_2O$ 0.1g、尿素 10g，加蒸馏水并定容至 1L，调节 pH 至 7.0，121℃高温湿热灭菌 30min。

⑤ 补料液：依次称取 L-山梨糖 500g、玉米浆 40g、尿素 2g、$CaCO_3$ 1g，加蒸馏水并定容至 1L，调节 pH 至 7.0，112℃高温湿热灭菌 30min。

（二）实验步骤

（1）菌种活化

将氧化葡萄糖酸杆菌和苏云金芽孢杆菌分别接种于小菌和大菌斜面培养基，29℃培养 24h 活化待用。

（2）种子制备

挑取若干丰满透明、长势优良的小菌菌落混于 3mL 无菌水中，形成乳白色悬液。注入含有 200mL 种子培养基的 750mL 摇瓶中，再挑取 1 环大菌于摇瓶中，在（29±1）℃，转速 220r/min 的往复式摇床（或转速为 280r/min 的旋转式摇床）上培养。种子培养终点控制产酸 5~7mg/mL。

（3）发酵培养

① 确定残糖浓度。将体积分数为 10% 的种子液接种于含有 50mL 发酵液体培养基的 500mL 三角瓶中发酵，发酵温度（29±1）℃，搅拌转速 220r/min（或旋转式摇床 280r/min）。以残糖浓度小于 1mg/mL 为发酵终点。每间隔 4h 取样 1mL，测定产酸速率并绘图。图中产酸速率最高点即小菌活性高峰，小菌活性开始下降时的残糖浓度即残糖浓度的控制范围。

② 确定初糖浓度。起始糖浓度为 A 组 30mg/mL、B 组 40mg/mL、C 组 50mg/mL、D 组 60mg/mL，每隔 4h 取样检测，当 L-山梨糖浓度降至步骤①确定的残糖浓度范围时，补加补料液补糖至总投糖为 8%，继续发酵，当残糖浓度小于 1mg/mL 时发酵结束。绘制产酸量-时间变化曲线，并记录每组的发酵周期和糖酸转化率。实验结果记录在表 3-2 中。

表 3-2 实验结果记录

项目	A	B	C	D
发酵周期/h				
糖酸转化率/%				

③ 确定最佳总糖浓度。以步骤②确定的初糖浓度为发酵起始糖浓度，每隔 4h 取样检测，残糖降至步骤①确定的浓度范围时添加补料液至总糖浓度分别为 A 组 100mg/mL、B 组 110mg/mL、C 组 120mg/mL、D 组 130mg/mL。以残糖浓度小于 1mg/mL 为发酵终点。绘制产酸量-时间变化曲线，并记录发酵周期、糖酸转化率和平均产酸速率。实验结果记录在表 3-3 中。

表 3-3　实验结果记录

项目	A	B	C	D
发酵周期/h				
糖酸转化率/%				
平均产酸速率/[mg/(mL·h)]				

（4）补料液配比优化

随着发酵的进行，发酵培养基中的碳氮比会发生改变，可能对菌体生长造成影响，通过添加补料液对发酵中期培养基配比进行优化，有利于提高发酵水平。采用正交试验设计优化三种基质的用量，补料液 121℃ 灭菌 30min，以基础补料液为对照，分别进行补料分批发酵。每种处理做 2 个平行。基质因素水平和正交试验见表 3-4、表 3-5。

表 3-4　基质的正交试验因素水平表 L_4（2^3）

水平	A 玉米浆含量/g	B 尿素含量/%	C CaCO$_3$ 含量/g
1	8	0.4	0.2
2	12	0.6	0.3

表 3-5　基质的正交试验表 L_4（2^3）

编号	A	B	C	实验结果 周期/h	糖酸转化率/%
1	1	1	1		
2	1	2	2		
3	2	1	2		
4	2	2	1		

（5）分析方法

① 发酵液中 2-KLG 的测定。高效液相色谱（HPLC）：发酵液离心后，上清液直接进样，用视差法检测，标样为 2-KLG，测定发酵过程中 2-KLG 的含量。

② 发酵液中 L-山梨糖的测定。高效液相色谱：发酵液离心后，上清液直接进样，用视差法检测，标样为 L-山梨糖，测定发酵过程中山梨糖的含量。

③ L-山梨糖脱氢酶活性的测定

a. 无细胞抽提液制备：发酵液经 2000r/min 离心 10min 以去除杂质和大菌，8000r/min 离心 20min 收集小菌菌体，用 10mmol/L 磷酸钾缓冲液（pH＝7.0）洗涤两次后悬浮在同样缓冲液中，超声波破碎 30min，于 16000r/min 离心 60min，收集上清液，即得无细胞抽提液。上清液通过 Bradford 法测定其蛋白质浓度。

b. L-山梨糖脱氢酶活性的测定：测定酶活性的基本反应液由 3mL 含 0.3％TritonX-100

的 10mmol/L 磷酸钾缓冲液（pH＝7.0）、0.45mL 2.5mmol/L DCIP 溶液和 4.95mL H$_2$O 组成，测定前现用现配。取 0.4mL 基本反应液、0.1mL 1mol/L 山梨糖溶液置于 1cm 光程的石英比色皿中，25℃温育 5min 后加入 10μL 酶液，测定第 1min 内 600nm 的光吸收变化率。根据标准曲线换算成 DCIP 浓度变化，计算酶活力，一个酶活力单位 U 定义为每分钟催化还原 1μmol DCIP 的酶量。

（6） L-山梨糖脱氢酶的分离纯化

所有步骤均在 4℃色谱冷柜内进行。无细胞抽提液中加入（NH$_4$）$_2$SO$_4$ 至 30%饱和度，0℃静置 30min 后 15000r/min 离心 30min，上清液中继续加（NH$_4$）$_2$SO$_4$ 至 70%饱和度，0℃静置 30min 后离心 30min 收集沉淀，溶于尽可能少的磷酸钾缓冲液（pH＝7.0）中，透析过夜，透析液依次进行以下色谱分析：

① DEAE Cellulose 52 柱（30mm×180mm），缓冲液 10mmol/L 磷酸钾，pH 7.0，0～0.5mol/L NaCl 梯度洗脱，0.4mol/L 左右收集到酶活性峰。

② Q Sepharose Fast Flow 柱（10mm×150mm），缓冲液 10mmol/L 磷酸钾，pH 6.3，0～0.5mol/L NaCl 梯度洗脱，0.1～0.2mol/L 收集到酶活性峰。

五、注意事项

① 发酵实验摇瓶标记好实验序号，以防混乱造成数据错误。

② 补糖方法：通过用无菌注射器向摇瓶中定量注入补料液。

六、知识扩展

维生素 C 的工业化生产技术，经历了浓缩提取法、化学合成法和生物发酵法三个阶段。最早商业化生产维生素 C 的工艺是 1933 年瑞士化学家 Reichstein 等发明并应用于工业生产的莱氏法。合成路线是将葡萄糖转化为 2-KLG，2-KLG 通过酯化作用进一步转化为维生素 C，一共包括五个化学反应和一个生物反应。莱氏法利用化学方法合成维生素 C，原料廉价易得，产物的产量高、质量好，但中间工艺复杂，生产时间长、能耗大，有机溶剂用量大，环境污染严重。20 世纪 70 年代，中国科学院微生物研究所科研人员与北京制药厂联合发明用于维生素 C 生产的两步发酵法，科研工作者们从 5000 余株菌种中筛选到高效菌株，实现 L-山梨糖到 2-酮基-L-古龙酸的生物转化，简化了生产步骤，缩短了工艺流程，大大减少了化工原料的污染，并降低了生产成本。两步发酵法的广泛应用产生巨大的经济效益和社会效益，使我国一跃成为世界上最大的维生素 C 生产国，在国际市场占据 90%以上的份额，在世界处于技术领先地位，直到现在，国内有关制药厂仍使用两步发酵法进行维生素 C 生产。但两步发酵法也有其局限性，如发酵时间长、需要额外灭菌、混合培养系统的控制成本高等，因其需要两步发酵，和同类发酵产品相比制造成本较高。如果能够将 D-葡萄糖直接转化为维生素 C，则生产成本将显著降低。因此研究者们开始重新思考一步发酵法直接生产维生素 C 或维生素 C 前体的创新性和可行性。微生物法生产维生素 C 发展前景广阔，更环保更高效，选育新菌种、构建工程菌简化生产工艺、提高生产收率是目前的主要发展方向。Tian 等人构建了工程大肠埃希菌菌株，利用该菌株可直接从 D-葡萄糖一步发酵生产维生素 C，证明了一步发酵生产维生素 C 的可行性。与目前使用的发酵工艺相比，该法节省了 D-葡萄糖转化为 D-山梨醇的多个物理和化学步骤，也不涉及将 2-KLG 转化为维生素 C 的相关下游步骤，具有显著的优势。

七、课程作业

① 发酵培养基中尿素除了作为氮源还有什么作用？
② 发酵过程中 pH 控制有何策略？

第五节

酵母原生质体融合培养基的设计

一、实验目的与学时

① 学习酵母原生质体融合的基本方法，配制酵母原生质体融合所需培养基；
② 将虾青素高产突变株 NT221 和啤酒酵母进行原生质体融合，筛选高产虾青素的融合子，并对融合株进行摇瓶发酵；
③ 建议 4 学时。

二、实验原理

微生物育种是运用遗传学原理和技术对某种具有特定生产目的的菌株进行改造，以提高产品的产量和质量的一种育种方法。微生物育种的常用方式有自然选育、诱变育种和杂交育种等。自然选育虽然简单可行，但微生物的正突变率小。诱变育种获得的正突变菌株远高于自然选育，但缺乏定向性。杂交育种适用范围广泛，但过程较复杂且耗时长。基因组重排是一种新的微生物育种手段，该技术的原理是首先通过传统诱变方法对性状优良的出发菌株进行诱变，通过诱变来筛选不同优良正突变的菌株建立突变体库，然后将这些突变体的基因通过原生质体融合技术进行随机重组融合，将众多优良性状的基因集中在同一菌株，可高效、快速地筛选到性状得到较大提升的融合菌株。原生质体融合育种技术同时具备诱变育种和基因工程育种的优点，这为微生物育种提供了一条捷径，此法在实际的生产中应用非常广泛。

原生质体融合技术可以从遗传性状不同的亲本菌株中获得兼具双亲遗传特性的稳定融合子，集优良性状于一体。原生质体融合一般有亲本选择、原生质体的制备与再生、原生质体的融合、融合子的筛选以及遗传特性的分析与鉴定五个步骤，其中原生质体的制备与再生和原生质体的融合是最为关键的 2 个步骤。原生质体的制备是融合的前提。对于一些不易原生质体化的酵母，在酶解破壁之前需要预处理，对于对数生长期的酵母细胞，用乙二胺四乙酸（EDTA）和 β-巯基乙醇等处理能提高原生质体的分离率。β-巯基乙醇为还原剂，能将酵母细胞壁中含有的蛋白质的二硫键（S—S）还原切断，便于酶与细胞壁结合而酶解。EDTA 可以和溶液中的金属离子络合，降低对水解酶的抑制作用，用水解酶来消除细胞壁释放原生质体。原生质体极其脆弱，但是能在一定时间内保持其游离状态，但不能繁殖，必须在细胞壁再生后才能恢复繁殖能力。原生质体融合是微生物融合育种技术中得到稳定融合子的关键步骤。目前常采用的融合方法为化学聚乙二醇（polyethylene glycol，PEG）融合。化学 PEG 融合是较常见的一种融合方法，其操作简便，适用范围广，但该方法得到的原生质体聚集成团的大小不易控制，且PEG 对于原生质体的再生有影响，原生质体融合率低。

三、实验材料与仪器

(一) 实验菌种

红发夫酵母菌株 *Phaffia rhodozyma* ATCC66270 诱变得到红发夫酵母突变株NT221，梁世中课题组实验室保存；啤酒酵母 *S. cerevisiae* YQ7 由华南理工大学轻工与食品学院食品质量与安全检测中心从啤酒厂废料中筛选所得，唐语谦课题组实验室保存。

(二) 实验药品

葡萄糖、蛋白胨、酵母粉、麦芽汁、琼脂、去离子水、二苯胺、溶壁酶、β-巯基乙醇、丙酮、甲醇、乙氰、KCl、Tris-HCl 缓冲液、EDTA、CaCl$_2$、PEG-4000、HCl、硫酸钠等。

(三) 实验仪器与耗材

超净工作台、分析天平、pH 计、电磁炉、高压蒸汽灭菌锅、电热恒温培养箱、恒温振荡水浴摇床、高速冷冻离心机、高效液相色谱仪、电热鼓风恒温干燥箱、移液枪、枪头、锥形瓶、烧杯、量筒、培养皿、试管、封口透气膜、磁力搅拌器、试管、三角瓶、接种环、摇瓶、酒精灯、药匙等。

四、实验方法

(一) 试剂配制

① YM 液体培养基：详见附录Ⅰ。
② YM 固体培养基：详见附录Ⅰ。
③ KCl YM 固体平板培养基：YM 固体培养基1L，KCl 60g。
④ 再生选择培养基：在 KCl YM 固体培养基中加入一定浓度的色素合成抑制剂二苯胺 (DPA)，抑制剂事先配成1g/L 的水溶液过滤除菌。
⑤ KT 溶液：由 0.8mol/L KCl，0.01mol/L Tris-HCl 缓冲液 (pH7.4) 配制而成。
⑥ 溶壁酶混合液：10mL KT 溶液，0.2mL 0.05mol/L EDTA (pH7.4)，溶壁酶10mg/mL，过滤除菌。
⑦ KTC 溶液：KT 溶液中加入 0.01mol/L CaCl$_2$。
⑧ PTC 溶液：35% (质量分数) PEG-4000，0.01mol/L Tris-HCl 缓冲液 (pH7.4)，0.01mol/L CaCl$_2$，0.8mol/L KCl。

(二) 实验步骤

(1) 原生质体制备

① 菌株前培养
从斜面培养基分别挑取 1 环红发夫酵母和啤酒酵母菌苔，各自接种于装有 50mL

YM 液体培养基的 250mL 三角瓶中。红发夫酵母在 22℃下培养 12～24h，啤酒酵母在 28℃下培养 12～24h。

② 收集细胞

分别取红发夫酵母培养液和啤酒酵母培养液 10mL，3500r/min 离心 10min，弃上清液收集菌体，用 10mL 无菌水离心洗涤菌体两次去除杂质。

③ 预处理

将两亲本细胞分别悬浮于 10mL 预处理液中，红发夫酵母在 22℃下振荡处理 10min，啤酒酵母在 28℃下振荡处理 10min。预处理液包括 25mL 0.05mol/L EDTA 和 1mL 0.5mol/L β-巯基乙醇。

④ 酶解前细胞数

分别取 1mL 处理菌液，适当稀释后，用血细胞计数板直接测定未经酶处理的细胞数，记为 A。

⑤ 收集菌体

将预处理后的混合液 3500r/min 离心 10min，收集菌体。

⑥ 去壁

将菌体分别悬浮于 9mL 溶壁酶混合液中，红发夫酵母在 22℃下振荡反应 40～60min，啤酒酵母在 28℃下振荡反应 40～60min。随时用显微镜观察细胞形成原生质体的情况。

⑦ 收集原生质体

先将混合液在 3500r/min 条件下离心 10min，再用 9mL KT 溶液洗涤离心 1 次，之后将细胞悬于 9mL KT 溶液中。

⑧ 测定剩余细胞数

取 1mL 细胞悬液于 9mL 无菌水中摇匀，适当稀释后，以活菌计数法测定酶处理后剩余细胞数，记为 B，并计算原生质体形成率。

$$原生质体形成率(\%) = \frac{A-B}{B} \times 100\% \tag{3-5}$$

式中，A 为酶解前菌的数量；B 为酶解后未脱壁细胞在 YM 液体培养基中形成的菌落数。

⑨ 保存原生质体

将剩余原生质体细胞液在 3000r/min 条件下离心 10min，收集原生质，之后分别悬浮于 8mL KTC 溶液中。

（2）原生质体再生

① 再生过程

分别取两亲本原生质体细胞悬液 1mL，以 KTC 溶液作适当稀释，取 0.2mL 稀释液涂布于 KCl YM 固体平板上，红发夫酵母在 20℃条件下培养 3～5d，啤酒酵母在 30℃条件下培养 3～5d，计数菌落数，该菌落数即为单菌原生质体的再生细胞数，并记为 C。

② 原生质体再生率

分别计算两亲本的原生质体再生率。

$$原生质体再生率(\%) = \frac{C-B}{A-B} \times 100\% \tag{3-6}$$

（3）原生质体融合

① 各取浓度为 10^8 个/mL 的等量两亲本原生质体细胞 1mL，混合，在 22℃条件下

振荡培养 20min。2000r/min 离心 20min，收集细胞。

② 于菌体中加入 1mL PTC 溶液，22℃振荡处理 20min。再 2000r/min 离心 20min，收集细胞，用 5mL KTC 溶液洗涤细胞 1 次，最后将细胞悬浮于 1mL KTC 溶液中。

（4）融合子再生

① 取 0.2mL KTC 菌液，涂布于再生选择平板上，30℃培养 5～7d。平板上菌落数，即为融合子数，记为 D。

② 计算融合率。

$$融合率(\%)=\frac{D}{C-B}\times100\% \tag{3-7}$$

（5）发酵

① 种子培养。取一环菌苔接入装有 30mL YM 液体培养基的 250mL 三角瓶中，在 30℃温度条件下以 160r/min 的振荡速度培养 24h。

② 摇瓶培养。取 3mL 种子液接入装有 30mL YM 液体培养基的 250mL 三角瓶中，在 25℃温度条件下以 160r/min 的振荡速度培养 72h。

（6）生物量的测定

采用干重法将发酵液离心，用蒸馏水洗涤两次，于 105℃烘箱烘干至恒重，称重。

（7）虾青素含量的测定

采用酸热法进行细胞的破碎。取 5mL 培养液于 5mL 离心管中，3500r/min 离心 8min，用蒸馏水洗涤两次，加 3mL 3mol/L HCl 溶液于洗涤后的菌体中，在 100℃沸水中加热，迅速冷却。3500r/min 离心 8min，收集菌体，将上清液去掉。沥干水分，加 5mL 丙酮振荡提取 1min，加少量硫酸钠粉末，3500r/min 离心 8min，取上清液，应用高效液相色谱进行虾青素的测定。流动相为甲醇：乙氰＝9：1，流动相流速为 1.0mL/min，柱温 30℃，PDA 检测器在 480nm 处进行虾青素的分析。以 Sigma 公司的虾青素作为标样进行虾青素定量分析。

五、注意事项

① 整个酵母原生质体融合过程于严格无菌条件下操作。

② 原生质体制备与融合过程中，操作时动作轻柔，避免弄破原生质体。

③ 随着酶解时间的延长，菌体去壁程度愈发完全，原生质体的形成率逐渐上升，当达到一定时间后，绝大多数的细胞已生成原生质体。若一味地追求原生质体形成率，再继续进行酶解会使原生质体的质膜受到损伤，造成原生质体的失活，可能会导致再生率大幅下降，因此需要选择合适的酶解时间。

六、知识扩展

虾青素是一种非微生物 A 原的类胡萝卜素，具有极强的抗氧化性能，有抑制肿瘤发生、增强免疫功能、延缓衰老等多方面的生物学功能，在功能食品、饲料、化妆品和医药等方面有广阔的应用前景。红发夫酵母是很好的虾青素生物来源，但是由于虾青素是胞内色素，它的产量受到细胞生长速度的限制。红发夫酵母生长温度范围窄，且温度偏低，因而生长缓慢，生物量低。啤酒酵母生长温度范围广，细胞繁殖速度快。用原生质体融合技术将红发夫酵母和啤酒酵母进行融合，有可能得到生长温度范围广、生长速度快、产高水平虾青素的融合株。除此之外，还可用融合子进行啤酒酿造，使啤酒具有更高的营养价值，同时用麦汁进行发酵也解决了培养基的问题，发酵结束后酵母泥可用于提取虾青素或直接用作饲料，从而提高产品附加值。

　　酵母菌细胞壁的主要成分是几丁质与纤维素，在制备酵母原生质体时使用的酶主要是蜗牛酶、纤维素酶及消解酶，甚至仅用蜗牛酶也能得到很好的效果。从酵母细胞制备原生质体，通过原生质体融合获得重组子及其再生比细菌、链霉菌困难得多。如果要获得稳定的遗传重组子，融合时需要有两个或两个以上的原生质体发生融合，且需要进一步发生核融合和重组后分离。酵母原生质体再生十分困难，一般不超过10%。在不添加营养物质的基本培养基上几乎不能再生。目前，用于提高酵母原生质体再生率的方法不多，主要有用明胶代替琼脂作再生培养基固形剂，在再生培养基中加入牛血清白蛋白、小牛血清、明胶等物质，以及将原生质体先用藻酸钙凝胶包埋，然后于液体再生培养基中再生。

　　酵母原生质体的融合还有电诱导融合和激光诱导融合2种方法。用电场诱导原生质体融合，主要分为两阶段进行：第一阶段是将原生质体的悬浮液置于大小不同的电极之间，然后加上2000V/cm的强电场，并以0.5兆周/s的频率逆转时，根据双向电泳现象，原生质体会向小电极方向游动，与此同时，细胞内产生偶极，由此促使原生质体相互黏接起来，并沿电场方向连结成串珠状；第二阶段是在1000V/cm的强电压下，以50μs的脉冲，冲击原生质体的黏接点，扰乱彼此挨着的原生质膜的分子排列，这种扰乱的结构被修复时，邻接的原生质体膜自然地融合起来。与化学诱导原生质体融合相比，电诱导细胞融合有以下特点：可在显微镜下监视和观察到融合的完整过程；电融合为一空间定向、时间同步的可控过程；电融合对细胞损伤较小；电诱导与关于膜的分子水平的认识直接相关，能较好地解释膜融合的机制；融合率高；需要在专门的仪器上进行，设备成本较高。激光诱导融合原理是先让细胞或原生质体紧密贴在一起，再用高峰值功率密度激光照射两个细胞的接触区，从而使质膜击穿或产生微米级的微孔。质膜上产生微孔是一个可逆的过程，质膜恢复的过程中细胞连接微孔的表面曲率很高，使细胞处于高张力状态，此时细胞由哑铃形逐渐变为圆球状，进而细胞发生融合。激光诱导融合的毒性小，对细胞损伤小，但融合效率低，不适用于微生物，成本高，丧失高度选择性，技术难度大且技术有待完善。

七、课程作业

① 了解虾青素的用途，列举用于工业生产的虾青素生产菌。
② 简述影响红发夫酵母的生长和虾青素积累的条件。
③ 简述影响红发夫酵母原生质体形成率和再生率的因素。

第六节

促进芽孢形成发酵培养基的正交优化

一、实验目的与学时

① 采用两阶段固态发酵策略，通过正交试验优化发酵培养基的配方及发酵条件，

促进枯草芽孢杆菌的细胞生长和芽孢形成；

② 通过实验了解影响芽孢生成的因素，学习发酵过程中调控芽孢形成的方法；

③ 建议 4 学时。

二、实验原理

芽孢是处于休眠状态的活细胞，是不良生长环境下细菌形成的自我保护机制，当生长条件适宜时细菌会快速从休眠状态恢复继续生长。形成芽孢时的枯草芽孢杆菌具有高度的生理稳定性，耐酸碱、耐高温、耐挤压，在饲料制粒过程及酸性胃环境中均能保持高度的稳定性。

芽孢杆菌能够分泌多种酶，促进有益菌生长，抑制致病菌生长，在酶制剂行业、饲料添加剂行业和植物病害防治等领域被广泛应用。芽孢的抗逆性强，能抵御恶劣的环境，适合菌体细胞的保存。活菌生物制剂产品中的芽孢含量已成为菌剂产品质量的一个重要指标。在保证活菌数高的情况下提高芽孢杆菌发酵过程中的芽孢数量，对提高产品品质、提高生产效率、降低生产成本具有重要意义。

培养基的组成和配比对菌体的生长繁殖、产物的合成、产物的分离和产品品质都有影响。C/N 直接影响菌体的生长代谢。C/N 偏小导致菌体生长过剩，提前衰老自溶；C/N 过大易导致发酵密度低，不利于产物积累；C/N 合适但 C、N 浓度过低则会影响菌体的繁殖；C/N 合适但 C、N 浓度过高，发酵开始时菌体大量繁殖，导致产物产量降低。低浓度金属离子对微生物生长起刺激作用，高浓度起抑制作用。锰是枯草芽孢杆菌生长的必需元素。缺少 Mn^{2+} 时，不适合枯草芽孢杆菌的生长，提高 Mn^{2+} 浓度可诱导芽孢生成。磷浓度直接影响枯草芽孢杆菌菌体生长和芽孢形成。微生物在最适生长温度范围内生长繁殖最快，温度过高或过低都会影响芽孢杆菌生长代谢，芽孢更难以在营养体内产生。采用大接种量有利于菌体形成群体优势而缩短延迟期，但过大的接种量会带进较多的代谢废物，不利于细菌的生长，接种量过小则可能使发酵周期延长。

正交试验设计又称正交设计或多因素优选设计，是研究多因素多水平的一种常用试验设计方法。在全面试验中所有处理都需要进行至少一次试验，而正交试验是根据正交性从全面实验中选择部分有代表性的点进行实验，是部分实验，是利用数学统计原理进行多因素实验设计的科学实验方法。正交试验实施过程分为以下 6 个步骤：

① 根据单因素实验结果，结合文献调研，确定试验因素及水平数；

② 根据试验因素及水平数选择合适的正交表；

③ 列出实验方案；

④ 按照实验方案进行试验，获得实验结果；

⑤ 对正交试验数据进行分析，包括极差分析和方差分析；

⑥ 确定最优或较优因素水平组合。

三、实验材料与仪器

（一）实验菌种

枯草芽孢杆菌（*Bacillus subtilis*）来自中国工业微生物菌种保藏管理中心（CICC）。

（二）实验药品

蛋白胨、酵母提取物、葡萄糖、豆粕、麦麸、去离子水、$MgSO_4$、$NaCl$、$CaCO_3$、$(NH_4)_2SO_4$、$MnSO_4$、KH_2PO_4 等。

（三）实验仪器与耗材

超净工作台、分析天平、pH计、电磁炉、高压蒸汽灭菌锅、电热恒温培养箱、恒温振荡水浴摇床、高速冷冻离心机、可见分光光度计、水浴锅、移液枪、枪头、酒精灯、玻璃棒、烧杯、量筒、试管、培养皿、接种环、药匙、三角瓶、锥形瓶、无菌管等。

四、实验方法

（一）试剂配制

① LB液体、固体培养基：详见附录Ⅰ。

② 菌株活化培养基：依次称取葡萄糖40g、蛋白胨10g、酵母提取物10g、$CaCO_3$10g、$MgSO_4$0.5g，加蒸馏水并定容至1L，调节pH至7.0，121℃高温湿热灭菌20min。

③ 固态发酵培养基：依次称量豆粕3g、麦麸30g、葡萄糖0.75g、$CaCO_3$1.5g、30mL无机盐溶液，添加9.6mL去离子水调节培养基含水量为60%。无机盐溶液含质量分数为1.25%的$(NH_4)_2SO_4$，质量分数为0.05%的$MnSO_4$，质量分数为2.5%的KH_2PO_4。

（二）实验步骤

（1）固态发酵培养基前处理

配制发酵培养基于250mL锥形瓶中，用高压蒸汽灭菌锅进行高温短时处理，条件为134℃处理2min。

（2）菌株活化

枯草芽孢杆菌保藏菌种接种于LB液体培养基，于37℃培养18～36h。

（3）两段固态发酵

① 正交试验优化基质用量。向已处理的固态发酵培养基中接种12mL种子液，搅拌均匀，在37℃的恒温培养箱中静置发酵48h，将温度提高到47℃，再发酵24h，测定活菌数和芽孢数，计算芽孢生成率。培养基基质的正交试验因素：氮源（豆粕）、碳源（麸皮）、无机盐、$CaCO_3$。以原培养基为中间水平，设计上下25%为高水平和低水平的4因素3水平正交试验，培养基其他成分和培养条件不变。两段固态发酵72h后以活菌数、芽孢数和芽孢生成率为结果，分析生成芽孢的最适培养基基质用量。每种处理做2个平行。基质因素水平和正交试验见表3-6和表3-7。

表3-6　基质的正交试验因素水平表 $L_9(3^4)$

水平	A 豆粕/g	B 麦麸/g	C $CaCO_3$/g	D 无机盐/mL
1	2.25	22.5	1.125	22.5
2	3	30	1.5	30
3	3.75	37.5	1.875	37.5

表 3-7　基质的正交试验表 L_9 (3^4)

编号	A	B	C	D	活菌数/(×10⁷ cfu/mL)	芽孢数/(×10⁷ cfu/mL)	芽孢生成率/%
1	1	1	1	1			
2	1	2	2	2			
3	1	3	3	3			
4	2	1	2	3			
5	2	2	3	1			
6	2	3	1	2			
7	3	1	3	2			
8	3	2	1	3			
9	3	3	2	1			

② 正交试验优化培养条件。在优化培养基的基础上，设计 3 水平 4 因素的正交试验，其他发酵条件不变进行两段固态发酵，第一阶段发酵温度为 37℃。发酵完成后以活菌数、芽孢数和芽孢生成率为结果，分析生成芽孢的最适发酵条件。每种处理做 2 个平行。发酵条件因素水平和正交试验见表 3-8 和表 3-9。

培养条件正交试验因素：第二阶段时间、第二阶段温度、接种量、培养时间。

表 3-8　发酵条件的正交试验因素水平表 L_9 (3^4)

水平	A 第二阶段时间/h	B 第二阶段温度/℃	C 接种量/mL	D 培养时间/h
1	24	37	9	66
2	36	47	12	72
3	48	57	15	78

表 3-9　发酵条件的正交试验表 L_9 (3^4)

编号	A	B	C	D	活菌数/(×10⁷ cfu/mL)	芽孢数/(×10⁷ cfu/mL)	芽孢生成率/%
1	1	1	1	1			
2	1	2	2	2			
3	1	3	3	3			
4	2	1	2	3			
5	2	2	3	1			
6	2	3	1	2			
7	3	1	3	2			
8	3	2	1	3			
9	3	3	2	1			

（4）枯草芽孢杆菌芽孢计数

① 测定活菌数。无菌条件下称取 3.1g 固态发酵培养基，放入装有 50mL 无菌水的 250mL 三角瓶中。置于 37℃摇床中，转速为 150r/min 振荡 30min。取 100μL 上清液，

用无菌水进行梯度稀释 10^6 倍后取 100μL 涂布于 LB 固体培养基上，37℃培养 24h 后进行菌落计数。测得单位干重培养基中的活菌数。

② 测定芽孢数。取上述混合液 5mL 置于 15mL 无菌管中 80℃ 水浴 15min，取 100μL 上清液，用无菌水梯度稀释 10^6 倍后，取 100μL 涂布于 LB 固体培养基上，37℃ 培养 24h 后进行菌落计数，测得单位干重培养基中的芽孢数。

③ 计算芽孢生成率。

$$芽孢生成率(\%) = \frac{芽孢数}{活菌数} \times 100\%　　　　　　(3-8)$$

（5）分析方法

目前分析方法有多种，如极差分析法、方差分析法、贡献率分析法等，常用的分析方法是极差分析法和方差分析法。

① 极差分析。表 3-10 中 K_1、K_2、K_3 值对应各因素分别在 1、2、3 水平的指标值之和，如活菌数中因素 A 的 K_1 值为实验编号为 1、2、3 所对应的活菌数值之和。k_1、k_2、k_3 值分别为本列的 K 值除以 3 得到的平均值。R 值为 k 的最大值与最小值之差，R 值越大，说明此因素对对应指标的影响越大。通过比较 R 值可得出 4 个因素影响效果的主次顺序，比较 k 值得出最佳因素水平组合。

表 3-10　正交试验因素水平分析表

指标		A	B	C	D
活菌数/（$\times 10^7$ cfu/mL）	K_1				
	K_2				
	K_3				
	k_1				
	k_2				
	k_3				
	R				
芽孢数/（$\times 10^7$ cfu/mL）	K_1				
	K_2				
	K_3				
	k_1				
	k_2				
	k_3				
	R				
芽孢生成率/%	K_1				
	K_2				
	K_3				
	k_1				
	k_2				
	k_3				
	R				

② 方差分析。使用 IBM SPSS Statistics 26 进行方差分析。不考虑因素间交互作

用，只考虑各因素的主效应。

  a. 导入实验结果；

  b. "分析"——"一般线性模型"——"单变量"——导入"因变量"和"固定因子"；

  c. "模型"——设定"构建项"——构建项类型选择"主效应"——将"因子与协变量"导入"模型"——"继续"；

  d. "事后比较"——将"因子"导入"事后检验"——"邓肯"——"继续"——"确定"。

五、注意事项

  ① 进行试验设计前必须明确实验目的，实验目的确定后选定定性或定量试验指标，定性实验指标需要通过一些方法进行量化，如模糊数学处理法或使用相关仪器分析。试验因素的选择要遵循三个原则，即首选对试验指标影响大的因素、首选尚未考察的因素、首选尚未完全掌握其规律的因素。试验水平应以 2~4 个为宜。正交试验设计不能随便使用非正交表进行试验，正交表的选择原则是在能安排试验因素和交互作用的前提下尽可能选较小的正交表。正交表表头设计分为两种情况，若不考虑因素间交互作用，则各因素任意安排，若考虑交互作用，应按相对应的正交表的交互作用列表安排各因素，防止设计混杂。试验应严格按照排定的方案进行，不得变动。

  ② 在极差分析中，极差值仅仅反映了各因素影响试验指标的主次关系，不能反映各个因素对试验指标影响的程度。极差值不能指明影响试验指标的关键因素，也不能提供一个标准用来考察、判断各个因素的作用是否显著。方差分析可补足上述的不足之处。

  ③ 在方差分析中，当正交试验分析不考虑交互效应时，应对方差分析的结果进行可信度检验。检验方法是：再一次将所有处理当成单因素试验进行方差分析后，将两个方差分析结果进行对比并计算交互效应的 sig 值，判断交互效应的显著性。若交互作用不显著，则方差分析结果可信，若交互效应显著，则方差分析结果只能得出最佳处理组合，而不能得出各因素的因素效应。

  ④ 实验得出的优化结果，只在试验考察的范围内有意义，若超出试验范围则可能会发生变化，所以如果想扩大使用范围，必须再做扩大范围的试验以确定试验结果。

六、知识扩展

  枯草芽孢杆菌可以在动物肠道内出芽生长，产生多种酶类物质，对动物生长有很好的促进作用，在防治疾病方面也有着良好的作用。研究表明，枯草芽孢杆菌能产生胞外酶，如蛋白酶、淀粉酶、纤维素酶、植酸酶和脂肪酶等，这些酶能够水解植物饲料细胞的细胞壁，使细胞里面的营养物质释放出来，并能消除饲料中的抗营养因子，减少抗营养因子对动物消化利用的阻碍。

七、课程作业

  ① 简述正交试验设计方法的优点。

  ② 请比较固态发酵与液态发酵在工业生产方面的优势和劣势。

第七节

产纤维素酶发酵培养基的响应面优化

一、实验目的与学时

① 了解响应面设计的基本原理和方法；

② 学会运用实验设计软件 Design Expect 进行 Plackett-Burman（PB）试验和 Center Composite Design（CCD）试验的设计和试验数据的分析；

③ 通过试验学会运用响应面优化法对培养基进行基质种类的显著性分析，确定最适组分配比从而优化培养基组成；

④ 建议 4 学时。

二、实验原理

单因素实验或正交试验得到的最优点只是实验组或正交表中列出的相对较优点，并不是全局的真正最值，响应面法（response surface methodology，RSM）是利用合理实验设计，将实验得到的数据采用多元二次回归方程拟合因素和响应值之间的函数关系，通过对回归方程的分析得到最优参数，解决多变量问题的一种统计方法，是目前国外较为先进的培养基优化方法，在微生物发酵方面已有广泛应用。响应面设计主要有中心复合设计（center composite design，CCD）、Box-Behnken 设计（Box-Behnken design，BBD）及均匀外壳设计（uniform shell design）三种，其中中心复合设计将传统的插值节点分布方式与全因子或部分因子设计相结合，是国际上常用的响应面法。在发酵培养基的优化设计中，相同因素个数情况下，BBD 设计的水平数更少，试验次数少，因素个数小于 4 个时 BBD 设计比 CCD 设计更具有优势。当由于试验限制而不可能对顶点所代表的因子水平组合进行试验时，此设计具有独特优势。而 CCD 更适合多因素多水平试验，CCD 比 BBD 能更好地拟合相应曲面。辅助进行响应面设计的软件主要有 SAS、Minitab、Design Expect 等，其中 Design Expect 具有操作简便、功能完整、上手简单的优势，是已发表的有关响应面（RSM）优化试验论文中使用最广泛的。

响应面优化试验基本步骤：

① 通过查阅文献或者单因素试验法、正交试验法等确定试验因素及水平数；

② 通过 PB（Plackett-Burman）实验确定影响目标响应的重要因素；

③ 采用最陡爬坡试验逼近重要因素的最大响应区域；

④ 通过软件如 Design Expect 设计试验方案；

⑤ 按试验方案开展试验，获得试验结果；

⑥ 用 Design Expect 进行分析，获得模型方程、最优或较优因素水平组合，输出相关结果。

三、实验材料与仪器

（一）实验菌种

枯草芽孢杆菌（*Bacillus subtilis*）来自中国工业微生物菌种保藏管理中心

(CICC)。

（二）实验药品

牛肉膏、蛋白胨、琼脂、蒸馏水、酵母提取物、3,5-二硝基水杨酸、酒石酸钠、苯酚、偏亚硫酸氢钠、葡萄糖、柠檬酸钠缓冲液、NaCl、HCl、NaOH、CMC、NaCl、$(NH_4)_2SO_4$、KH_2PO_4、K_2HPO_4、$MgSO_4$、$CaCl_2$、$NaNO_3$ 等。

（三）实验仪器与耗材

超净工作台、分析天平、pH 计、电磁炉、高压蒸汽灭菌锅、电热恒温培养箱、恒温振荡水浴摇床、高速冷冻离心机、可见分光光度计、磁力搅拌器、细菌比浊仪、水浴锅、移液枪、枪头、培养皿、烧杯、量筒、锥形瓶、酒精灯、试管、棉花塞、接种环、麦克法兰标准比浊管等。

四、实验方法

（一）试剂配制

① 营养琼脂斜面培养基：在烧杯内加入 1L 蒸馏水，放入 3g 牛肉膏、10g 蛋白胨和 0.5g NaCl，加热，待烧杯内各组分溶解后，加入琼脂，不断搅拌以免粘底。等琼脂完全熔化后补足失水，用 10% HCl 或 10%的 NaOH 调节 pH 至 7.2~7.6，分装在试管里，加棉花塞，121℃高温湿热灭菌 20min。

② 未优化液体培养基：依次称取 CMC 10.0g、NaCl 6.0g、$(NH_4)_2SO_4$ 1.0g、KH_2PO_4 0.5g、K_2HPO_4 0.5g、$MgSO_4$ 0.1g、$CaCl_2$ 0.1g、$NaNO_3$ 0.1g、酵母提取物 1.0g，加蒸馏水并定容至 1L，调节 pH 至 7.0，121℃高温湿热灭菌 20min。

（二）实验步骤

（1）种子制备

菌种在 4℃的营养琼脂斜面培养基上定期传代培养。在进行发酵实验之前，从斜面挑取一环菌体接种到已灭菌的 50mL 未优化培养基中，在恒温摇床中 40℃，150r/min 条件下培养过夜，作为种子液。使用细菌比浊仪，借助麦克法兰标准比浊管将菌液浓度调整为 1.0（光密度）。

（2）未优化培养基的发酵

取体积分数为 1%的种子液接种到灭菌的未优化培养基中进行发酵，在恒温摇床中 37℃，150r/min 条件下培养，发酵 24h 后，将菌液 10000g 离心 10min，取无细胞上清液作为粗酶进行纤维素酶活性测定。

（3）培养基优化

① Plackett-Burman 筛选显著影响因素。采用 Plackett-Burman Design（PBD）对影响纤维素酶生产的变量进行筛选。设计 10 因素 2 水平实验，以 $P<0.05$ 和 95%置信水平为基础，筛选出显著影响纤维素酶生产的主要变量。

选择未优化培养基的 9 种成分和 pH 作为 PBD 实验设计的 10 个因素，每个因素分别取 2 个水平（1 代表高水平，−1 代表低水平），以纤维素酶活为响应，使用 Design Expect 生成实验设计表。一共进行 20 次实验，将纤维素酶活性平均值填入实验设计表 3-11。

表 3-11　Plackett-Burman 设计因子与水平

符号	因子/(g/L)	水平	
		低(-1)	高(+1)
A	CMC	2	18
B	酵母提取物	0.5	10.5
C	NaCl	2	14
D	$(NH_4)_2SO_4$	0.5	2.5
E	KH_2PO_4	0.05	2.05
F	K_2HPO_4	0.05	0.45
G	$MgSO_4$	0.01	0.21
H	$CaCl_2$	0.005	0.405
I	$NaNO_3$	0.005	0.805
J	pH	5	7

对上述实验结果进行主效应分析，分析各因素的主效应程度，以 Design Expect 软件为例处理数据。

a. 实验设计表的生成：

步骤：打开软件——"New Design"——"Factorial"——"Plackett-Burman"——输入因素和水平——设置虚拟因素并命名——"Continue"——"Continue"——输入响应值名称和单位——"Continue"——得到设计表。依次进行实验，并填入实验结果。

b. 实验数据分析：

"Analysis"——"R1：纤维素酶活性"——"Effects"，图中的点离原点越远，因素对响应的影响越大。点击"Normal Plot"，显示正态分布图；点击"Pareto Chart"，得到效应 t 值直方图；点击"Effect List"，得到效应值列表；点击"Alias List"，得到差值列表；点击选项卡"ANOVA"，得到方差分析结果，向下翻动即可得到回归系数、标准误、回归方程等更多信息。

以重复实验得到的纤维素酶活性平均值作为响应，通过回归分析确定酶产率的影响因素，选取置信区间在 95% 以上的 3 个显著（$P < 0.05$）的因子为主要影响因素。

② 中心复合设计（CCD）。针对 Plackett-Burman 实验得到的主要因素，采用基于中心复合设计（CCD）的响应面方法（RSM），进一步确定对酶产率有积极影响的组分的最佳水平。在培养基 pH 为 7 的条件下，采用 3 因素 5 水平设计，为每个因素分配 5 个编码水平（$-\alpha$，-1，0，$+1$，$+\alpha$），α 是扩展水平，值为 $(2)^{3/4} = 1.682$。使用 Design Expert 生成 23 全因子 CCD 实验设计，23 为角点，其中 2 代表 -1 和 1 两个水平，3 代表 3 个因素。实验设计包括 20 次运行（实验次数 $= 2k + 2k + n_0$），即 8 次析因实验、6 次轴点实验、6 次中心点实验，其中"k"为自变量的数量，n_0 为变量中心点的重复运行次数。所有实验均重复进行，以重复实验得到的纤维素酶活性的平均值作为响应值。采用多元回归分析方法对实验数据进行分析。以纤维素酶活性的平均值（Y）为因变量，三个主要因素（A、B、C）为自变量建立二阶多项式方程。使用 Design

Expert 对方程进行方差分析，检验方程中各项的显著性并评价拟合程度。对方程求导可得到极值点，即最佳培养基配比和纤维素酶活性的预测值。根据方程可绘制响应面分析图和等高线图。

③ 验证试验。在其余培养基成分和培养条件不变的情况下，将菌种分别接入初始发酵培养基和优化培养基，恒温空气摇床中 40℃，150r/min 条件下发酵 24h，测定纤维素酶活性，计算增产率。比较培养基优化后产酶结果与预测实验结果的差别，说明培养基的优化效果。

（4）测定方法

① 配制 DNS 溶液。1416mL 蒸馏水，10.6g 3,5-二硝基水杨酸，19.8g NaOH 充分搅拌混匀。向上述溶液中分别加入 306g 酒石酸钠，7.6mL 苯酚，8.3g 偏亚硫酸氢钠，充分搅拌混匀。所得溶液用 NaOH 调节，直至 3mL 溶液滴定至变色需要 HCl（12moL/L）约 5～6mL。将溶液储存于棕色瓶中，避光，静置 1 周后待用。

以葡萄糖浓度为横坐标，吸光度值为纵坐标制作标准曲线（葡萄糖浓度范围为 0.2～5.0mg/mL，视实验情况而定）。将样品中葡萄糖浓度调至 0.2～5.0mg/mL。取 1～2mL 样品加入 25mL 比色管中，再加入 3mL DNS 试剂，混匀后放入沸水中水浴 5min，然后冷却至室温。于 540nm 波长下测溶液的吸光度值。若粗酶液浓度过高，应将粗酶液进行适当稀释，使溶液的吸光度在光度计的测试范围内，再进行实验。

② 纤维素酶活测定。CMC 为底物，将 1mL 酶与相同体积的底物在 0.05mol/L 柠檬酸钠缓冲液（pH 5.0）中孵育 30min，温度为 40℃。用 DNS 方法估算还原糖的释放量。所有实验均重复进行。依据葡萄糖浓度-吸光度标准曲线计算葡萄糖浓度。一个单位的纤维素酶活性定义为：在实验条件下与底物作用时每分钟释放 1μmol 葡萄糖所需的酶量。

五、注意事项

① DNS 法测还原糖浓度时，碱性条件下颜色才会显现，所以当样品为酸性时，应该用 NaOH 中和。

② 响应面优化的前提是设计的试验范围应包括想得到的最优结果，单因素试验可以为后续试验提供一个合理的数值区域，所以响应面试验前做单因素试验是必要的，其各因素和水平往往可以根据以往试验或者文献确定。

③ PB 试验得到的重要影响因子不宜过多，一般选择显著性水平在 90% 以上的因子作为重要影响因子。

④ 最陡爬坡试验一般放在 PB 试验之后，CCD 设计或 BBD 设计之前进行最陡爬坡实验可以快速寻找各变量变化的最优区域，以便于后续在该区域建立回归方程寻找最优配比。最陡爬坡试验的路径和步长根据前期实验拟合出来的方程确定，系数为正，则该因素水平递增，反之递减。以系数最大的变量为基准确定基本步长，以其他变量与基本变量系数的比值确定其他变量的步长。如果确定试验的取值已经逼近中心点，则可以跳过最陡爬坡试验，直接进行响应面设计试验。

六、知识扩展

纤维素是植物细胞壁的主要成分，是自然界最丰富的多糖资源，作为一种可再生资源，纤维素的充分利用具有巨大的环境和经济效益。纤维素炼制的重要思路是通过纤维素酶将纤维素水解成葡萄糖，然后再采用其他生物或化学手段将葡萄糖转化为乙醇、乳酸或其他化合物。

七、课程作业

① 简述响应面设计方法的优点和局限性。

② 简述细菌纤维素酶和真菌纤维素酶的优势与不足，了解两者在工业生产中的应用现状。

③ 针对 Plackett-Burman 实验得到的主要因素，使用 Design Expert 软件用 Box-Behnken 设计方法进行分析。

第八节
神经网络结合遗传算法优化链霉菌产葡糖异构酶发酵培养基

一、实验目的与学时

① 了解神经网络的结构；

② 学习反向传播（BP）神经网络模型结合遗传算法（GA）对于优化发酵提高葡糖异构酶产量的方法；

③ 建议 4 学时。

二、实验原理

(一) 神经网络

人工神经网络（artificial neural network，ANN）就是模拟人类思维的第二种方式，这是一个非线性动力学系统，其特色在于信息的分布式存储和并行协同处理。虽然单个神经元的结构极其简单且功能有限，但大量神经元构成的网络系统能实现的行为是极其丰富多彩的。

神经网络的研究内容相当广泛，反映了多学科交叉技术领域的特点。目前，主要的研究工作集中在以下几个方面。

① 生物原型的研究。从生理学、心理学、解剖学、脑科学、病理学等方面研究神经细胞、神经网络、神经系统的生物原型结构及其功能机理。

② 建立理论模型。根据生物原型的研究，建立神经元、神经网络的理论模型，包括概念模型、知识模型、物理化学模型、数学模型等。

③ 网络模型与算法研究。在理论模型研究的基础上构建具体的神经网络模型，以实现计算机模拟或准备制作硬件，包括网络学习算法的研究。这方面的工作也称技术模型研究。

④ 人工神经网络应用系统。在网络模型与算法研究的基础上利用人工神经网络组成实际的应用系统，如完成某种信号处理或模式识别的功能、构建专家系统、制成机器人等。

（二）神经网络的结构

人工神经网络模型主要考虑网络连接的拓扑结构、神经元的特征、学习规则等。目前已有 40 多种神经网络模型，其中有反传网络、感知器、自组织映射、霍普菲尔德（Hopfield）网络、玻尔兹曼机、适应谐振理论等。根据连接的拓扑结构，神经网络模型可以分为前向网络和反馈网络。

（1）前向网络

前向网络中的各个神经元接收前一级的输入并输出到下一级，网络中没有反馈，可以用一个有向无环路图表示。这种网络实现信号从输入空间到输出空间的变换，它的信息处理能力来自简单非线性函数的多次复合。

图 3-2 为两层前向神经网络，该网络只有输入层和输出层，其中，x 为输入，w 为权值，y 为输出。输出层神经元为计算节点，其传递函数取符号函数 f。两层前向神经网络一般用于线性分类。

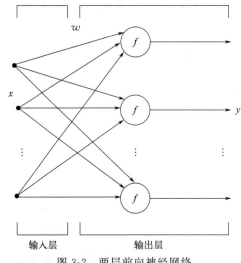

图 3-2　两层前向神经网络

图 3-3 为多层前向神经网络，该网络有一个输入层、一个输出层和多个隐含层，其中，隐含层和输出层的神经元为计算节点。多层前向神经网络传递函数可以取多种形式。如果所有的计算节点都取符号函数 f，则此网络称为多层离散感知器。

（2）反馈网络

反馈网络内的神经元间有反馈，可以用一个无向的完备图表示。这种神经网络的信息处理是状态的变换，可以用动力学系统理论处理。系统的稳定性与联想记忆功能有密切的关系。Hopfield 网络、玻尔兹曼机均属于反馈网络。以两层前向神经网络模型（输入层有 n 个神经元）为例，反馈神经网络的结构如图 3-4 所示。

（三）BP 神经网络

BP（反向传播）神经网络是 1986 年由以 Rumelhart 和 MeCelland 为首的科学家小

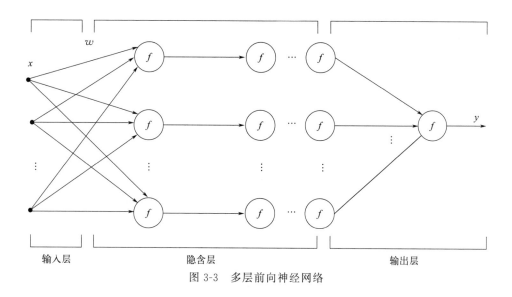

图 3-3 多层前向神经网络

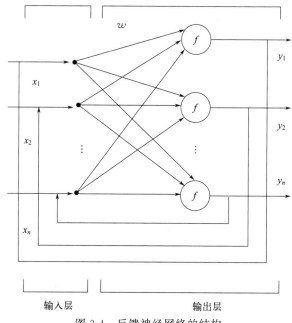

图 3-4 反馈神经网络的结构

组提出的，是一种按误差反向传播算法训练的多层前向网络，也是目前应用最广泛的神经网络模型之一。BP 神经网络能学习和存储大量的输入-输出模式映射关系，且无须事前揭示描述这种映射关系的数学方程。

（四）BP 神经网络的结构

BP 神经网络一般是多层的，与之相关的另一个概念是多层感知器（multi-layer perceptron，MLP）。多层感知器除了有输入层和输出层，还有若干隐含层。多层感知器强调神经网络在结构上由多层组成，BP 神经网络强调网络采用误差反向传播的学习算法。

发酵工程实验教程

BP 神经网络的隐含层可以为一层或多层，一个包含两层隐含层的 BP 神经网络的拓扑结构如图 3-5 所示。

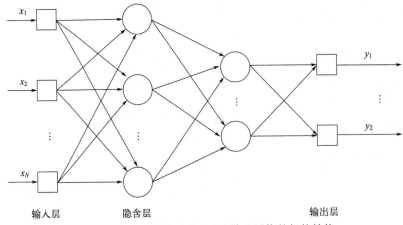

输入层　　　　　隐含层　　　　　　　　　输出层

图 3-5　包含两层隐含层的 BP 神经网络的拓扑结构

三、实验材料与仪器

（一）实验菌种

链霉菌由许昌学院实验室保藏。

（二）实验药品

马铃薯、琼脂、葡萄糖、酵母膏、乙醇、可溶性淀粉、咪唑、硫酸、果糖、半胱氨酸盐酸盐、三氯乙酸、三乙醇胺盐酸盐、KNO_3、K_2HPO_4、$MgSO_4 \cdot 7H_2O$、NaCl、$FeSO_4 \cdot 7H_2O$ 等。

（三）实验仪器与耗材

超净工作台、分析天平、pH 计、电磁炉、高压蒸汽灭菌锅、电热恒温水浴锅、多功能生物传感分析仪、电热恒温培养箱、生物显微镜、恒温振荡水浴摇床、高速冷冻离心机、可见分光光度计、电热鼓风干燥箱、接种环、发酵罐、移液枪、枪头、锥形瓶、5L 发酵罐、烧杯、量筒、培养皿、试管、封口透气膜等。

四、实验方法

（一）试剂配制

（1）PDA 固体平板培养基：详见附录 I 。

（2）未优化基础培养基：依次称取可溶性淀粉 20g、酵母膏 4g、KNO_3 0.4g、K_2HPO_4 0.2g、$MgSO_4 \cdot 7H_2O$ 0.2g、NaCl 0.2g、$FeSO_4 \cdot 7H_2O$ 0.04g，加蒸馏水并定容至 1L，调节 pH 至 7.0，121℃高温湿热灭菌 20min。

（3）0.025mol/L 三乙醇胺盐酸盐缓冲液：称取 4.641g 三乙醇胺盐酸盐，加蒸馏水并定容至 1L，调节 pH 至 8.0。

（二）实验步骤

（1）菌株活化

采用稀释涂布平板法将链霉菌涂布到马铃薯培养基（PDA）平板上，30℃恒温培养3d，即得到活化后的菌种。

（2）酶产量测定

未优化基础培养基发酵完毕，发酵液3000r/min离心10min，收集上清液，用无菌水稀释10倍，即得粗酶液。

绘制果糖标准曲线：取6支比色管，分别加入50μg/mL的果糖标准溶液0、0.2mL、0.4mL、0.6mL、0.8mL、1.0mL，加入1mL蒸馏水，每支比色管中加入0.2mL 1.5%半胱氨酸盐酸盐溶液、6mL体积分数为70%的硫酸溶液，摇匀，加入0.2mL 0.12%咔唑酒精溶液摇匀，在60℃水浴中保温10min，取出冷却呈红紫色，测定波长560nm处的吸光度，绘制标准曲线。

酶产量测定采用改进的硫酸咔唑法。250μL 0.6mol/L D-葡萄糖中加入100μL稀释粗酶液、200μL 0.025mol/L三乙醇胺盐酸盐缓冲液，60℃反应15min，加50%三氯乙酸50μL终止反应；立即加入6mL体积分数为70%的硫酸（冰浴冷却）、200μL 2.4%的半胱氨酸盐酸盐、200μL 0.12%的咔唑酒精溶液，混匀后60℃反应30min，冷却。参比溶液为250μL 0.6mol/L D-葡萄糖中加入100μL稀释粗酶液，加50%三氯乙酸50μL、200μL 0.025mol/L三乙醇胺盐酸盐缓冲液，60℃反应15min，加入6mL体积分数为70%的硫酸（冰浴冷却）、200μL 2.4%的半胱氨酸盐酸盐、200μL 0.12%的咔唑酒精溶液，60℃保温30min所得溶液。利用绘制的果糖标准曲线，测定粗酶液生成的果糖含量，计算出发酵液的酶产量。葡糖异构酶酶活单位的定义为：60℃时，1min生成1μmol果糖的酶量规定为1个活力单位（U）。

（3）培养基的优化

筛选可溶性淀粉、酵母膏、KNO_3、K_2HPO_4、初始pH值5个单因素，确定较优培养基配方。初始发酵条件为250mL三角瓶装液量50mL，接种量为5%（体积分数），pH为7，30℃，150r/min摇床中发酵96h。

在上述发酵培养基及发酵条件的前提下，进行可溶性淀粉（10g、15g、20g、25g）、酵母膏（1g、2g、3g、4g、5g）、KNO_3（0.2g、0.3g、0.4g、0.5g）、K_2HPO_4（0.1g、0.2g、0.3g、0.4g）、初始pH值（6、6.5、7、7.5）的优化，发酵后测定葡糖异构酶产量。

（4）正交试验

根据单因素试验结果，确定影响发酵液酶产量的培养基可溶性淀粉、酵母膏、初始pH值3因素和3水平（见表3-12），采用正交试验设计可溶性淀粉、酵母膏、初始pH值组合。选用L_9（3^4）正交表，以酶产量为评价指标进行分析。

表3-12 正交试验因素水平表

水平	因素		
	A. 培养基初始pH值	B. 可溶性淀粉/g	C. 酵母膏/g
1	6.5	15	3.5

续表

水平	因素		
	A. 培养基初始 pH 值	B. 可溶性淀粉/g	C. 酵母膏/g
2	7	20	4
3	7.5	25	5

（5）神经网络结合 GA 优化培养基条件

① 人工神经网络构建。BP 算法是人工神经网络中最具代表性和应用最为广泛的一种非线性拟合方法。基于正交试验数据建立人工神经网络模型进行拟合和预测，但人工神经网络需要大量样本数据进行训练，因此增加了虚拟样本量，即在每个实际样本的各变量增加一个±Δi 值，一般 Δi 为 0.2%，根据 L_9 正交设计表，每个实际样本可产生 6 个虚拟样本，即一共增加 54 个虚拟样本，加上 9 个实际样本，所有样本共 63 个，其中训练集 45 个样本，测试集为 9 个样本，验证集 9 个样本，表 3-13 是根据第 1 个试验数据构建的虚拟样本。人工神经网络拓扑结构为 3-10-1，输入层的变量个数为 3，隐含层神经元个数为 10，输出层神经元个数为 1，利用 Levenberg-Marquardt 函数进行模型构建。针对构建模型中出现的过拟合问题，误差函数在神经网络训练过程中通过调整权值来最小化。使用平均绝对偏差（mean absolute deviation，MAD）式(3-9)、均方误差（mean square error，MSE）式(3-10)、均方根误差（root mean square error，RMSE）式(3-11) 和平均绝对误差百分比（mean absolute percentage error，MAPE）式(3-12)来评价人工神经网络。

$$MAD = \frac{\sum_{i=1}^{n} |A_t - F_t|}{n} \tag{3-9}$$

$$MSE = \frac{\sum_{i=1}^{n} (A_t - F_t)^2}{n} \tag{3-10}$$

$$RMSE = \left[\frac{\sum_{i=1}^{n} (A_t - F_t)^2}{n} \right]^{\frac{1}{2}} \tag{3-11}$$

$$MAPE = \sum_{i=1}^{n} \left| \frac{(A_t - F_t)}{A_t} \right| \times \frac{100}{n} \tag{3-12}$$

式中，A_t 为实际葡糖异构酶产量；F_t 为预测葡糖异构酶产量；n 为试验中使用的样品数。

表 3-13　第 1 个试验数据构建的虚拟样本

序号	可溶性淀粉/g	培养基初始 pH 值	酵母膏/g
1			
2			
3			
4			

续表

序号	可溶性淀粉/g	培养基初始 pH 值	酵母膏/g
5			
6			

② GA 寻优。构建人工神经网络预测模型后，采用 GA 中"君主法"（在利用神经网络得到适应度函数后，对种群按适应度值升序排列，选取最优个体作为君主染色体，并按照排列后的顺序选取偶数位的染色体依次与君主染色体交叉，完成交叉过程。将得到的子代与父代合并后，再次按适应度值排序后取后一半染色体作为下一次循环的种群，完成选择过程）寻优链霉菌产葡糖异构酶培养基配方，得到最优培养基配方。在 GA 中，设定最大进化代数 500，种群大小 50，变异概率 0.05，交叉概率 0.8。得到最佳培养基配方后，进行发酵验证。

（6）统计分析

采用 Origin 2019 软件进行单因素试验折线图的制作；采用 Minitab 17 软件中的正交试验，进行 3 因素 3 水平的正交试验设计；采用 Matlab 2019b 软件构建神经网络和 GA 模型。最终分析试验数据并反馈结果。

五、注意事项

① 由于 BP 网络的权值优化是一个无约束优化问题，而且权值要采用实数编码，可以直接利用 Matlab 遗传算法工具箱。

② 准确使用 BP 神经网络进行建模，避免产生错误或误差从而导致无法精确地模拟结果。

六、知识扩展

BP 算法的缺点：

①BP 学习算法的收敛速度慢。BP 算法的学习复杂性是样本数目的指数函数，这是 BP 算法本身固有的缺点。②算法的完备性的含义是，若对应的问题有解，则该算法一定能求得其解。BP 模型本质上是以误差平方和为目标函数，用梯度法求最小值的算法。于是除非误差平方和函数是正定的，否则必然产生局部极小点。当局部极小点出现时，BP 算法所求得的解就不是真正的最佳解。故 BP 算法是不完备的。隐节点个数的选取尚无理论规则，只能凭经验选取。

BP 算法的改进：

针对问题①：可利用线性的自适应改变步长加速 BP 算法，提高 BP 网络的收敛速度。一般认为变尺度法和共轭梯度法收敛速度较快，但不足之处是需占用较多的内存。针对问题②：比较常用的一个方法是增加动量项，这有助于算法在收敛过程中甩掉那些局部极小点。可利用最优化方法中非单调性搜索基本点的思想，引入了一个新的自适应调整步长的策略，提出了 BP 网络的一个非单调学习算法。该算法能较大程度地提高 BP 网络的学习收敛速度，具有一定的使学习过程逃离局部极小的能力。但是只有引入模拟退火方法以后才能从根本上克服局部极小的问题。

七、课程作业

① 请概述培养基配方优化遗传算法的基本流程以及 BP 神经网络与 GA 相结合寻优的优势。

② 简述人工神经网络的优缺点。

③ 分析提高葡糖异构酶催化性能的策略。

第四章

发酵过程的监测与控制

第一节

液态发酵产淀粉酶过程监测

一、实验目的与学时

① 掌握分光光度法测定 α-淀粉酶活力的基本原理和方法；

② 从初筛所获的菌株中筛选出淀粉酶活力高的菌株；

③ 了解 α-淀粉酶对淀粉的作用机理和 DNS 法测定还原糖的原理和实验方法；

④ 通过酶促反应动力学参数——米氏常数（K_m）和最大反应速度（V_m）的测定实验，理解酶促反应机理研究与过程研究的主要区别，掌握 α-淀粉酶酶促反应动力学参数的测定方法；

⑤ 建议 4 学时。

二、实验原理

（一）淀粉酶活力测定

α-淀粉酶可从淀粉分子内部切断淀粉的 α-1,4 糖苷键，形成麦芽糖、含有 6 个葡萄糖单位的寡糖和带有支链的寡糖，使淀粉的黏度下降。淀粉遇碘呈蓝色，这种淀粉-碘复合物在 660nm 处有较大的吸收峰，可用分光光度计测定。随着酶的不断作用，淀粉长链被切断，生成小分子糊精，使其对碘的蓝色反应逐渐消失，因此可以一定时间内蓝色消失的程度为指标来测定 α-淀粉酶的活力。

（二）淀粉酶酶促反应动力学参数的测定

α-淀粉酶是一种内切葡萄糖苷酶，能够随机地将淀粉分子链中的 α-1,4-葡萄糖苷键催化切断为长短不一的短链糊精、少量的麦芽糖和葡萄糖，可用 DNS 法测定酶促反应后还原糖的含量。

DNS 法原理：二硝基水杨酸法是利用碱性条件下，二硝基水杨酸（DNS）与还原糖发生氧化还原反应生成 3-氨基-5-硝基水杨酸，该产物在煮沸条件下显棕红色，且在一定浓度范围内颜色深浅与还原糖含量成比例关系的原理，用比色法测定还原糖的含量。因其显色的深浅只与糖类游离的还原基团的数量有关，而对还原糖的种类没有选择性，故 DNS 方法适合用在多糖（如纤维素、半纤维素和淀粉等）水解产生多种还原糖体系。

对于酶促反应中米氏常数 K_m 和最大反应速率 V_m 一般通过作图法求得。米氏方程式如下：

$$\upsilon = \frac{V_m[\text{S}]}{K_m + [\text{S}]}$$

式中，$[\text{S}]$ 为底物浓度；υ 为反应速度；V_m 为最大反应速度；K_m 为米氏常数。

对米氏方程进行变形，得到以下方程：

$$\frac{1}{\upsilon} = \frac{K_m}{V_m}\frac{1}{[\text{S}]} + \frac{1}{V_m}$$

采用 Lineweaver-Burk 作图法，以 $\frac{1}{\upsilon}$ 对 $\frac{1}{[\text{S}]}$ 作图，可得到一条直线。这条直线在横轴上的截距为 $-\frac{1}{K_m}$，在纵轴上的截距为 $\frac{1}{V_m}$，由此即可求得 K_m 和 V_m。本实验以淀粉为底物，测定 α-淀粉酶催化反应的 K_m 和 V_m。

三、实验材料与仪器

（一）实验菌种

所用菌种由实验分离得到。

（二）实验药品

葡萄糖、豆饼粉、玉米粉、Na_2HPO_4、$NaH_2PO_4 \cdot 2H_2O$、$(NH_4)_2SO_4$、NH_4Cl、碘化钾、碘、3,5-二硝基水杨酸、酒石酸钾钠、苯酚（重蒸）、无水亚硫酸钠、NaOH、可溶性淀粉、α-淀粉酶、$Na_2HPO_4 \cdot 12H_2O$、NaH_2PO_3、柠檬酸、冰乙酸等。

（三）实验仪器与耗材

超净工作台、分析天平、pH 计、电磁炉、高压蒸汽灭菌锅、电热恒温培养箱、恒温振荡水浴摇床、高速冷冻离心机、可见分光光度计、移液枪、枪头、锥形瓶、烧杯、量筒、培养皿、试管、封口透气膜、白瓷板、烧结玻璃过滤器等。

四、实验方法

（一）试剂配制

① 产淀粉酶培养基：依次称取豆饼粉 50g、玉米粉 70g、Na_2HPO_4 8g、$(NH_4)_2SO_4$ 4g、NH_4Cl 1.5g，加蒸馏水并定容至 1L，调节 pH 至 7.0，121℃高温湿热灭菌 20min。

② 碘原液：称取碘化钾 4.4g，加 5mL 蒸馏水溶解，加入碘 2.2g，溶解后加蒸馏水并定容至 100mL，贮存于棕色瓶中。

③ 比色用稀碘液：取碘原液 0.4mL，加碘化钾 4g，加蒸馏水定容至 100mL，贮存于棕色瓶中。

④ 2%可溶性淀粉：称取可溶性淀粉（干燥至恒重）2g，用少量蒸馏水混合调匀，

缓慢倾入煮沸的蒸馏水中，边加边搅拌，煮沸 2min 后冷却，加蒸馏水并定容至 100mL，须当天配制。

⑤ Na_2HPO_4-柠檬酸缓冲液（pH6.0）：称取 $Na_2HPO_4 \cdot 12H_2O$ 4.523g，柠檬酸 0.807g，加蒸馏水溶解并定容至 100mL。

⑥ 0.5mol/L 乙酸溶液：吸取 28.62mL 冰乙酸，加蒸馏水并定容至 1000L。

⑦ DNS 试剂：详见附录Ⅱ。

⑧ 磷酸缓冲液（pH 6.6）：分别称取 $Na_2HPO_4 \cdot 12H_2O$ 17.91g 和 $NaH_2PO_4 \cdot 2H_2O$ 7.8g，加蒸馏水溶解并定容至 250mL，得到浓度为 0.2mol/L 的 Na_2HPO_4 溶液和 0.2mol/L 的 NaH_2PO_4 溶液，最后分别量取 37.5mL 的 0.2mol/L 的 Na_2HPO_4 溶液和 62.5mL 的 0.2mol/L 的 NaH_2PO_4 溶液，混合制得 pH6.6 的磷酸缓冲液。

⑨ 淀粉酶溶液：称取 0.25g 的 α-淀粉酶，用磷酸缓冲液溶解并定容至 250mL，制得 1mg/mL α-淀粉酶溶液。

（二）实验步骤

（1）淀粉酶活力测定

① 摇瓶培养：挑取经活化后的斜面菌苔 3 环，悬于 5mL 无菌生理盐水中，吸取 0.5mL 接入上述培养基中，30℃摇瓶培养（180r/min）。每隔 8h 取出一瓶，将发酵液过滤后直接作为粗酶液。

② 酶液稀释：用 pH6.6 的磷酸缓冲液将粗酶液作适当稀释。

③ 标准曲线制作：a. 将可溶性淀粉稀释成 0.2%、0.5%、1%、1.5% 和 2% 的稀释液；b. 吸取淀粉稀释液 2.0mL 加至试管中，再加入 Na_2HPO_4-柠檬酸缓冲液 1.0mL，40℃水浴保温 5min；c. 之后加蒸馏水 1mL，40℃保温 30min 后加入 0.5mol/L 冰乙酸 10mL；d. 最后吸取反应液 0.2mL，加稀释液 2mL 混匀，在 660nm 下测得吸光度 A，以 2.0mL 蒸馏水代替 b. 中的淀粉稀释液作为对照；e. 以淀粉浓度为横坐标，吸光度为纵坐标，作标准曲线。

④ 淀粉酶活力测定：用 2% 可溶性淀粉溶液按第 3 步中 b. 操作，用稀释后的粗酶液 1mL 代替第 3 步中 c. 的蒸馏水，测得吸光度 A_{660}，从标准曲线中查出相应的淀粉浓度，求出被酶消耗的淀粉量（表 4-1）。

表 4-1　α-淀粉酶活力测定

试剂	试管号						
	1	2	3	4	5	6	7
淀粉稀释液/mL	2(0%)	2(0.2%)	2(0.5%)	2(1.0%)	2(1.5%)	2(2.0%)	2(2.0%)
缓冲液/mL	1	1	1	1	1	1	1
40℃水浴保温 5min							
蒸馏水/mL	1	1	1	1	1	1	0
粗酶液/mL	0	0	0	0	0	0	1
40℃水浴保温 30min,加入 0.5mol/L 冰乙酸 10mL,混匀吸取反应液 0.2mL							
稀碘液/mL	2	2	2	2	2	2	2
A_{660}	0						

注：可直接在试管中制作淀粉稀释液。在 1~6 号管中分别加 0、0.2mL、0.5mL、1mL、1.5mL 和 2mL 2% 可溶性淀粉，加蒸馏水并定容至 2mL 即可。

⑤ 酶活力计算：酶活力以每毫升粗酶液在 40℃、pH6.0 的条件下每小时所分解的淀粉质量（mg）来衡量。

$$酶活力(U) = (40 - A) \times 2 \times f$$

式中，40 为 2mL 2%淀粉溶液中所含的淀粉量，mg；A 为由测得的吸光度从标准曲线中查出的残余淀粉量，mg；f 为酶液稀释倍数，由于反应时间只有 30min，故应乘以 2。

（二）淀粉酶酶促反应动力学参数的测定

① 葡萄糖标准曲线的绘制：准确配制浓度分别为 0.0mg/mL、0.2mg/mL、0.4mg/mL、0.6mg/mL、0.8mg/mL、1.0mg/mL 的葡萄糖标准溶液，3,5-二硝基水杨酸法（DNS 法）测葡萄糖浓度，以葡萄糖浓度为横坐标，吸光度 A 为纵坐标作图。

表 4-2　3,5-二硝基水杨酸法测定葡萄糖浓度——标准曲线的制作

试剂	0	1	2	3	4	5
1mg/mL 葡萄糖标准液/mL	0	0.2	0.4	0.6	0.8	1
H_2O/mL	1	0.8	0.6	0.4	0.2	0
DNS/mL	2	2	2	2	2	2
葡萄糖含量/mg	0	0.2	0.4	0.6	0.8	1
沸水浴中煮沸 5min,取出后冷却至室温						
蒸馏水	7	7	7	7	7	7
A_{540}						

按表 4-2 顺序分别向编号为 0~5 号试管中加入对应的试剂，将各管摇匀，在沸水浴中加热 5min 取出，冷却至室温，加蒸馏水并定容至 10mL，加塞后颠倒混匀，在分光光度计上进行比色。测定波长为 540nm，用 0 号管调零点，分别测出 1~5 号管的吸光度，最后绘制标准曲线。每个浓度做三组平行。

② 底物浓度对酶促反应速度的影响——K_m 和 V_m 的测定

按表 4-3 分别配制 10mL 不同底物浓度的淀粉溶液于试管中，pH 调为 6.5，然后分别加入 1mL 的 α-淀粉酶（加入之前 α-淀粉酶溶液应在 40℃水浴中进行活化），60℃水浴锅中反应 15min 后用 DNS 法测定还原糖。其中以 0 号试管作为空白调零。每个浓度做三组平行。

表 4-3　α-淀粉酶米氏常数的测定

试剂	0	1	2	3	4	5
2mg/mL 淀粉溶液/mL	0	1	2	3	4	5
H_2O/mL	10	9	8	7	6	5
α-淀粉酶溶液于 40℃水浴中加热 20min						
α-淀粉酶溶液/mL	1	1	1	1	1	1
充分混匀后于 60℃水浴中反应 15min						
待测反应液/mL	1	1	1	1	1	1
DNS 试剂/mL	2	2	2	2	2	2
充分混匀后于沸水浴中煮沸 5min,取出后冷却至室温						
蒸馏水	7	7	7	7	7	7
A_{540}						

最后根据测定的吸光度换算出反应液中还原糖浓度，计算出各种底物浓度下的反应速度 V，取相应的倒数 $\frac{1}{V}$ 作图。

五、注意事项

① 淀粉一定要用少量冷水调匀后，再倒入沸水中溶解，若直接加到热水中，会溶解不均匀，甚至结块。淀粉液应当天配制，配好的淀粉液应是透明澄清的，不能有颗粒状物质存在。

② 碘单质只能溶于高浓度的碘化钾溶液中，所以配制碘原液时应先用少量蒸馏水将碘化钾溶解后再加碘单质。碘单质易升华，配制时不要加热。

③ 配制好的 DNS 试剂要避光保存。

六、知识扩展

α-淀粉酶全称为 1,4-α-D-葡聚糖-4-葡聚糖水解酶，广泛存在于植物、动物和微生物中。在人和动物的唾液、胰液中 α-淀粉酶含量非常高。α-淀粉酶能切开淀粉分子内部的 α-1,4-糖苷键，生成糊精和还原糖。目前，工业生产上通常采用微生物发酵法大规模生产 α-淀粉酶，以广泛应用于食品工业领域，如食品加工、酿造、发酵等方面。

α-淀粉酶是人体内专一性分解淀粉糖苷键的一类生物活性酶。摄入人体的淀粉在淀粉酶的作用下水解生成葡萄糖，体内葡萄糖增加会引起糖尿病患者的血糖浓度升高。因此，抑制 α-淀粉酶的活性，有助于降低糖尿病患者的餐后血糖水平。α-淀粉酶抑制剂是国外近年来研发的一类新型口服抗糖尿病药物，属于糖苷水解酶抑制剂的一种，能阻碍食物中碳水化合物的水解和消化，降低人体血糖和血脂指标，适合长期给药和预防或治疗糖尿病。天然 α-淀粉酶抑制剂主要存在于植物种子的胚乳中，目前已从小麦、豆类、薯蓣等植物种子中分离得到 α-淀粉酶抑制剂。此外，研究发现一些植物的化学成分如山药多糖、茶多糖、茶碱、茶多酚、黄酮也可降低血糖，对 α-淀粉酶均有抑制作用。

七、课程作业

① 进行淀粉酶活力测定时，是否可直接用蒸馏水作对照？

② 用糊精溶液做试验，糊精与碘反应生成的颜色（如红色）是否会对结果产生影响？

③ DNS 法测定还原糖的原理是什么。

④ 测定还原糖还有哪些其他方法？

第二节

大肠埃希菌连续液态发酵过程监测

一、实验目的与学时

① 掌握发酵液 pH 的测定方法；

② 掌握利用 HPLC 测定发酵液中有机酸含量的方法；

③ 掌握细菌生长曲线测定原理；

④ 建议 12 学时。

二、实验原理

（一）发酵液黏度测定

采用黏度计测定发酵液的黏度。黏度计的工作原理是由电机经变速带带动转子作恒速旋转。当转子在液体中旋转时，液体会产生作用在转子上的黏性力矩，液体的黏度越大，对应的黏性力矩也越大，该作用在转子上的黏性力矩由传感器检测，经计算机处理后得出被测液体的黏度。

（二）发酵液 pH 测定

原电池的两个电极间的电动势依据能斯特定律，既与电极的性质有关，也与溶液中氢离子浓度有关。原电池的电动势与氢离子浓度有对应关系，氢离子浓度的负对数即为 pH 值。

（三）发酵液中有机酸含量测定

本实验采用反相液相色谱法（RP-HPLC）检测发酵过程中有机酸的含量。利用样品中各组分理化性质的差异，被分离的组分在流动相和固定相中分配系数不同，经过多次反复吸附解吸，在两相中重新分配，最后达到分离。反相液相分配色谱中固定相的极性小于流动相的极性，固定相一般以硅胶作为填料基质。根据标准品的浓度和峰面积，可以定量得出样品的浓度。有机酸在 210nm 处有较强吸收，在 210nm 处检测有机酸。

（四）菌体细胞生长曲线测定

测定菌体生长曲线的方法是将待测菌种接入培养液中，在适宜的培养温度和良好的通气状态下定时取样，在相应纳米波长处测定菌液浓度（OD 值），也称比浊法。在一定的范围内，菌液浓度与 OD 值呈线性关系。根据菌液的 OD 值可以推知细菌生长繁殖的进程。测定细菌浊度的光波波长通常选择 600nm。

三、实验材料与仪器

（一）实验菌种

所用菌种来自市面所售大肠埃希菌（*Escherichia coli*）。

（二）实验药品

葡萄糖、KH_2PO_4、NH_4Cl、$MgSO_4 \cdot 7H_2O$、$CaCl_2$、NaCl、麦角硫因、乙醇、甲醇（色谱纯）、乙腈（色谱纯）、乳酸标准品、乙酸标准品、琥珀酸标准品、柠檬酸标准品、苹果酸标准品、延胡索酸标准品、NaH_2PO_4、H_3PO_4。

（三）实验仪器与耗材

超净工作台、分析天平、pH 计、电磁炉、高压蒸汽灭菌锅、电热恒温培养箱、恒温振荡水浴摇床、高速冷冻离心机、可见分光光度计、黏度计、磁力搅拌器、安捷伦液相色谱仪（Agilent 公司）、移液枪、枪头、锥形瓶、烧杯、量筒、培养皿、试管。

四、实验方法

（一）试剂配制

① M9 培养基：详见附录Ⅰ。

② 1mol/L MgSO$_4$·7H$_2$O：称取 MgSO$_4$·7H$_2$O 246.5g，加蒸馏水并定容至1L。

③ 0.01mol/L CaCl$_2$：称取 CaCl$_2$ 1.11g，加蒸馏水并定容至1L。

④ 1mg/mL 麦角硫因：称取 1g 麦角硫因，加蒸馏水并定容至1L。

（二）实验步骤

（1）连续培养大肠埃希菌发酵液的制备

① 种子制备：培养条件为 pH7.0、37℃，通气量为 1mL/min，搅拌器速度为 500r/min，培养液量 1L（发酵罐体积为 2.5L）。向与正式培养用发酵培养基具有相同组成的 100mL 培养基中接入一环菌种，在 37℃下培养过夜，制成种子培养液。

② 发酵过程：将种子培养液按发酵培养基体积的 10％进行接种，过一会儿进行分批培养，并测定菌体浓度（OD$_{660}$）在不同时间内的变化情况。当菌体的增殖速度开始下降时，开始添加新鲜培养基，取出培养液。将发酵罐中的稀释率（D）依次调节为 0.45L/h、0.5L/h、0.55L/h、0.6L/h 的水平。在确认稳定状态的过程中，需在冰水浴条件下将流出液采入烧瓶中，再对其进行分析。

（2）发酵液黏度测定

取发酵液适量，将黏度计的转子没于发酵液中，并使液面在转子的凹槽刻度处，开启黏度计，连续搅拌一定时间记录表盘中偏转角度，即指针读数 α。本试验中选用 1♯转子（转子系数 $K=2$），转速为 30r/min，在室温 25℃下剪切 10min。发酵液的黏度（η）计算公式如下：

$$\eta = K \times \alpha$$

（3）发酵液 pH 测定

① 开机：点击开机按钮。

② 校正：将洗净擦干的电极插入 pH6.86 的缓冲液中，调节定位旋钮至 6.86，用蒸馏水清洗电极，擦干，再插入 pH4.00 的标准缓冲液中，调节斜率旋钮至 pH4.00，重复操作一遍，直至不用再调节定位和斜率两旋钮为止。

③ 样品测定：用蒸馏水清洗电极，擦干，将电极插入发酵液中，摇动烧杯，使均匀接触，在显示屏中读出被测溶液的 pH，记录结果。

④ 关机：关闭电源，清洗电极，并将电极放回保护套中，套内应放少量补充液以保持电极球泡的湿润，点击关机按钮。

（4）发酵液中有机酸含量测定

① 色谱柱前处理：先用 5％甲醇冲洗色谱柱 30min，然后用流动相平衡系统，监视基线情况，直到基线平稳。

② 发酵液预处理：将发酵液置于 10mL 离心管内，以 3000r/min 离心 10min，取 5mL 上清液于 25mL 容量瓶中，用 50％乙醇溶液定容，置于磁力搅拌器上搅拌 5min，

以 10000r/min 离心 5min，取上清液，将上清液以 5 倍为标准做梯度稀释，使测得的峰面积正好处于各有机酸标准曲线范围内。稀释后用 $0.45\mu m$ 的微孔滤膜过滤，滤液用于 HPLC 测定。

③ 有机酸标准溶液曲线：将浓度为 5g/L 的乳酸、乙酸、琥珀酸、柠檬酸、苹果酸、延胡索酸标准溶液用超纯水依次稀释成 0.5g/L、1.0g/L、1.5g/L、2.0g/L、2.5g/L、3.0g/L 6 个浓度。将各管摇匀，用 $0.45\mu m$ 的微孔滤膜过滤后，将滤液进行 HPLC 分析。采用与标样比较保留时间法定性，峰面积标准曲线法定量。

④ 有机酸的定性分析：依次取 6 种单有机酸标准溶液 $20\mu L$ 注入液相色谱仪中，得到各个有机酸的出峰时间和峰面积，用于后续有机酸的定性分析。

⑤ 单有机酸标准溶液的 HPLC 标准工作曲线的制作：取 $20\mu L$ 稀释不同倍数的单有机酸注入液相色谱仪中，按照洗脱程序进行梯度洗脱，测定峰面积，分析得到各单有机酸标准溶液的 HPLC 图谱，以各有机酸的峰面积为纵坐标，各有机酸标准溶液浓度为横坐标，制作有机酸工作曲线，并计算其线性回归方程及相关系数，用于后续有机酸的定量分析。

⑥ 液相测定条件：色谱柱选用安捷伦 20Hbax SB-Ag 柱（4.6mm×150mm，$5\mu m$），检测器为紫外检测器，检测波长为 210nm，柱温设定为 $35℃$，进样量为 $20\mu L$，流速为 0.5mL/min，流动相为 1％乙腈＋99％ 0.02mol/L NaH_2PO_4，H_3PO_4 调 pH 至 2.0。

⑦ 发酵液中有机酸含量的测定：取稀释成不同倍数后的发酵液样品 $20\mu L$ 注入色谱仪中，按实验方法中的色谱条件进行分析。每个稀释度做三个平行测定，测得峰面积后取平均值，根据峰面积在标准曲线上查得对应的有机酸的含量，根据如下公式计算发酵液中有机酸的浓度：

$$有机酸含量(g/L) = \frac{m \times f}{20 \times 1000}$$

式中，m 为从标准曲线上查得的有机酸质量，mg；f 为稀释倍数。

⑧ 色谱柱和 HPLC 系统后处理：流动相冲洗系统 30min，再用 5％甲醇冲洗色谱柱 30min，20％甲醇冲洗色谱柱 15min，80％甲醇冲洗色谱柱 15min，之后用 100％甲醇冲洗色谱柱 30min，最后卸下柱子，纯水冲洗 HPLC 系统。

（5）菌体细胞生长曲线测定

以未接种的液体培养基作空白对照，选用 600nm 波长分光光度计进行比浊测定。从最早取出的培养液开始依次测定 OD 值，对细胞密度大的培养液用未接种的液体培养基适当稀释后测定，使其 OD 值为 0.10～0.65，经稀释后测得的 OD 值乘以稀释倍数，还原培养液实际的 OD 值。分别测定培养 0h、0.5h、1.0h、1.5h、3h、4h、6h、8h、10h、12h、14h、16h、20h、24h 的培养液 OD 值，以培养时间为横坐标，OD_{600} 值为纵坐标，绘制菌体细胞的生长曲线。

五、注意事项

① 测定发酵液 pH 试验，关机前应清洗电极，并将电极放回保护套中，套内应放少量补充液以保持电极球泡的湿润，切忌浸泡于蒸馏水中。

② HPLC 法测定发酵液中有机酸含量时，样品在注入液相色谱仪之前要采用微孔滤膜过滤样品。

六、知识扩展

大肠埃希菌（*Escherichia coli*），又称大肠杆菌，一般情况下大肠埃希菌是没有芽孢的直杆菌，大多以成对或散在形式存在，通过周生鞭毛达到运动目的，多数菌株无荚膜，革兰氏染色检查该菌为阴性菌。大多数菌株都可以发酵葡萄糖并且产酸产气，而且可分解麦芽糖、甘露醇、L-鼠李糖、L-阿拉伯糖等；苯丙氨酸脱氨酶、赖氨酸脱羧酶和精氨酸双水解酶均为阴性反应且没有硫化氢生成；大多数菌株对明胶穿刺显示运动力，但特别注意的是在 22℃下明胶不能液化。

七、课程作业

① 液相色谱法测定有机酸含量的原理是什么？
② 测定有机酸含量时，发酵样品预处理为什么用微孔滤膜过滤样品？

第三节
流加培养液液态发酵过程监测

一、实验目的与学时

① 掌握利用干重法测定菌体浓度的操作方法；
② 通过实验掌握亚硫酸盐氧化法测定溶氧体积传递系数 K_La 的原理和实验操作步骤；
③ 掌握发酵液中酸度的测定方法；
④ 掌握发酵液中 α-氨基氮含量的测定方法；
⑤ 建议 4 学时。

二、实验原理

(一) 发酵液溶氧体积传递系数 K_La

本试验采用亚硫酸盐氧化法测定溶氧体积传递系数 K_La。在正常条件下，亚硫酸根的氧化速度非常快，远大于氧的溶解速度。当氧一旦溶解于液相中会立即与亚硫酸钠发生反应，使反应液中的溶解氧浓度为零。这时氧的溶解速度（氧传递速度）最大。

(二) 发酵液酸度的测定

总酸是指样品中能与强碱（NaOH）作用的所有物质的总量，在发酵工业中，一般用中和每升样品（滴定至 pH8.2）所消耗 1mol/L NaOH 的体积（mL）来表示，但在发酵液的测定过程中常用中和 100mL 除气发酵液所需的 1mol/L NaOH 的体积（mL）来表示。

（三） 发酵液中菌体浓度测定

细胞的生长表现为细胞数量增加和体积的增大，在一定条件下，单细胞生物细胞质量的多少和细胞的数量存在一定的对应关系，据此测定生长过程中菌体含量的变化可以近似表示细胞数量的变化。因此可以首先离心得到湿菌体，用适当的方法干燥，得到干菌体的量可直接反映菌体数量的多少。

（四） 发酵液中 α-氨基酸含量测定

α-氨基酸可被水合茚三酮（一种氧化剂）氧化脱羧转变为一个碳原子的醛，并放出 NH_3 和 CO_2，而水合茚三酮本身被还原成还原型水合茚三酮。还原型水合茚三酮再与未还原的水合茚三酮及氨反应，生成蓝紫色缩合物，颜色深浅与游离 α-氨基酸含量成正比，可在 570nm 下比色测定。

三、 实验材料与仪器

（一） 实验菌种

所用菌种来自市面所售啤酒酵母 （*Saccharomyces cerevisiae*）。

（二） 实验药品

市售麦芽汁培养基 $Na_2S_2O_3 \cdot 5H_2O$、Na_2CO_3、$CuSO_4 \cdot 5H_2O$、$K_2Cr_2O_7$、KI、$Na_2HPO_4 \cdot 12H_2O$、KH_2PO_4、碘、HCl、NaOH、水合茚三酮、果糖、甘氨酸、酚酞、无水乙醇、可溶性淀粉、KIO_3 等。

（三） 实验仪器与耗材

超净工作台、分析天平、pH 计、电磁炉、高压蒸汽灭菌锅、电热恒温培养箱、恒温振荡水浴摇床、高速冷冻离心机、可见分光光度计、移液枪、枪头、锥形瓶、烧杯、量筒、培养皿、试管、碘量瓶、普通碱式滴定管等。

四、 实验方法

（一） 试剂配制

① 麦芽汁培养基：称取市售麦芽汁培养基 130.1g，加热溶解，加蒸馏水定容至 1L，121℃灭菌 15min。

② 0.1mol/L $Na_2S_2O_3$ 标准溶液 1L：称取 25g $Na_2S_2O_3 \cdot 5H_2O$ 于 500mL 烧杯中，加入 300mL 新煮沸过的冷蒸馏水，待完全溶解后，加入 0.2g Na_2CO_3，然后用新煮沸过的蒸馏水稀释至 1L，保存于棕色瓶中，在暗处放置 10d 左右后标定。

$Na_2S_2O_3$ 标准溶液标定：准确称取 $K_2Cr_2O_7$ 基准物约 0.15g 于 250mL 碘量瓶中，加水 25mL。使之溶解后，加固体 KI 2g 及 6mol/L HCl 5mL，立即盖好瓶塞，摇匀后用水封。在暗处放置 5min 后，拔掉瓶塞，使瓶口水入瓶内，加入 50mL 蒸馏水，并用洗瓶吹洗碘量瓶内壁，用 $Na_2S_2O_3$ 标准溶液滴定至溶液呈浅黄色（或黄绿色）。加入 5mL 0.2%淀粉指示剂，此时溶液呈深蓝色，继续滴定至蓝色消失而变为 Cr^{3-} 的绿色为止。计算公式如下：

$$M = \frac{W}{V \times 0.0493}$$

式中，M 为 $Na_2S_2O_3$ 标准溶液的物质的量浓度，mol/L；V 为滴定时所用 $Na_2S_2O_3$ 标准溶液的体积，mL；W 为基准物 $K_2Cr_2O_7$ 的质量，g。

③ 0.05mol/L 碘标准溶液：称取 13g I_2 和 25g KI 于 200mL 烧杯中，加少许蒸馏水，搅拌至全部溶解后，转入棕色瓶中，加蒸馏水并定容至 1L，塞紧瓶盖，摇匀后放置过夜。

④ 0.2％淀粉指示剂：称取 0.2g 可溶性淀粉，用少量水调成糊状，溶于 100mL 沸水（蒸馏水）中，继续煮沸至溶液透明。冷却，贮于玻璃塞瓶中备用。

⑤ 固体 $K_2Cr_2O_7$ 基准物：取 5g 分析纯固体 $K_2Cr_2O_7$ 于称量瓶中，130～140℃烘干 2h 后，移入干燥器中备用。

⑥ 6mol/L HCl：用量筒量取浓 HCl 54mL，加蒸馏水并定容至 100mL。

⑦ 0.1mol/L NaOH 标准溶液：需标定，精确至 0.0001mol/L。

⑧ 0.5％酚酞指示剂：称取 0.5g 酚酞溶于 95％的中性酒精中（普通酒精常含有微量的酸，可用 0.1mol/L NaOH 溶液滴定至微红色即为中性酒精），定容至 100mL。

⑨ 显色剂：称取 10g $Na_2HPO_4 \cdot 12H_2O$，6g KH_2PO_4，0.5g 水合茚三酮，0.3g 果糖，加蒸馏水并定容至 100mL，置于棕色瓶中低温保存，有效使用期为 14d。

⑩ KIO_3 稀释液：溶 0.2g KIO_3 于 60mL 蒸馏水中，加 96％乙醇并定容至 100mL。

⑪ 标准甘氨酸储备溶液：准确称取 0.1072g 甘氨酸，加蒸馏水溶解并定容至 100mL，于 4℃冰箱保存，用时稀释 100 倍，即成 α-氨基酸含量为 2μg/mL 的甘氨酸标准溶液。

（二）实验步骤

（1）啤酒酵母菌发酵液的制备

① 灭菌操作：将包装好的培养基、三角瓶、培养皿、离心管、试管等置于高压蒸汽灭菌锅内，严格按照灭菌操作规程操作，保证被灭菌物在 121℃下至少维持 20min。

② 灭菌活化：将−80℃甘油管保存的啤酒酵母菌种，于固体平板上划线，然后于 37℃恒温培养箱培养 11h，再转接于斜面，于 37℃恒温培养箱培养 11h。

③ 种子培养：无菌条件下，从斜面上挑取啤酒酵母，接种于麦芽汁培养基中，于 37℃、180r/min 的恒温摇床中培养 12～16h。

④ 摇瓶发酵：取盛有 30mL 麦芽汁培养基的 250mL 锥形瓶 11 个，分别编号为 0、3、6、9、12、15、18、21、24、27 和 30，接种量为 1％，于 37℃、180r/min 的恒温摇床中培养。然后分别按对应时间将锥形瓶取出，立即放冰箱中贮存，待培养结束时一同测定 A_{600}。每个发酵设置 3 个摇瓶重复。24h 后取样同时染色镜检，当观察到芽孢的释放率达到 50％时，即为发酵终点。

（2）发酵液溶氧体积传递系数 K_La

① 向 14L 机械搅拌式反应器中装入 0.5mol/L $Na_2S_2O_3$ 溶液 9L 左右，调温至 25℃，加入 10^{-3}mol/L 的 $CuSO_4$（0.025g $CuSO_4 \cdot 5H_2O$，事先配成 100mL 溶液），搅拌均匀（转速 300r/min 左右），通气，待风量稳定好（通风量 10L/min 左右），即可取样测定。

② 用比色管取样，取样前，先用烧杯接反应液 20mL 左右弃去，然后正式取样（取满），并计时；15min 左右取第二次样，再过 15min 左右取第三次样，记录取样时间。

③ 用干净移液管从取样试管中吸取 2mL 反应液于装有 25mL 0.05mol/L I_2 标准溶液的碘量瓶中，加水 50mL，然后用硫代硫酸钠标准溶液滴定至淡黄色，加 0.2% 淀粉指示剂 5mL，此时溶液为深蓝色，继续用硫代硫酸钠溶液滴定至蓝色刚好消失，每个样品分析两次取平均值，误差不超过 0.1mL。

④ 根据两次取样滴定消耗 $Na_2S_2O_3$ 的物质的量之差，计算体积溶氧速率。公式如下：

$$N_a = \frac{\Delta VM}{4\Delta t V_0} \times 3600 = \frac{900\Delta VM}{\Delta t V_0}$$

式中，N_a 为体积溶氧速率，$kmol/(m^3 \cdot h)$；ΔV 为两次取样滴定硫代硫酸钠溶液的体积差，mL；V_0 为取样分析体积，$V_0 = 2mL$；M 为硫代硫酸钠标准溶液的浓度，mol/L；Δt 为两次取样间隔时间，即氧化时间，s；4 为换算系数，1mol O_2 相当于 4mol $Na_2S_2O_3$。

溶氧体积传递系数 K_La 计算公式如下：

$$N_a = K_La(c^* - c)$$

$$K_La = \frac{N_a}{c^* - c}$$

式中，K_La 为溶氧体积传递系数，1/h；c^* 为氧在液相中的饱和溶氧浓度，在该反应条件下，$c^* = 0.21 \times 10^{-3} kmol/m^3$；$c$ 为反应液中的实际溶氧浓度，在亚硫酸盐氧化法条件下，由于反应很快，而氧的溶解较慢，所以氧一经进入液相即被反应，实际上液相氧浓度 $c = 0$。因此，K_La 计算公式可转换为以下公式：

$$K_La = \frac{N_a}{0.21 \times 10^{-3}} = 4.8 \times 10^3 N_a$$

（3）发酵液酸度的测定

① 取已除气并过滤的发酵液约 60mL 于 100mL 烧杯中，置于 40℃ 恒温水浴中振荡 30min 以去除 CO_2，取出后冷却至室温。

② 于 250mL 锥形瓶中加 100mL 蒸馏水，加热煮沸 2min 以去除溶解的 CO_2，然后加入除气并过滤后的发酵液 10mL，继续加热 1min，控制加热温度使其在最后 30s 内再次沸腾。放置 5min 后，用自来水迅速冷却至室温，加入 0.5mL 酚酞指示剂，用 0.1mol/L NaOH 标准溶液滴定至微红色（不可过量）经摇动后不消失为止，记下消耗 NaOH 溶液的体积（V）。计算公式如下：

总酸(100mL 样品消耗 1mol/L NaOH 体积，mL) = 10MV

式中，M 为 NaOH 的实际物质的量浓度，mol/L，V 为消耗的 NaOH 溶液的体积，mL。

（4）发酵液中菌体浓度测定

① 将 11 个已编号干燥的 10mL 离心管放入 85℃ 烘箱，2h 后取出放入干燥器，待试管冷却后称量质量得到 W_1，单位为 g。

② 在各个离心管中分别准确加入 10mL 啤酒酵母菌各个培养时间的发酵液，注意发酵液需摇匀。

③ 放入离心机离心，12000r/min 离心 5min。

④ 离心后弃去上清液，将试管和其中的菌体放入 85℃烘箱烘干至恒重。待冷却后称量质量得到 W_2，单位为 g。

⑤ 根据以下公式计算不同时间的菌体生物量，单位为 g/L。

$$菌体浓度(g/L)=(W_2-W_1)\times 100$$

（5）发酵液中 α-氨基氮含量测定

① 样品稀释：取已除气并过滤的发酵液稀释至 α-氨基氮含量为 $1\sim 3\mu g/mL$。

② 测定：取 9 支 10mL 比色管（或试管），其中 3 支吸入 2mL 甘氨酸标准溶液（稀释的储备溶液），另 3 支各吸入 2mL 试样稀释液，剩下 3 支吸入 2mL 蒸馏水。然后各加显色剂 1mL，盖玻璃塞（或玻璃球），摇匀，在沸水浴中加热 16min。取出后迅速在 20℃水浴中冷却 20min，分别加 5mL KIO_3 稀释液，摇匀。在 30min 内，以水样管为空白，在 570nm 波长下测定各管的吸光度 A。α-氨基氮含量计算公式如下：

$$\alpha\text{-氨基氮}(mg/L)=\frac{\text{样品管平均}A}{\text{标准管平均}A}\times 2\times 稀释倍数$$

式中，样品管平均 A/标准管平均 A 表示样品管与标准管之间的 α-氨基氮含量之比。

五、注意事项

① 发酵液中的 CO_2 必须去除。

② 测定发酵液中 α-氨基氮含量时，所用比色管（试管）必须仔细洗涤，洗净后的手只能接触管壁外部，移液管不可用嘴吸，防止外界痕量氨基酸的引入。

六、知识扩展

酵母是重要的食用微生物，在有氧及无氧条件下均能够利用糖类生长繁殖，并且能够提高食品的风味物质以及功能性物质的含量，赋予食品独特的发酵风味。自然界中的酵母菌分布广泛，如水果、蔬菜表皮或叶子表面，以及果树附近、菜地的土壤中。目前，国内外对于酵母菌的研究和利用已经十分广泛，在蜂蜜、草莓、香蕉、橙子等中，比较常见的酵母菌主要有汉逊酵母属、毕赤酵母属、隐球酵母属、红酵母属、德巴利酵母属等。

随着对酵母菌研究的深入，国内外对于酵母菌的研究热点聚焦于其益生功能，研究发现，酵母菌具有一定程度的抑菌功能，在由食物中大肠埃希菌、金黄色葡萄球菌、沙门氏菌污染所引起的肠道感染的治疗中，酵母菌能起到积极的作用，减少微生物对食品的污染，对保持食品卫生起到积极作用。此外，相比生化药剂在治疗肠道炎症的过程中有可能会杀死肠道内其他有益微生物进而使肠道功能紊乱的副作用，酵母菌对维持肠道微生物平衡同样有积极的作用，不仅可以治疗肠道炎症，还可以维持肠道中益生菌的数量，使肠道内微生物环境达到平衡状态。

七、课程作业

① 对于一个数十立方米的大型生产用发酵罐，采用亚硫酸盐法测定 $K_L a$ 是否可行？

② 亚硫酸盐法测定 $K_L a$ 的过程中需要注意哪些事项？

③ 酸碱滴定（指示剂法）测酸度时为什么要用蒸馏水稀释？

④ 测定发酵液中 α-氨基氮含量实验过程中，稀释倍数对结果有什么影响？

第四节

固态发酵红曲的过程监测

一、实验目的与学时

① 掌握红曲提取物抗氧化能力和自由基清除活性的测定；

② 掌握红曲提取物过氧化氢酶活力、超氧化物歧化酶活力的测定；

③ 掌握红曲发酵液中莫纳可林 K（monacolin K）含量的测定；

④ 掌握红曲淀粉酶活力及真菌生长曲线的测定；

⑤ 建议 8 学时。

二、实验原理

（一）红曲组分抗氧化能力的定性测定

自由基清除物质又称为抗氧化物质，可防御代谢过程中产生的自由基对机体的破坏作用，在抗衰老保健领域具有重要的作用。本实验用 1,1-二苯基-2-苦肼基（1,1-diphenyl-2-picrylhydrazyl，DPPH）作为自由基发生剂，它是一种紫色的溶液，当它被还原后，紫色褪去，从颜色变化判断红曲提取物的抗氧化能力。

（二）红曲粗提物的自由基清除活性测定

维生素 E 和维生素 C 是两种公认的效果比较好的自由基清除物质，通常以维生素 E 或维生素 C 的相对活性表征体系的自由基清除活性。本实验用 DPPH 作为自由基发生剂，由于 DPPH 呈紫色，在 517nm 处有最大吸收峰，自由基清除能力越强，褪色越明显，因此可以用分光光度计定量测定。

（三）红曲提取物的过氧化物酶活力测定

过氧化物酶（peroxidase，POD）广泛存在于好氧生物的细胞中，其功能主要是催化过氧化物的分解，清除机体在生物氧化过程中产生的过氧化物，保护细胞免受氧化损伤。这类酶最理想的底物通常为 H_2O_2，但也可以是过氧化脂质等其他过氧化物。

过氧化物酶在催化 H_2O_2 分解时释放的中间产物新生态氧，可使无色的愈创木酚（邻甲氧基苯酚）氧化成红棕色的四邻甲氧基连酚，反应式如下：

$$ROOR' + 2e^- + 2H^+ \longrightarrow ROH + R'OH$$

过氧化物酶的活力在一定范围内与四邻甲氧基连酚的生成量成正比。由于四邻甲氧基连酚在 470nm 处有最大吸收峰，故可通过测定 A_{470} 的变化来确定过氧化物酶的活力。本实验规定：在 25℃、pH4.6 的条件下，反应体系中 A_{470} 的增加值为 0.01/min 所需的酶量为一个过氧化物酶活力单位。

（四）红曲提取物的超氧化物歧化酶活力测定

超氧化物歧化酶（superoxide dismutase，SOD）是一种催化超氧阴离子（O_2^-）和自由基歧化成分子氧和过氧化氢的酶，能特异性地清除自由基，减轻这些物质对机体的损伤。因此在生物的抗氧化和解毒过程中发挥着重要作用。

超氧化物歧化酶的测定方法很多，其中邻苯三酚自氧化法是最常用的一种。邻苯三酚在碱性条件下，能迅速自氧化，生成一系列在 325nm 和 420nm 处有强烈光吸收的中间产物。当反应体系中存在 SOD 时，邻苯三酚自氧化生成的 O_2^- 在 SOD 催化下与 H^+ 结合生成 O_2 和 H_2O_2，阻止了带色中间产物的积累，因此，可通过吸光度的变化来测定酶活力。带色中间产物的积累量在最初的 3min 内比较稳定，所以测定应该在 3min 内完成。

通过比较邻苯三酚的自氧化反应速率（$\Delta A_{自}$/min）和存在样品时的氧化速率（$\Delta A_{样}$/min），便可算出 SOD 的活力。本实验用分光光度法在 325nm 处测定红曲提取物的超氧化物歧化酶活力，规定在 25℃、pH8.3 的条件下，使每毫升反应液中邻苯三酚自氧化速率抑制 50% 的酶量为 1 个酶活力单位（U）。

（五）红曲发酵液中 monacolin K 含量的测定

红曲发酵液中的 monacolin K 具有抑制胆固醇合成的功效。monacolin K 是一种中性有机组分，易溶于甲醇（或乙醇）中，因此采用甲醇进行提取。但抽提的组分中含有许多杂质，这些杂质可通过以乙腈与 $0.1\% H_3PO_4$（体积比＝65∶35）作为流动相的高效液相色谱柱与 monacolin K 分开。同时 monacolin K 在 238nm 处有最大吸收峰，峰的面积与 monacolin K 的量成正比，可通过测定峰面积来推算发酵液中的 monacolin K 含量。

（六）红曲淀粉酶活力的测定

红曲霉具有较强的淀粉分解能力，它除了能将淀粉液化生成不同分子量的糊精及寡糖外，还具有糖化酶的活力，能将短链糊精和寡糖分解为葡萄糖。α-淀粉酶（淀粉 1,4-糊精酶）是一种液化酶，能将淀粉中的 α-1,4 糖苷键切断，生成大量糊精及少量麦芽糖和葡萄糖，使淀粉浓度下降，黏度降低。由于碘液与不同分子量的糊精反应后呈现不同的颜色（蓝色-紫色-红色-无色），可以以蓝色消失速度来衡量红曲霉液化能力的大小。淀粉-碘复合物在 660nm 处有较大的吸收峰，可用分光光度计来测定。

（七）红曲霉生长曲线测定

平板菌落计数法的原理是将检测样品涂在培养基上，然后在一定的培养条件下，使微生物繁殖，形成菌落，用显微镜观察菌落的数量，从而计算出样品中微生物的总数。

三、实验材料与仪器

（一）实验菌种

所用菌种来自市面所售红曲米。

（二）实验药品

葡萄糖、豆饼粉、玉米粉、Na_2HPO_4、$(NH_4)_2SO_4$、NH_4Cl、$MgSO_4 \cdot 7H_2O$、$FeSO_4 \cdot 7H_2O$、$NaNO_3$、K_2HPO_4、$Na_2HPO_4 \cdot 12H_2O$、$NaH_2PO_4 \cdot 2H_2O$、$5°\sim8°$麦芽汁、KCl、碘化钾、碘、可溶性淀粉、酵母提取物、琼脂、豆芽、乙酸乙酯、丙酮、$0.5mmol/L$ 1, 1-二苯基-2-苦肼基溶液或靛酚溶液、$CH_3COONa \cdot 3H_2O$、乙酸、维生素C标准品、EDTA、邻苯三酚、monacolin K 标准品、乙腈（色谱纯）、甲醇（色谱纯）、无水硫酸钠、H_3PO_4、无水乙醇、愈创木酚、H_2O_2、HCl等。

（三）实验仪器与耗材

超净工作台、分析天平、pH 计、电磁炉、高压蒸汽灭菌锅、电热恒温培养箱、恒温振荡水浴摇床、高速冷冻离心机、可见分光光度计、旋转蒸发仪、分液漏斗、硅胶薄层色谱板、色谱缸、移液枪、枪头、锥形瓶、烧杯、量筒、培养皿、试管、液相色谱仪（带紫外检测器）、色谱柱（如 Shim-pack VP-ODS C18，4.6mm×150mm，5μm）等。

四、实验方法

（一）试剂配制

① 产淀粉酶培养基：依次称取豆饼粉 50g、玉米粉 70g、Na_2HPO_4 8g、$(NH_4)_2SO_4$ 4g、NH_4Cl 1.5g，加蒸馏水并定容至 1L，调节 pH 至 7.0，121℃高温湿热灭菌 20min。

② 红曲霉发酵培养基：依次称取葡萄糖 30g、$NaNO_3$ 3g、酵母提取物 1g、K_2HPO_4 1g、$MgSO_4 \cdot 7H_2O$ 0.5g、KCl 0.5g、$FeSO_4 \cdot 7H_2O$ 0.01g，加蒸馏水并定容至 1L，调节 pH 至 5.6，121℃高温湿热灭菌 30min。

③ 麦芽汁培养基：$5°\sim8°$麦芽汁，固体培养基添加 2%琼脂。

④ 豆芽汁培养基：豆芽 200g，加蒸馏水 1000mL，煮沸 10min 后过滤，滤液加 2%葡萄糖即成，固体培养基添加 2%琼脂。

⑤ 碘原液：见附录Ⅱ。

⑥ 比色用稀碘液：取碘原液 0.4mL，加碘化钾 4g，加蒸馏水并定容至 100mL，贮存于棕色瓶中。

⑦ 2%可溶性淀粉：称取可溶性淀粉（干燥至恒重）2g，用少量蒸馏水混合调匀，缓慢倾入煮沸的蒸馏水中，边加边搅拌，煮沸 2min 后冷却，加蒸馏水并定容至 100mL，须当天配制。

⑧ 0.1mol/L 乙酸-乙酸钠溶液（pH5.5）：称取 13.6g $CH_3COONa \cdot 3H_2O$ 和 3g（2.95mL）乙酸分别溶于 500mL 蒸馏水中，等量合并后调 pH 至 5.5。

⑨ 0.5mmol/L DPPH 溶液：3.9mg DPPH 溶于 20mL 乙醇中。

⑩ 0.8mmol/L ASA（即维生素 C）溶液：称取 0.141g ASA 溶于 10mL pH5.5 的 0.1mol/L 乙酸缓冲液中。

⑪ 0.2mol/L pH4.6 乙酸-乙酸钠缓冲液：2.72g $CH_3COONa \cdot 3H_2O$ 溶于 95mL 蒸馏水中，加 0.59mL 乙酸，混匀后加蒸馏水并定容至 100mL。

⑫ 愈创木酚溶液（2.5g/L）：0.25g 愈创木酚用 5mL 50%乙醇溶解后，加蒸馏水并定容到 100mL，临用前配制。

⑬ 40mmol/L H_2O_2 溶液：取 410μL 30% H_2O_2 溶液加蒸馏水并定容至 100mL，

临用前配制。

⑭ 自氧化测定用 50mmol/L 磷酸缓冲液（pH 8.3）：1.728g $Na_2HPO_4 \cdot 12H_2O$ 与 27.3mg $NaH_2PO_4 \cdot 2H_2O$ 混合后，加蒸馏水并定容至 100mL。

⑮ 0.04mmol/L 邻苯三酚溶液：称取 504mg 邻苯三酚，用 0.01mmol/L HCl 溶解并定容至 100mL。

⑯ monacolin K 标准曲线绘制：精确称取 Monacolin K 标准品 2.5mg，用甲醇溶解并定容至 50mL，精确吸取 0.04mL、0.2mL、1.0mL、2.0mL、4.0mL、6.0mL、8.0mL，加甲醇定容至 10mL，混合均匀。取 20μL 进样，以乙腈与 0.1% H_3PO_4（体积比＝65：35）为流动相进行色谱，读出保留时间，以浓度为横坐标，峰面积为纵坐标，绘制标准曲线。

⑰ 0.5mol/L 乙酸溶液：吸取 29.6mL 乙酸，加蒸馏水并定容到 100mL。

（二）实验步骤

（1）红曲组分抗氧化能力的定性测定

① 取 200g 红曲固体发酵产品（红曲米），在植物粉碎机中将其粉碎；将红曲粉放于 500mL 三角瓶中，加入提取液（丙酮：水＝80：20）300mL，瓶口用保鲜膜封口；室温下浸提 1d，每隔 2h 摇动一次，过滤，收集滤液；滤渣用同样提取液再抽提 2 次，每次 100mL，浸提 2h，过滤后合并滤液；将水浴温度调整到 40℃，在旋转蒸发仪中减压蒸去丙酮，当馏出液速度很慢时，可停止蒸馏；用 1mol/L HCl 调节残留液（约 100mL）的 pH 至 3.0，加至分液漏斗中；加入 70mL 乙酸乙酯，充分振摇后静置，收集有机相，水相中再分 2 次加入 50mL 和 30mL 乙酸乙酯，同法收集有机相，合并；在所得到的乙酸乙酯抽提液中加入适量无水硫酸钠，静置过夜以吸去水分，过滤，滤液在旋转蒸发仪中减压浓缩，得到酸溶性浓缩物。以同样方法按图 4-1 分离碱溶性组分和中性组分，将各分离到的组分在旋转减压蒸发仪中蒸去溶剂，得到碱溶性浓缩物和中性浓缩物。

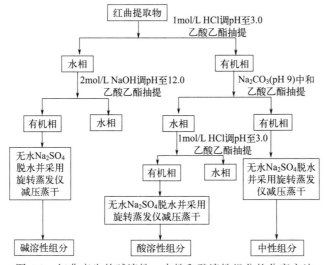

图 4-1　红曲产生的碱溶性、中性和酸溶性组分的分离方法

② 将①中的酸溶性、中性和碱溶性浓缩物分别点在两块硅胶薄层色谱板的基部，选取合适的流动相［如己烷/乙酸乙酯（75：25）］，在色谱缸中进行薄层色谱分析。

③ 待色谱液上升到硅胶板高度的 90% 时，取出硅胶板，风干。

④ 在 260nm 或 370nm 紫外灯下，观察硅胶板中各组分的分离情况，能显色的斑点（组分）处用铅笔做好记号。

⑤ 在一块硅胶板喷上紫色的 DPPH 溶液，另一硅胶板喷上蓝色的靛酚溶液，观察褪色情况，褪色者表示其有抗氧化能力。

（2）红曲粗提物的自由基清除活性测定

① 分别称取 10mg 上述的酸溶性、中性和碱溶性浓缩物，用 20mL 无水乙醇溶解，配制成 500μg/mL 的浓度。

若要测定红曲粗提物的自由基清除活性，可称取 2.0g 红曲米，放于研钵中，加 80% 乙醇 5mL，匀浆后室温浸提 5min，过滤，用 80% 乙醇洗涤滤纸，并将滤液定容至 5mL，作为样品。

② 按表 4-4 加样，30℃反应 30min 后测定样品在 517nm 处的吸光度值 A_{517}。

表 4-4　自由基清除活性测定

试管号	乙酸缓冲液/mL	80%乙醇/mL	DPPH/mL	维生素 C/mL	样品/mL	A_{517}
1	2.0	3.0	0	0	0	0
2	2.0	2.0	1.0	0	0	A_1
3	1.9	2.0	1.0	0.1	0	A_2
4	2.0	1.8	1.0	0	0.2	A_3

③ 计算红曲粗提物样品相对于维生素 C 的自由基清除活力：

$$自由基清除活力 = (A_1 - A_3)/(A_1 - A_2) \times 100$$

（3）红曲提取物的过氧化氢酶活力测定

① 酶液的制备：精确称取 5.0g 红曲米（或菌丝球），放于研钵中，加入预冷的 0.2mol/L pH 4.6 的乙酸-乙酸钠缓冲液 3mL，置冰浴上充分研磨。将匀浆液全部转入离心管中，再用 2mL 乙酸-乙酸钠缓冲液洗涤研钵中残渣，并入离心管中，10000g 离心 2min。收集上清液，即为粗酶液，4℃贮藏备用。

② 测定：将分光光度计预热 10min，调节波长至 470nm 处。按表 4-5 加样后，25℃反应 5min，每隔 1min 记录 A_{470} 值（酶液加入量最好控制在 5min 内使 A_{470} 达到 0.5，若吸光度偏低，可增大酶用量，并相应减少缓冲液添加量）。

表 4-5　过氧化物酶活力测定

试剂	试管号						
	1	2	3	4	5	6	7
乙酸-乙酸钠缓冲液/mL	1.8	1.0	1.0	1.0	1.0	1.0	1.0
愈创木酚溶液/mL	1.0	1.0	1.0	1.0	1.0	1.0	1.0
25℃水浴保温 2min							
粗酶液/mL	0	0.8	0.8	0.8	0.8	0.8	0.8
H_2O_2 溶液/mL	1.2	0.2	0.2	0.2	0.2	0.2	0.2
混匀,25℃水浴保温,每隔 1min 取 1 管测吸光度							
A_{470}	0	A_{0min}	A_{1min}	A_{2min}	A_{3min}	A_{4min}	A_{5min}

③ 红曲提取物过氧化物酶活力（U/g）计算

$$过氧化物酶活力 = \Delta A_{470} \times V_t / (W \times V_a \times t \times 0.01)$$

式中，ΔA_{470} 为一定反应时间内吸光度的变化；W 为样品湿重，g；V_t 为酶液总体积，mL；V_a 为测定时取用酶液体积，mL；t 为反应时间，min；0.01 为校准系数，用每分钟 A_{470} 变化 0.01 为 1 个过氧化物酶活性单位。

（4）红曲提取物的超氧化物歧化酶活力测定

① 酶液的制备：同上，可适当浓缩。

② 粗酶液活性测定：将分光光度计预热 10min，波长设定于 325nm 处。按表 4-6 加入缓冲液后，在 25℃恒温水浴中保温 5min，然后加入在 25℃预热好的邻苯三酚（空白管用 0.01mmol/L HCl 代替），迅速摇匀倒入 1cm 比色皿中，以空白管为参比，在 325nm 下测吸光值，每隔 30s 测一次，连续记录 3min，求出光密度的变化速率。若邻苯三酚的自氧化速率偏离（0.070±0.002）/min，可在调节邻苯三酚溶液的用量后重新测定。

表 4-6 超氧化物歧化酶活力测定

试剂	试管号				
	1	2	3	4	5
pH8.3 缓冲液/μL	2990	2990	2980	2940	2890
25℃水浴保温 5min					
SOD 提取液/μL	0	0	10	50	100
0.01mmol/L HCl/μL	10	0	0	0	0
邻苯三酚/μL	0	10	10	10	10
A_{325}	0	$A_自$	$A_{样1}$	$A_{样2}$	$A_{样3}$

③ 以时间为横坐标，A_{325} 值为纵坐标作图（或求回归方程），求出图中直线部分的斜率，即 $\Delta A_{325}/min$。

④ 红曲提取物超氧化物歧化酶活力计算

$$超氧化物歧化酶活力(U/mL) = \frac{\Delta A_自 - \Delta A_样}{\Delta A_自} \times \frac{100\%}{50\%} \times \frac{V'}{V} \times D$$

式中，V' 为反应液总体积；V 为所加样品体积；D 为样品液稀释倍数。

$$总活力(U/g) = 单位体积活性(U/mL) \times 原液体积(mL) / 样品质量(g)$$

（5）红曲发酵液中 monacolin K 含量的测定

① 红曲中 monacolin K 的含量测定：精确称取上述实验中的中性组分 10mg，用 1mL 甲醇溶解，取 20μL 进样测定，读取保留时间与标准 monacolin K 一致组分的峰面积。

② 对照标准曲线计算样品中 monacolin K 的含量。

③ 用甲醇清洗色谱柱。

（6）红曲淀粉酶活力的测定

① 酶液制备：称取 5.0g 固体发酵红曲米，用研钵研碎，加乙酸-乙酸钠缓冲液（pH5.5）10mL，30℃水浴锅中浸提 1h（每隔 15min 搅拌 1 次），过滤，滤液用乙酸-乙酸钠缓冲液（pH4.6）定容至 10mL，即为粗酶液。

② 标准曲线的制作：将可溶性淀粉稀释成 0.2%、0.5%、1%、1.5% 和 2% 的稀释液，吸取淀粉稀释液 2.0mL 加至试管中，再加入乙酸-乙酸钠缓冲液 1.0mL，40℃ 水浴保温 5min；加入蒸馏水 1mL，40℃ 保温 30min 后加入 0.5mol/L 乙酸 10mL；吸取反应液 0.2mL，加稀碘液 2mL，混匀，在 660nm 下测得吸光度 A，用 2.0mL 蒸馏水代替淀粉稀释液作为对照；以淀粉浓度为横坐标，吸光度为纵坐标，作标准曲线。

③ 淀粉酶活力测定：对照标准曲线计算样品中的淀粉浓度，求被酶消耗的淀粉量。

④ 酶活力计算：酶活力以每毫升粗酶液在 40℃、pH 6.0 的条件下每小时所分解的淀粉质量（mg）来衡量。

$$酶活力(U) = (40 - A) \times 2 \times f$$

式中，40 为 2mL 2% 淀粉溶液中所含的淀粉量，mg；A 为由测得的吸光度从标准曲线中计算的残剩淀粉量，mg；f 为酶液稀释倍数，由于反应时间只有 30min，故应乘以 2。

（7）红曲霉生长曲线测定

向活化后的菌种保藏斜面中加入无菌生理盐水制成孢子悬浊液，以 10%（体积分数）的接种量加入 40mL/250mL（容量）的种子培养基中，在 28℃ 以 180r/min 的摇床培养条件振荡培养。每 24h 取一定量的种子液按梯度（10^{-1}、10^{-2}、10^{-3}、10^{-4}、10^{-5}）逐一稀释。取孢子悬浊液 0.1mL 加入麦芽汁琼脂平板中涂布均匀，每个稀释度涂 3 个平板，并标记取种子液的时间和稀释倍数。28℃ 恒温箱中培养 48h，按照菌落总数计数法计数可见菌落总数即为该时间的活菌数。

五、注意事项

① 在进行红曲提取物过氧化物酶活力测定时，最好用新购置的 30% H_2O_2 溶液（其浓度约为 9.8mol/L），如果储藏时间过久，部分 H_2O_2 分解成氧气和水，会使浓度略有下降。

② 在进行红曲提取物超氧化物歧化酶活力测定时，红曲中的酚类物质对测定有干扰，制备粗酶液时可加入少量聚乙烯吡咯烷酮来去除。

③ 测定红曲发酵液中 monacolin K 含量所使用的高效液相色谱仪在进样时，扭动进样开关必须快速，以免堵住毛细管，并且进行液相色谱测定所用的溶剂应是色谱纯，提取时的溶剂可用分析纯。

④ 测定红曲淀粉酶活力时，淀粉一定要用少量冷水调匀后，再倒入沸水中溶解，若直接加到沸水中，会溶解不均匀，甚至结块；若淀粉酶活力高，可将酶液用缓冲液稀释后测定。

六、知识扩展

红曲霉，简称红曲，属于真菌界子囊菌门子囊菌纲（Ascomycetes）散囊菌目（Eurotiales）红曲科（Monascaceae）红曲霉属（*Monascus*），在自然界分布广泛。红曲霉具有霉菌的典型特征，菌丝多分枝，具横隔，细胞多核，菌丝体可出现菌丝融合现象。无性繁殖形成分生孢子，单生或 2～6 个成链，大多为梨形，多核，由孢子梗顶部缢缩而成。

红曲霉（Monascus sp.）是一种在发酵领域广泛应用的重要微生物资源，通过红曲霉发酵制成红曲米的传统工艺是中华民族祖先的伟大发明和宝贵传承，在唐朝已经有对红曲应用的历史记录，如丹曲、赤曲、福曲等红曲的别称在不同地区广为人知，是我国的宝贵文化遗产。红曲的产地位于福建、浙江、江苏等省，福建省是我国红曲的主要产地，目前拥有红曲生产企业和传统家庭作坊 200 家左右，生产历史已传承延续了近千年，分布广、业态多、品质好、产量大，固态发酵红曲产量占世界总产量 85％左右，其中以古田红曲最负盛名。福建红曲在产品品质和色价等方面均优于国内其他同类产品，在国内外广受欢迎，市场潜力巨大。

红曲的应用在我国已有上千年的历史，我们的祖先很早就开始用红曲霉来酿酒、防腐、治病和制作传统食品。红曲霉能够产生醇、酸、酯等多种有机物质和淀粉酶、蛋白酶、半乳糖酶、核糖核酸酶等多种水解酶类，因而是绝佳的酿酒菌种；另外红曲霉产生的次级代谢产物如红曲色素、抗生素、胆固醇抑制剂 monacolin K 等具有特殊的保健功能；同时，红曲也具有抗氧化、降血糖和降血压等功能。

七、课程作业

① DPPH 在 517nm 处有最大吸收峰，而红曲色素在 505nm 处有最大吸收峰，因此红曲色素对自由基清除活力的测定有很大的干扰作用，请设计一个实验来尽可能地消除这种干扰。

② 过氧化氢在 240nm 处有最大吸收峰，因此可用紫外分光光度法测定反应体系中残剩的过氧化氢来评价过氧化物酶活力。已知 $1\mu mol/L$ H_2O_2 溶液在 240nm 处的吸光度为 0.0436，请据此设计一个实验来测定红曲的过氧化物酶活力。

③ 在进行红曲提取物的过氧化物酶活力测定时，为什么要每隔 1min 进行一次读数？

④ 若红曲提取物中杂质过多，是否会影响红曲发酵液中 monacolin K 含量的测定？

第五节

液态发酵生产谷氨酸过程的监测与控制

一、实验目的与学时

① 掌握还原糖的测定方法；
② 熟悉用华勃氏呼吸仪测定谷氨酸含量的方法；
③ 了解噬菌体检测的原理和方法；
④ 掌握成品味精的谷氨酸钠含量及透光率的分析方法；
⑤ 建议 4 学时。

二、实验原理

(一) 发酵过程中还原糖的测定

谷氨酸发酵过程中还原糖的消耗和谷氨酸的生成是衡量发酵是否正常的重要标志，

在发酵后期当还原糖降至1%以下时，表明谷氨酸发酵已经完成。所以在谷氨酸发酵过程中，要定时测定还原糖的含量，要求每小时测定一次，并据此作出发酵的糖耗曲线。

斐林试剂由甲液、乙液组成，甲液为$CuSO_4$溶液，乙液含NaOH、酒石酸钾钠的溶液。甲液、乙液混合时，$CuSO_4$与NaOH反应，生成氢氧化铜沉淀。生成的氢氧化铜沉淀在酒石酸钾钠溶液中因形成络合物而溶解。其中的二价铜是一个氧化剂，能被还原糖还原，而生成红色氧化亚铜沉淀。在改良的廉-爱农法中，在斐林乙液中预先加入了亚铁氰化钾，使红色氧化亚铜与亚铁氰化钾生成可溶性的复盐，反应终点由蓝色转为浅黄色，更易观察。

（二） 发酵过程中谷氨酸含量的测定

发酵液中谷氨酸含量的测定，普遍使用华勃氏呼吸仪，利用专一性较高的大肠埃希菌L-谷氨酸脱羧酶，在一定温度（37℃）、一定pH（4.8~5.0）和固定容积的条件下，使L-谷氨酸脱羧生成二氧化碳。通过测量反应系统中气体压力的升高，可计算出反应生成的二氧化碳的体积，然后换算出试样中谷氨酸的含量。

（三） 发酵过程中噬菌体的检测

噬菌体是发酵工业的头号杀手。发酵过程受到噬菌体侵染后，会造成倒灌甚至停产的影响。所谓噬菌体的效价，就是1mL发酵液中含有活噬菌体的数目。噬菌体是一类寄生于细菌的病毒，可对宿主细胞进行裂解，在涂有敏感菌株的平板上能形成肉眼可见的噬菌斑，因此可利用敏感菌株来进行检测。如果将噬菌体作高倍稀释，再把它定量涂布到含有敏感菌的平板上，则一个噬菌体就会形成一个噬菌斑，根据培养后出现的噬菌斑数，可计算出噬菌体的效价，借以评估噬菌体的污染程度。

液体培养检查法和斑点试验法只能定性判断噬菌体的有无。双层琼脂平板法能在较短的时间内（6~8h）判断是否有噬菌体污染，将试验样品和敏感菌浇双层平板，在菌体生长过程中，如样品中有噬菌体，由于噬菌体的溶菌作用，会在平皿上留下透明的斑点（噬菌斑），通过噬菌斑的计数，即可评估噬菌体的污染强度。

（四） 发酵过程中谷氨酸钠质量控制及分析

谷氨酸钠的分子结构中含有一个不对称碳原子，具有光学活性，能使偏振光面旋转一定角度，所以，可以用旋光仪测定样品的旋光度，根据旋光度换算出谷氨酸钠的含量。

三、 实验材料与仪器

（一） 实验菌种

所用菌种为市面所售黄色短杆菌（*Brevibacterium flavum*）。

（二） 实验药品

葡萄糖、牛肉膏、蛋白胨、琼脂、NaCl、尿素、维生素B_1、生物素、KH_2PO_4、$MgSO_4 \cdot 7H_2O$、Na_2SO_4、$CuSO_4 \cdot 5H_2O$、次甲基蓝、酒石酸钾钠、NaOH、亚铁氰化钾、HCl、牛胆酸钠、伊文思（Evans）蓝、乙酸、L-谷氨酸脱羧酶、市售味精、乙酸钠等。

（三）实验仪器与耗材

超净工作台、分析天平、pH 计、电磁炉、高压蒸汽灭菌锅、电热恒温培养箱、恒温振荡水浴摇床、高速冷冻离心机、自动指示旋光仪、可见分光光度计、移液枪、枪头、锥形瓶、烧杯、量筒、培养皿、试管、碘量瓶、普通碱式滴定管、华氏呼吸仪、移液管、检压管、反应瓶等。

四、实验方法

（一）试剂配制

① 活化斜面培养基：依次称取葡萄糖 1.0g、牛肉膏 10.0g、蛋白胨 1.0g、NaCl 5.0g，调节 pH 至 6.8～7.2，再加入琼脂 15.0g，加蒸馏水并定容至 1L，115℃高温湿热灭菌 10min。取出后趁热制成斜面，冷却凝固，斜面的长度为试管长度的 1/2～3/5。

② 发酵培养基：依次称取葡萄糖 110.0g、KH_2PO_4 2.5g、$MgSO_4 \cdot 7H_2O$ 0.6g、维生素 B_1 20.0μg、生物素 3.0ng、Na_2SO_4 17.0g，加蒸馏水并定容至 0.9L，115℃高温湿热灭菌 10min。称取尿素 20.0g，加蒸馏水并定容至 0.1L，单独以 105℃高温湿热灭菌 10min。而后将两者混合均匀，调节 pH 至 7.0。

③ 斐林试剂：详见附录Ⅱ。

④ 0.1%标准葡萄糖溶液：精确称取 1.0000g 经 105℃烘干的无水葡萄糖，加少量蒸馏水溶解并定容至 1L。

⑤ 布氏检压液：见附录Ⅱ。

⑥ 0.2mol/L 乙酸-乙酸钠缓冲液（pH4.8～5.0）：称取 $CH_3COONa \cdot 3H_2O$ 27.2g，加蒸馏水溶解，加乙酸调 pH 至 4.8～5.0，加蒸馏水并定容至 1L。

⑦ 0.5mol/L 乙酸-乙酸钠缓冲液：称取 $CH_3COONa \cdot 3H_2O$ 68.04g，加蒸馏水并定容至 1L，用乙酸调 pH4.8～5.0。

⑧ 20g/L 大肠埃希菌谷氨酸脱羧酶液：称取 L-谷氨酸脱羧酶 2g，溶解于 100mL 0.5mol/L 乙酸-乙酸钠缓冲液中（pH4.8～5.0）。

⑨ 底层培养基：依次在锥形瓶中加入葡萄糖 1g，蛋白胨 10g，牛肉膏 10g，NaCl 5g，琼脂 20g，调节 pH7.0，加蒸馏水溶解并定容至 1L，纱布牛皮纸封口后 0.1MPa 灭菌 30min。

⑩ 上层培养基：依次在锥形瓶中加入葡萄糖 1g，蛋白胨 10g，牛肉膏 10g，NaCl 5g，琼脂 7g，调节 pH7.0，加蒸馏水溶解并定容至 1L，纱布牛皮纸封口后 0.1MPa 灭菌 30min。

（二）实验步骤

（1）谷氨酸发酵菌种的制备

① 菌种扩大化培养：将黄色短杆菌试管斜面菌接种于试管活化斜面培养基上，以 30～35℃培养 24～48h。将培养好的斜面菌种接一环于锥形瓶发酵培养基中，32～34℃摇床振荡培养 12～18h。

② 摇瓶发酵：将培养好的成熟种子接种于上述发酵培养基中，接种量为 1%～2%（体积分数）。0～16h 范围控制发酵温度在 32～34℃之间，16h 后为 34～36℃之间，置于 180r/min 恒温摇床中培养。发酵 0～12h 范围控制发酵液 pH 在 7.1～7.4 之间，

12~48h 范围 pH 在 7.1~7.3 之间，28h 后适当降低，一般 pH 值为 7.0 以下，收瓶前 pH 值为 6.4~6.7。可用流尿调节，发酵过程加尿素 4~5 次，每次添加 0.4%~0.6%，最后一次 0.2%~0.3%，总尿素含量为发酵液量的 2.5%~3.0%（质量分数）。发酵时间控制在 34~36h。

（2）发酵过程中还原糖的测定

① 斐林溶液标定：准确吸取斐林甲、乙液各 5mL，置入 150mL 锥形瓶，加入蒸馏水 10mL，从滴定管中预先加入约 20mL 0.1% 的标准葡萄糖溶液（用量控制在后面滴定消耗 0.1% 标准葡萄糖溶液 1mL 以内），摇匀，于电炉上加热至沸，在沸腾状态下以 2s/滴的速度加入标准葡萄糖溶液，至蓝色刚好消失为终点，记录前后总共消耗的标准葡萄糖溶液的总体积。相同方法平行操作 3 次，取接近的两次体积的平均值 V_0。

② 滴定：准确吸取斐林甲、乙液各 5mL，置入 150mL 锥形瓶中，加入体积 V_1 试样稀释液（含葡萄糖量约为 5~15mg）及适量的 0.1% 标准葡萄糖溶液，摇匀后加热煮沸，在沸腾情况下以 2s/滴的速度滴入标准葡萄糖溶液，至蓝色刚好消失为终点。记录消耗标准葡萄糖溶液的总体积 V_0。

③ 计算：

$$还原糖（以葡萄糖计, g/100mL）=(V_0-V)\times c\times 1/V_1\times N\times 100$$

式中，V_0 为标定斐林溶液各 5mL 消耗标准葡萄糖溶液的体积，mL；V 为正式滴定消耗标准葡萄糖溶液的体积，mL；c 为标准葡萄糖溶液的浓度，g/mL；V_1 为正式滴定消耗标准葡萄糖溶液的体积，mL；N 为试样稀释倍数。

（3）发酵过程中谷氨酸含量的测定

① 检压管及反应瓶的准备：将标定完反应瓶常数的检压管及反应瓶磨砂口上的高真空油脂用毛边纸擦拭干净，再用棉花蘸少量二甲苯擦一次，用自来水清洗净后再用稀洗液浸泡约 3h，用自来水洗净，蒸馏水淋洗 2 次，去水后低温烘干。在检压管下端安上一干净的短橡皮管，橡皮管末端用玻璃珠塞住。小心将检压管固定在金属板上，在橡皮管内注入检压液。打开三通活塞，旋动螺旋压板，检压液应能上升到最高刻度处，液柱必须连续，不能有气泡，两边高度应一致。

② 发酵液的稀释：本法要求试样含谷氨酸 0.05%~0.15%（质量分数），否则反应生成二氧化碳太多，压力升高太大以致超过检压管刻度而无法读数。一般发酵终了发酵液含谷氨酸 6%~8%（质量分数），故应稀释 50 倍，即吸取发酵液 2mL，注入 100mL 容量瓶中，用水稀释至刻度，摇匀即可。

③ 加液：分别吸取上述发酵稀释液 1mL，0.2mol/L 乙酸-乙酸钠缓冲液 0.2mL 和蒸馏水 1.0mL，置入反应瓶主室，另吸取 0.3mL 20g/L 大肠埃希菌谷氨酸脱羧酶液置于反应瓶侧室内，使总体积为 2.5mL。主侧二室瓶口均以活塞脂涂抹，旋紧瓶塞，将反应瓶用小弹簧紧固在检压管上，将检压计装在仪器的恒温水浴振荡器上。

④ 预热：将仪器的电源接通，调节水浴温度为 37℃，打开三通活塞，旋动螺旋压板，调节液面高度达 250mm 以上，开启振荡，使在 37℃ 水浴中平衡约 10min。

⑤ 初读：关闭三通活塞，调节右侧管液面在 150mm 处，再振荡约 5min，左侧管液面达到平衡后，记下读数 H_1（mm）。若 H_1 变化较大，则需要重新平衡。

⑥ 反应：记下 H_1 后，用左手指按紧左侧管口，立即取出检压计迅速将酶液倒入主室内（不要倒入中央小杯里），稍加摇动后放回水浴中，放开左手指，继续振荡让其

反应，20min 后调节右侧管液面于 150mm 处，振荡 3min 开始读数，继续振荡 3min 后再读数，直至左侧管液柱不再上升为止。记下反应完的左侧管读数 H_2（mm）。

⑦ 空白试验：由于测压结果与环境温度、压力有关，故测定时需同时做一个空白对照。空白对照瓶不将酶液倒入主室反应即可，或者在反应瓶内置入 2.5mL 蒸馏水代替，同样进行初读和终读，其差值即为空白数 H。

⑧ 计算：

$$谷氨酸含量（g/100mL）=(H_2-H_1-H)\times K\times N\times 100\div 1000$$

式中，K 为常数；N 为稀释倍数；H_2、H_1、H 为检压管反应后、反应前和空白管的读数。

（4）发酵过程中噬菌体的检测

① 倒平板：底层培养基灭菌后倒平板，冷却凝固后待用。如要测定无菌空气中的噬菌体样，可将上述底层平板暴露在排气口 30min；如测定液体样，则在上述底层平板中加入适当稀释的样品 1mL（无菌操作）。将上层培养基熔化后自然冷却到 40～45℃，然后在已加样的底层平板上加入 0.1mL 谷氨酸产生菌液和 5mL 上层培养基，并迅速混匀。待上层培养基冷却凝固后，放入培养箱 37℃培养 24h。

② 计数：观察并计数平皿上的噬菌斑，根据样品的稀释度（液体样品）和空气流量及暴露时间（气体样）计算污染的噬菌体浓度。

③ 计算：

$$噬菌体浓度（个/mL）=\frac{噬菌斑数量\times 稀释倍数}{样品体积（mL）}$$

（5）发酵过程中谷氨酸钠质量控制及分析

① 旋光法测定谷氨酸含量：a. 称取市售味精样品 10.00g，加少量蒸馏水溶解并定容至 100mL，之后加入 HCl 20mL，混匀，待冷却到 20℃时，加蒸馏水并再次定容至 100mL，摇匀。b. 在 20℃条件下，用空白样校正仪器。然后，将上述样品溶液置于旋光管中（不得有气泡），测定其旋光度，同时记录旋光管中的温度。c. 分析结果，样品中谷氨酸钠含量可按下列公式计算：

$$X=\frac{\alpha/(L\times c)}{25.16+0.047(20-t)}\times 100$$

式中，X 为样品中谷氨酸钠含量，%；α 为实测溶液的旋光度；L 为旋光管长度，即液层厚度，dm；c 为样品的质量浓度，g/mL；25.16 为谷氨酸钠的比旋光度；t 为测定时试液的温度，℃；0.047 为温度校正系数。

计算结果精确到小数点后一位，同一样品的测定结果相对平均偏差不得超过 0.3%。

② 透光率的测定：a. 称取样品 10.00g，加水溶解并移至 100mL 容量瓶，定容到刻度，摇匀作为试样。b. 用试样冲洗并注入 10mm 比色皿中，以溶解样品的同批水调节仪器的零点，于波长 430nm 处测定其透光率。c. 同一样品两次测定结果的绝对值之差不得超过 1%。

五、注意事项

① 进行谷氨酸含量测定时，实验之前应精确测定反应瓶常数。

② 进行谷氨酸含量测定时，倒酶液时必须紧按测压管左侧管口，待倒完酶液，反

应瓶重新浸入反应槽后才能放开，否则，检压液会倒吸入反应瓶。

③ 测定噬菌体含量时，上层培养基切勿太烫，以免将噬菌体烫死，但温度也不能太低。

④ 旋光仪需开机稳定 30min，旋光管装样后中间不得有气泡。

六、知识扩展

谷氨酸是有机体内氮代谢的基础氨基酸之一，在生命体内物质代谢方面扮演着重要的角色。由于其独特的生理功能，被广泛应用于食品、医药、化工、化妆品和饲料行业，成为了世界上产量最大的氨基酸产品。此外，谷氨酸还用于很多下游产品的生产，如化肥载体和植物生产调节剂、杀虫剂、生物可降解的新型材料（如谷聚氨酸）等，随着更多下游产品的开发，其应用前景将会更加广阔。

目前，大多数谷氨酸产品都是通过发酵生产的，谷氨酸产量占各种氨基酸产量的 75％左右。谷氨酸发酵以小麦、大米和玉米等粮食为原料，首先采用淀粉或糖质经发酵后生产出谷氨酸，然后经等电点、结晶沉淀、离子交换或锌盐法精制等工艺来提取谷氨酸钠，最后经过脱色、脱铁、蒸发、结晶等工序制成谷氨酸钠结晶。在发酵过程中，重要生化参数的实时获取对于过程的控制与优化具有十分重要的意义。然而，目前生产中大都采用取发酵液到实验室进行化学分析或用仪器加以分析的方法来获得。由于人工取样、离线分析具有较大的时间延迟，往往需要几个小时；另一方面，取样次数过多易增加污染杂菌概率，甚至使发酵失败。因此，生物量在线检测系统和在线控制系统技术将成为应用于发酵过程监测和控制的创新技术，有利于促进我国生化技术的发展，降低原材料消耗和节能减排，提高经济效益。

七、课程作业

① 测定还原糖试验时，滴定为什么要在沸腾状态下进行？

② 大肠埃希菌谷氨酸脱羧酶的活力对结果是否有影响？

③ 噬菌体测定试验为什么要制备双层平板？

第六节
酱油酿造过程的监测与控制

一、实验目的与学时

① 掌握考马斯亮蓝法测定发酵液中可溶性蛋白质浓度的原理；

② 掌握甲醛测定法测定总氨基酸含量的原理与方法；

③ 掌握利用 HPLC 测定发酵液中氨基酸含量的方法；

④ 建议 8 学时。

二、实验原理

（一）发酵液中可溶性蛋白含量测定

考马斯亮蓝 G-250 通过分子间范德华力结合蛋白质，形成的蓝色络合物在 595nm 处有最大吸收峰，通过检测络合物吸光度值以测定蛋白质含量。

蛋白质和染料结合是一个很快的过程，约 2min 即可反应完全，呈现最大吸光度，其结合物在室温下 1h 内保持稳定。该反应非常灵敏，最低检出限为 $1\mu g$ 蛋白质，在 $1\sim100\mu g$ 蛋白质范围内呈良好的线性关系。

（二）发酵液总氨基酸含量测定

氨基酸中—NH_2 基团的 pK 值常在 9.0 以上，不能用 NaOH 标准溶液来直接滴定，但可以用甲醛法测定。在 pH 中性和常温条件下，甲醛迅速与氨基酸中 α-氨基相互作用，使滴定终点移至 pH9.0 左右，可以用酚酞作为指示剂，以 NaOH 标准溶液来测定—N^+H_3 基团上的 H^+，每释放一个氢离子，就相当于一个氨基酸。

滴定的结果表示游离 α-氨基的含量，其精确度可达到理论量的 90％。如果样品中只含有某一种已知的氨基酸，从甲醛法测定结果可求得该氨基酸的含量。如果样品是多种氨基酸的混合物（如蛋白质水解液），则测定结果不能作为氨基酸的定量依据。一般常用此法测定蛋白质的水解程度，随着水解程度的增加，滴定值增加，当水解完全后，滴定值保持恒定。甲醛滴定法采用的甲醛浓度为 $2.0\sim3.0mol/L$。

（三）发酵液中常见氨基酸检测

本实验采用的是反相液相分配色谱法（RP-HPLC）来检测发酵过程中氨基酸的含量，氨基酸的紫外吸收很弱，因此，HPLC 法测定氨基酸含量时需要对待测样品进行衍生化处理，从而提高样品检测的灵敏度，改善样品混合物的分离度。本实验采用 2,4-二硝基氟苯（DNFB）作为柱前衍生剂，在碱性条件下，氨基酸的游离末端 NH_2 与 DNFB 发生亲核芳环取代反应后，生成黄色的二硝基苯氨基酸（简称 DNP-氨基酸）衍生物，然后经色谱柱分离，在 254nm 下进行检测分析。

三、实验材料与仪器

（一）实验菌种

所用菌种为市面所售米曲霉（*Aspergillus oryzae*）。

（二）实验药品

麸皮、黄豆饼粉、食盐、考马斯亮蓝 G-250、乙酸、磷酸、牛血清蛋白、甲醛、酚酞、乙醇、邻苯二甲酸氢钾、NaOH、乙腈（色谱纯）、甲醇（色谱纯）、Na_2HPO_4、NaH_2PO_4、KH_2PO_4、$NaHCO_3$、2,4-二硝基氟苯（DNFB）、20 种氨基酸等。

（三）实验仪器与耗材

超净工作台、分析天平、pH 计、电磁炉、高压蒸汽灭菌锅、电热恒温培养箱、恒温振荡水浴摇床、高速冷冻离心机、可见分光光度计、安捷伦液相色谱仪（Agilent 公司）、移液枪、枪头、锥形瓶、烧杯、量筒、培养皿、试管、碱式滴定管等。

四、实验方法

（一）试剂配制

① 0.01％考马斯亮蓝试剂。

② 0.1mg/mL 标准蛋白质溶液：准确称取牛血清蛋白 100mg，加入少量蒸馏水溶解并定容至 100mL，于 4℃冰箱中保存备用。测定前，用蒸馏水稀释 10 倍得到 0.1mg/mL 标准蛋白质溶液。

③ 酚酞指示剂。

④ 中性甲醛溶液。

⑤ 0.01mol/L NaOH 标准溶液：用邻苯二甲酸氢钾标定。

⑥ 10％（体积分数）乙酸溶液：用量筒量取 10mL 的乙酸倒入烧杯中，再加入 90mL 的蒸馏水溶解，待溶液冷却后移入 100mL 容量瓶中，加蒸馏水并定容至 100mL。

⑦ 单一氨基酸标准溶液：分别精确称取 20 种氨基酸各 50mg 于 50mL 容量瓶中，加蒸馏水溶解后定容，浓度为 1g/L。

⑧ 混合氨基酸标准液：精确称取 20 种氨基酸各 50mg 于 50mL 容量瓶中，加蒸馏水溶解后定容。氨基酸标准母液的浓度为 1g/L，于 0~4℃冰箱保存，使用时依次稀释为所需浓度的工作溶液。

⑨ 0.1mol/L（pH 7.0）磷酸盐缓冲溶液：分别准确称取 14.196g Na_2HPO_4 和 11.998g NaH_2PO_4 于 1L 容量瓶中，加蒸馏水溶解后定容至 1L。

⑩ 0.04mol/L（pH 7.8）磷酸盐缓冲溶液：分别准确称取 5.6784g Na_2HPO_4 和 4.7992g NaH_2PO_4 于 1L 容量瓶中，加蒸馏水溶解后定容至 1L。

（二）实验步骤

（1）酱油发酵菌种的制备

① 种曲：a. 称取麸皮 85g，黄豆饼粉 15g，加入蒸馏水 90mL 搅拌均匀。b. 将配好的原料装入若干 250mL 锥形瓶中，每瓶装量厚度约 1cm，擦净瓶口加棉塞，用纸包扎好，于 121℃灭菌 30min。灭菌后趁热摇匀，放入 28~30℃恒温培养箱内培养 3d，检查灭菌效果。c. 在超净工作台内接种，以无菌操作进行，每个锥形瓶中接入斜面或麸皮管培养的米曲霉孢子 1~2 环，加棉塞充分摇匀后置 30℃恒温培养。约 18h，三角瓶内曲料已稍发白结饼，摇瓶一次将结块摇碎，使其松散，继续培养。再经过 4h 左右，曲料发白又结饼，再摇瓶一次。培养 2d 后，将锥形瓶倒置，继续培养，待全部长满绿色孢子，即可使用。若需要保存较长时间，可在 37℃温度下烘干于阴凉处保存。

② 原料处理：a. 称取黄豆粕（粒大小为 2~3mm，粉末量不超过 20％）300g，加入约 500mL 温开水（勿搅），润水 30~40min，后加入麸皮 200g，120℃高压蒸汽灭菌 30min。

③ 酱油曲的制作：a. 将蒸煮后的原料倒入用 75％乙醇溶液消毒的搪瓷盘中摊冷。待冷却至 40℃后，接入 3~5g/L 的锥形瓶种曲，搅匀，盖上湿纱布 28~30℃条件下培养。b. 接种后 6~8h 为米曲霉孢子发芽期，注意控制曲料品温在 32~34℃。c. 当培养

12~16h 后，品温上升到 34℃左右时，曲料面层稍有发白结块，进行第一次翻曲；第一次翻曲后，菌丝生长更加旺盛，经过 4~6h，当品温又上升到 35℃时再进行第二次翻曲。第二次翻曲后，维持料温在 30~32℃，经过 2~3h，菌丝开始着生孢子。此时米曲霉的蛋白酶分泌最为旺盛。

④ 发酵制醅　将大曲捏碎，拌入约 300mL 55℃ 12~13°Bé 的盐水，使原料含水量达到 0~55%（包括成曲的含水量在内），充分拌匀后装入广口瓶中，稍压紧，加约 20g 的封口盐以隔绝空气（防止表面氧化层形成、有害微生物污染，同时有保温保水作用），盖上盖子。

（2）发酵液中可溶性蛋白含量测定

① 标准曲线的绘制：取 11 支试管，分别加入 0mL、0.1mL、0.2mL、0.3mL、0.4mL、0.5mL、0.6mL、0.7mL、0.8mL、0.9mL、1.0mL 标准蛋白质溶液，补水至 1mL，然后各加入 5mL 考马斯亮蓝试剂，将各试管盖塞后，缓和倒置混匀，室温静置 5min，在 595nm 波长下测定吸光值 A_{595}。其中 0 号试管调节零点，测定 1~10 号管的吸光值。以吸光值为横坐标，蛋白质浓度为纵坐标，绘制标准曲线。

② 样品的测定：吸取 0.1mL 待测液，加入 5mL 考马斯亮蓝试剂，充分混匀，放置 2min，以空白试剂作为对照，波长 595nm 处测定吸光度。从标准曲线上查出相应的蛋白质含量（μg）。

③ 结果计算：

$$蛋白质含量(\mu g/mL) = n \times m / 0.1$$

式中，m 为由标准曲线上查得的蛋白质含量，μg；0.1 为吸取待测液的体积，mL；n 为发酵液稀释倍数。

（3）发酵液中总氨基酸含量测定

① 样品处理：吸取 0.20mL 待测液，置入研钵中，加 5mL 10% 乙酸溶液，加蒸馏水并定容至 50mL。

② 样品测定：在锥形瓶中加入 2mL 上述样品，加 4mL 蒸馏水和 3 滴酚酞指示剂，摇匀后用 0.01mol/L NaOH 标准溶液滴定至微红色，然后加入 2mL 中性甲醛溶液，摇匀，放置片刻，再用 0.01mol/L NaOH 标准溶液滴定回到微红色终点，记下加入甲醛后样品消耗 NaOH 标准溶液的体积。同样，取 6mL 蒸馏水按照以上步骤操作，作为空白实验。

③ 计算公式如下：

$$\alpha\text{-氨基氮含量}(\%) = (V - V_0) \times c \times 0.014 \times \frac{1}{2} \times 50 \times \frac{1}{m} \times 100$$

式中，V 为加甲醛后样品消耗 NaOH 标准溶液的体积，mL；V_0 为加甲醛后空白消耗 NaOH 标准溶液的体积，mL；c 为 NaOH 标准溶液的浓度，mol/L；0.014 为消耗 1mL 1mol/L NaOH 标准溶液相当于氮的质量，g；2 为吸取样品的体积，mL；50 为样品稀释液的总体积，mL；m 为称取试样的质量，g。

（4）发酵液中常见氨基酸检测

① 色谱柱前处理：先用 5% 甲醇（体积分数）冲色谱柱 30min，然后用流动相平衡系统，监测基线情况，直到基线平稳。

② 发酵液预处理：将发酵液置于 2mL 离心管内，12000r/min 离心 10min，取上清液于 4℃保存。

③ 氨基酸混合标准溶液的稀释：将浓度为 1g/L 的混合氨基酸标准液用 0.1mol/L

发酵工程实验教程

HCl 依次稀释成 0.05g/L、0.1g/L、0.2g/L、0.4g/L、0.6g/L、0.8g/L、1g/L 7 个浓度。

④ 样品及标准液的衍生化：移取各系列标准溶液和样品处理液各 0.5mL，分别转移至 10mL 棕色容量瓶中，各加入 0.5mL 0.5mol/L NaHCO₃ 水溶液和 0.2mL 1％ DNFB 乙腈溶液（体积分数），两只容量瓶均置于水浴锅中，60℃下保温 1h，取出容量瓶，冷却至室温，用 0.1mol/L（pH7.0）磷酸盐缓冲液定容至 10mL，之后将溶液用 0.45μm 滤膜过滤，将过膜后的滤液进行 HPLC 分析。采用与标准液比较保留时间法定性，峰面积标准曲线法定量。

⑤ 氨基酸的定性分析：依次取经衍生化处理的 20 种单氨基酸标准溶液 20μL 注入液相色谱仪中，得到各个氨基酸的出峰时间和峰面积，用于后续氨基酸的定性分析。

⑥ 氨基酸混合标准溶液的 HPLC 标准工作曲线的制作：对稀释不同倍数的混合氨基酸标准液进行衍生化处理后，取 20μL 注入液相色谱仪中，按照洗脱程序进行梯度洗脱，测定峰面积，分析得到混合标准液的 HPLC 图谱，以各氨基酸的峰面积为纵坐标，各氨基酸标准溶液浓度为横坐标，制作氨基酸工作曲线，并计算其线性回归方程及相关系数，用于后续氨基酸的定量分析。

⑦ 液相测定条件：色谱柱选用安捷伦 Hypersil BDS C18 柱（4.6mm×250mm，5μm），检测器为紫外检测器，检测波长 254nm，柱温设定为 30℃，进样量为 20μL，流速为 1mL/min，流动相 A 为乙腈-甲醇-水（体积比为 40∶40∶20），流动相 B 为 pH7.8 磷酸盐缓冲溶液（0.04mol/L）。流动相梯度洗脱程序如表 4-7 所示。

表 4-7　流动相梯度洗脱程序

时间/min	流动相 A/％	流动相 B/％	流速/(mL/min)
0	18	82	1
2	33	67	0.9
12	42	58	0.8
14	45	55	0.8
32	60	40	0.8
41	75	25	0.8
42	75	25	0.9
52～55	98	2	1
60	18	82	1

⑧ 发酵液中氨基酸含量的测定：取稀释成不同倍数并经衍生化后发酵液样品 20μL 注入色谱仪中，按实验方法中的色谱条件进行分析，并按照洗脱程序进行梯度洗脱。每个稀释度做三个平行测定，测得峰面积后取平均值，根据峰面积在标准曲线上查得对应的氨基酸浓度。

⑨ 色谱柱和 HPLC 系统后处理：流动相冲洗系统 30min，再用 5％甲醇（体积分数）冲洗色谱柱 30min，20％甲醇冲洗色谱柱 15min，80％甲醇冲洗色谱柱 15min，之后用 100％甲醇冲洗色谱柱 30min，最后卸下柱子，纯水冲洗 HPLC 系统。

五、注意事项

① 比色法应在试剂加入后 5～20min 内测定吸光度，因为 20min 以内颜色稳定。

② HPLC 法测定发酵液中氨基酸含量时，样品在注入液相色谱仪之前要采用微孔滤膜过滤。

六、知识扩展

酱油是起源于我国的一种传统发酵调味品，在日常烹饪中发挥着调味、调色、增鲜、增香的重要作用。酱油是利用发酵微生物将高蛋白质的植物性原料分解为众多的氨基酸、有机酸等物质，再经过复杂的化学反应和各类代谢途径形成的具有丰富营养物质和独特风味的调味液。酱油质量的好坏在很大程度上影响着复合调味品的口感。一般来讲，使用总氮含量较高，氨基酸组成当中谷氨酸含量较多，鲜味较强的酱油比较容易得到酱香味，反之即便使用量较大，或感觉不到酱香，或在感到酱香的同时还感到一些杂味，如焦糊味（多来自吡嗪类成分）等。

七、课程作业

① 影响考马斯亮蓝法精确度的因素有哪些？

② HPLC 法测定发酵液中氨基酸含量的原理是什么？

第七节
麸曲白酒发酵过程监测与控制

一、实验目的与学时

① 掌握麸曲白酒发酵过程中酒精度、乙酸、总酯的测定方法；

② 掌握发酵过程污染检测的方法；

③ 建议 8 学时。

二、实验原理

（一）发酵过程中酒精度的测定

以蒸馏法去除样品中的不挥发性物质，用密度瓶法测出试样（酒精水溶液）20℃时的密度，对照食品安全国家标准 GB 5009.225—2023，求得在 20℃时乙醇含量的体积分数，即为酒精度。

（二）发酵过程中乙酸的测定

样品被汽化后，经色谱柱分离，由于被测定组分在气液两相中具有不同的分配系数，分离后的乙酸按一定顺序流出色谱柱，进入氢火焰离子化检测器检测，根据色谱图上乙酸出峰的保留值与标准品相对照进行定性，利用峰面积（或峰高），以内标法定量。

（三）发酵过程中总酯的测定

用碱中和样品中的游离酸，再准确加入一定量的碱，加热回流使酯类皂化，用硫酸标准滴定溶液进行中和滴定，通过消耗酸的量计算总酯的含量。

（四）发酵过程污染检测

肉汤培养法通常用葡萄糖酚红肉汤作为培养基，将待检样品直接接入完全灭菌后的肉汤培养基中，分别于37℃、27℃进行培养，随时观察微生物的生长情况，并取样进行镜检，判断是否有杂菌。肉汤培养法常用于检查培养基和无菌空气是否带菌。

三、实验材料与仪器

（一）实验菌种

所用菌种来自市面所售麸曲。

（二）实验药品

活性干酵母、玉米、牛肉膏、葡萄糖、NaCl、蛋白胨、酵母提取物、琼脂、沸石、无水乙醇、乙醚、乙醇（色谱纯）、乙酸标准品、2-乙基丁酸标准品、NaOH、H_2SO_4、酚酞、邻苯二甲酸氢钾、无水碳酸钠、溴甲酚绿-甲基红指示剂等。

（三）实验仪器与耗材

超净工作台、分析天平、全玻璃蒸馏瓶、全玻璃回流装置、恒温水浴锅、附温度计密度瓶、pH、电磁炉、高压蒸汽灭菌锅、电热恒温培养箱、恒温振荡水浴摇床、高速冷冻离心机、安捷伦气相色谱仪7890、显微镜、碱式滴定管、酸式滴定管、pH计、电磁炉、移液枪、枪头、锥形瓶、烧杯、量筒、培养皿、试管等。

四、实验方法

（一）试剂配制

① 乙醇溶液（50%体积分数）：量取250mL乙醇（色谱纯），加入250mL蒸馏水，充分混匀。

② 乙酸标准品储备溶液（20g/L）：准确称取2.0g（精确至1mg）乙酸标准品，加入适量乙醇溶液（50%，体积分数）溶解并定容至100mL。

③ 2-乙基丁酸内标溶液（20g/L）：称取2.0g（精确至1mg）2-乙基丁酸标准物质，加入适量乙醇溶液（50%，体积分数）溶解并定容至100mL。

④ 乙酸系列标准工作溶液：分别准确吸取0.2mL、0.4mL、0.6mL、0.8mL、1.0mL乙酸标准品储备溶液于10mL容量瓶中，然后分别加入0.1mL 2-乙基丁酸内标溶液，用乙醇溶液（50%，体积分数）定容至10mL，配制成400mg/L、800mg/L、1200mg/L、1600mg/L、2000mg/L的乙酸系列标准工作溶液，现配现用。

⑤ 乙醇溶液（95％，体积分数）：量取 950mL 无水乙醇，加入 50mL 蒸馏水，充分混匀。

⑥ 0.1mol/L NaOH 标准滴定溶液：称取 110g NaOH 溶于 100mL 无二氧化碳的蒸馏水中，摇匀，注入聚乙烯容器中，密闭放置至溶液澄清，用塑料管量取上层清液 5.4mL，加无二氧化碳的蒸馏水并定容至 1L。称取 0.75g 于 105～110℃ 电烘箱中干燥至恒量的工作基准试剂邻苯二甲酸氢钾，加 50mL 无二氧化碳的蒸馏水溶解，加 2 滴酚酞指示液（10g/L），用配制的 NaOH 标准滴定溶液滴定至溶液呈粉红色，并保持 30s。同时做空白试验。NaOH 标准滴定溶液的浓度 c 按下式计算：

$$c = \frac{m \times 1000}{(V_1 - V_2) \times 204.22}$$

式中，m 为邻苯二甲酸氢钾质量，g；V_1 为 NaOH 溶液体积，mL；V_2 为空白试验消耗 NaOH 溶液体积，mL；204.22 为邻苯二甲酸氢钾的摩尔质量，g/mol。

⑦ 3.5mol/L NaOH 溶液：称取 110g NaOH，溶于 100mL 无二氧化碳的蒸馏水中，摇匀，注入聚乙烯容器中，密闭放置至溶液清亮，量取上层清液 18.9mL，用无二氧化碳的蒸馏水稀释至 100mL，摇匀。

⑧ 0.1mol/L 硫酸标准滴定溶液：称取 9.808g H_2SO_4，缓缓注入 1L 蒸馏水中，冷却，摇匀。以溴甲酚绿-甲基红指示液，以 0.5mol/L 碳酸钠标定。

⑨ 乙醇（无酯）溶液（40％，体积分数）：量取 95％乙醇溶液 600mL 于 1000mL 回流瓶中，加入 3.5mol/L NaOH 溶液，加热回流皂化 1h。然后移入全玻璃蒸馏器中重蒸，再配成乙醇（无酯）溶液（40％，体积分数）。

⑩ 10g/L 酚酞指示剂：称取 10g 酚酞，加 95％乙醇溶解并稀释至 1L。

⑪ 葡萄糖酚红肉汤培养基：牛肉膏 0.3g，蛋白胨 0.8g，NaCl 0.5g，葡萄糖 0.5g，酚酞 0.4g，加蒸馏水并定容至 1L，调节 pH 至 7.2，121℃灭菌 30min。

⑫ LB 固体培养基：详见附录Ⅰ。

(二) 实验步骤

（1）麸曲白酒发酵液的制备

① 蒸煮：将预先湿润 2～4h 的玉米放入蒸煮锅中进行 45～55min 蒸煮。

② 凉渣冷却：采用直接平铺冷却法进行连续通风冷却，直至料温降至 25～32℃。

③ 加曲：酒醅冷却到一定温度即可加入麸曲、活性干酵母和蒸馏水，搅拌均匀。入池发酵。加曲温度一般在 25～35℃，冬季比入池发酵温度高 5～10℃，夏季比入池发酵温度高 2～3℃，一般用曲量为原料量的 6％～10％。

④ 发酵：采用固体发酵法进行发酵。入池发酵温度设定为 15～25℃，发酵时间为 3～5d，入池淀粉浓度设定为 14％～16％，冬季适当提高浓度，夏季适当降低浓度，入池酸度为 0.6～0.8。出池酒精浓度控制在 5％～6％。

⑤ 蒸馏：采用甑桶对麸曲白酒进行蒸馏，流酒速度为 3～4kg/min，流酒温度控制在 25～35℃。

⑥ 人工催陈：采用热处理方式进行人工催陈。将麸曲发酵的白酒放置在 60℃环境中保持 24h。

（2）发酵过程中酒精度的测定

① 试样制备：用一洁净、干燥的 100mL 容量瓶，准确量取样品（液温 20℃）

100mL 于 500mL 蒸馏瓶中，用 50mL 水分三次冲洗容量瓶，洗液并入 500mL 蒸馏瓶中，加几颗沸石（或玻璃珠），连接蛇形冷凝管，以取样用的原容量瓶作接收器（外加冰浴），开启冷却水（冷却水温度宜低于 15℃），缓慢加热蒸馏，收集馏出液。当接近刻度时，取下容量瓶，盖塞，于 20℃ 水浴中保温 30min，再补加水至刻度，混匀，备用。

② 样品测定：a. 将密度瓶洗净并干燥，带温度计和侧孔罩称量。重复干燥和称重，直至恒重（m）。b. 取下带温度计的瓶塞，将煮沸冷却至 15℃ 的水注满已恒重的密度瓶中，插上带温度计的瓶塞（瓶中不得有气泡），立即浸入 20.0℃±0.1℃ 的恒温水浴中，待内容物温度达 20℃ 并保持 20min 不变后，用滤纸快速吸去溢出测管的液体，使测管的液面和测管管口齐平，立即盖好测孔罩，取出密度瓶，用滤纸擦干瓶外壁上的液体，立即称量（m_1）。③ 将水倒出，用无水乙醇和乙醚按顺序分别冲洗密度瓶，吹干（或于烘箱中烘干），用试样馏出液反复冲洗密度瓶 3~5 次，然后装满。之后按照② 重复实验，称量（m_2）。

③ 结果计算：样品在 20℃ 的密度按式（4-1）计算，空气浮力校正值（A）按式（4-2）计算，根据试样的密度 ρ，对照食品安全国家标准 GB 5009.225—2023，求得酒精度，以体积分数"％"表示。

$$\rho=\rho_0\times\frac{m_2-m+A}{m_1-m+A} \tag{4-1}$$

$$A=\rho_u\times\frac{m_1-m}{997.0} \tag{4-2}$$

式中，ρ 为样品在 20℃ 时的密度，g/L；ρ_0 为 20℃ 时蒸馏水的密度，998.20g/L；m_2 为 20℃ 时密度瓶和试样的质量，g；m 为密度瓶的质量，g；A 为空气浮力校正值；m_1 为 20℃ 时密度瓶和水的质量，g；ρ_u 为干燥空气在 20℃、1.01325×10^5Pa 时的密度（≈1.2g/L）；997.0 为在 20℃ 时蒸馏水与干燥空气密度值之差，g/L。

（3）发酵过程中乙酸的测定

① 气相色谱：采用聚乙二醇毛细管柱（60m×0.25mm×0.25μm 或 50m×0.25mm×0.20μm），检测器和进样口温度为 250℃，流速为 1.0mL/min，进样量为 1.0μL，分流比为 40:1，升温程序为初温 35℃，保持 1min，以 3.0℃/min 升至 70℃，再以 3.5℃/min 升至 180℃，之后以 15℃/min 升至 210℃，保持 6min。

② 标准曲线：移取适量的乙酸系列标准工作溶液，按照①中气相色谱条件测定，以乙酸系列标准工作溶液浓度与 2-乙基丁酸内标溶液浓度的比值为横坐标，乙酸系列标准工作溶液峰面积与 2-乙基丁酸内标溶液峰面积的比值为纵坐标绘制标准曲线。

③ 样品测定：移取适量的样品置于 10mL 容量瓶中，加入 0.1mL 2-乙基丁酸内标溶液并定容至 10mL。按照①中气相色谱条件测定，根据乙酸标准品的保留时间，与待测样品中乙酸的保留时间进行定性。根据待测液中乙酸与 2-乙基丁酸内标溶液的峰面积之比，由标准工作曲线得到待测液中乙酸与 2-乙基丁酸内标溶液浓度的比值，再根据 2-乙基丁酸内标溶液的浓度，计算样品中乙酸的含量。

④ 计算公式如下：

$$X=\frac{I\times\rho}{1000}$$

式中，X 为样品中乙酸含量，g/L；I 为从标准曲线得到待测液中乙酸浓度与对应的内标浓度的比值；ρ 为乙酸对应内标的质量浓度，mg/L；1000 为单位换算系数。

（4）发酵过程中总酯的测定

① 吸取样品 50.0mL 于 250mL 回流瓶中，加 2 滴酚酞指示液，以 NaOH 标准滴定溶液滴定至微红色 30s 不褪色，记录消耗 NaOH 标准滴定溶液的体积（mL）。

② 准确加入 NaOH 标准滴定溶液 25mL（若样品总酯含量高，可加入 50mL），摇匀，放入几颗沸石或玻璃珠，装上冷凝管（冷却水温度宜低于 15℃），于沸水浴上回流 30min，取下，冷却。

③ 用硫酸标准滴定溶液进行滴定，使红色刚好完全消失为其终点，记录消耗硫酸标准滴定溶液的体积 V_1，同时吸取乙醇（无酯）溶液（40%，体积分数）50mL，按上述方法同样操作做空白试验，记录消耗硫酸标准滴定溶液的体积 V。

④ 总酯含量按如下公式计算：

$$X = \frac{c \times (V_0 - V_1) \times 88}{50.0}$$

式中，X 为样品中总酯含量，g/L；c 为硫酸标准滴定溶液的实际物质的量浓度，mol/L；V_0 为空白试样样品消耗硫酸标准滴定溶液的体积，mL；V_1 为样品消耗硫酸标准滴定溶液的体积，mL；88 为乙酸乙酯的摩尔质量，g/moL；50.0 为吸取样品的体积，mL。

五、注意事项

① 发酵过程中总酯检测试验，以 NaOH 标准滴定溶液滴定至微红色 30s 不褪色为度，切勿过量。

② 发酵过程中污染检测过程采用的试管需无菌。

六、知识扩展

麸曲白酒是以麸曲为糖化剂，加酒母发酵酿制而成的白酒。麸曲白酒具有曲用量少、发酵周期短、出酒率高、酒体甘冽的特点。但是麸曲白酒同时也存在酒体寡淡，品质偏低的缺点。为克服麸曲法发酵生产白酒的这一缺点，可将多种麸曲混合发酵，或采用大曲、麸曲相结合的工艺，以达到提高酒质的效果。麸曲白酒生产工艺发展至今，在清香型、浓香型、酱香型和芝麻香型白酒的生产中应用较广，但是由于其与同类大曲酒相比质量水平不高，发展受到很大的限制。清香型白酒以乙酸乙酯和乳酸乙酯为主体风味物质，传统清香型大曲酒发酵微生物体系庞大，且发酵周期较长，故风味物质含量较高；麸曲法生产清香型白酒由于发酵体系微生物种类少，且发酵周期仅为传统大曲酒发酵周期的 1/3 左右，容易产生"酯低醇高"的现象，导致酒体香味淡薄，口感欠佳。

七、课程作业

确定发酵样品染菌情况，依据染菌原因分析总结不同染菌情况发生的途径和防止的方法。

第八节
液态发酵透明质酸过程监测

一、实验目的与学时

① 熟悉链球菌高黏度发酵生产透明质酸的原理和操作；
② 掌握发酵液中透明质酸的测定方法；
③ 掌握发酵液中蔗糖和细胞浓度的测定方法；
④ 建议 4 学时。

二、实验原理

（一）发酵液中透明质酸的测定

本试验采用咔唑法测定发酵液中透明质酸的含量，其原理是强酸将透明质酸裂解成单糖单位，葡糖醛酸与咔唑发生显色反应。

（二）发酵液中蔗糖的测定

样品经除去蛋白质后，其中蔗糖经 HCl 水解转化为还原糖，蔗糖容易被酸水解，水解后产生等量的 D-葡萄糖和 D-果糖，再按还原糖测定。水解前后还原糖的差值为蔗糖含量。

（三）发酵液中细胞浓度的测定

本试验采用干重法测定发酵液中的细胞浓度。将一定体积的培养液离心、收集细胞、洗涤、干燥、称重。使用分光光度计测定发酵液的吸光度，建立吸光度与细胞干重的关系式。此方法测的是所有细胞的浓度，适合于含有其他不溶性物质的培养液。

三、实验材料与仪器

（一）实验菌种

所用菌种为市面所售兽疫链球菌（*Streptococcus zooepidemicus*）。

（二）实验药品

心脑浸粉、葡萄糖、酵母粉、琼脂、蔗糖、$MgSO_4 \cdot 7H_2O$、$MnSO_4 \cdot 4H_2O$、Na_2HPO_4、NaH_2PO_4、KH_2PO_4、$CaCO_3$、$CaCl_2$、$ZnCl_2$、$CuSO_4 \cdot 5H_2O$、$NaHCO_3$、K_2SO_4、H_2SO_4、咔唑、乙醇、葡糖醛酸、间苯二酚、HCl、NaOH、四硼酸钠等。

（三）实验仪器与耗材

超净工作台、分析天平、pH 计、电磁炉、高压蒸汽灭菌锅、电热恒温培养箱、恒温振荡水浴摇床、高速冷冻离心机、可见分光光度计、全自动发酵罐、磁力搅拌器、移液枪、枪头、锥形瓶、烧杯、量筒、培养皿、试管等。

四、实验方法

（一）试剂配制

① 斜面培养基：心脑浸粉 37g，葡萄糖 10g，酵母粉 10g，琼脂 20g，加蒸馏水并定容至 1L，调节 pH 至 7.2，121℃灭菌 30min。

② 种子培养基：蔗糖 20g，酵母粉 20g，$MgSO_4 \cdot 7H_2O$ 2g，$MnSO_4 \cdot 4H_2O$ 0.1g，KH_2PO_4 2g，$CaCO_3$ 20g，微量元素 1mL/L，缓冲液 40mL/L，加蒸馏水并定容至 1L，调节 pH 至 7.2，121℃灭菌 30min。

③ 微量元素：$CaCl_2$ 2g，$ZnCl_2$ 0.046，$CuSO_4 \cdot 5H_2O$ 0.019g，加蒸馏水并定容至 1L。

④ 缓冲液：Na_2HPO_4 36.76g，NaH_2PO_4 15.98g，$NaHCO_3$ 12.5g，加蒸馏水并定容至 1L。

⑤ 发酵培养基：酵母粉 20g，Na_2HPO_4 6.2g，K_2SO_4 1.3g，蔗糖 70g，$MgSO_4 \cdot 7H_2O$ 2g，微量元素 1mL/L，加蒸馏水并定容至 1L，调节 pH 至 7.2，121℃灭菌 30min。

⑥ 硼砂硫酸液：称取四硼酸钠 4.77g 溶于 500mL 的浓硫酸中。

⑦ 咔唑试液：称取咔唑 0.125g，溶于 100mL 的乙醇中。

⑧ 6mol/L HCl 溶液：吸取 37.5％的 HCl 495.34mL，加蒸馏水稀释并定容至 1L。

⑨ 间苯二酚溶液：称取间苯二酚 0.1g，加 6mol/L HCl 溶解并定容至 100mL。

⑩ 5mol/L NaOH 溶液：准确称取 NaOH 200g，加蒸馏水溶解并定容至 1L。

（二）实验步骤

（1）透明质酸发酵液的制备

① 斜面培养：接种后的斜面置于 37℃恒温培养箱中培养 16h，用于摇瓶接种。

② 种子培养：将培养好的斜面种子接种至装有 50mL 种子培养基的 500mL 锥形瓶中培养，摇床转速 200r/min，温度 37℃，培养时间 14～16h。

③ 发酵培养：按 10％的接种量将种子培养基接入全自动发酵罐，罐中装发酵培养基 3.5L，搅拌转速 200r/min，通气量 1mL/min，温度 37℃，采用 pH 电极进行在线检测，通过自动加料泵流加 5mol/L NaOH 溶液进行调节以维持 pH 变化在 7.0 ± 0.1 以内。

（2）发酵液中透明质酸的测定

① 样品预处理：取 5mL 发酵液，加入约 2 倍体积的乙醇，然后在 5000r/min 下，离心 15min。收集沉淀，并用蒸馏水洗涤沉淀两次后溶于蒸馏水中测定透明质酸含量。

② 葡糖醛酸标准溶液：准确称取葡糖醛酸 20mg，加蒸馏水溶解并定容至 100mL，摇匀备用。精密量取标准溶液 0.5mL、1.0mL、1.5mL、2.0mL、2.5mL，分别加蒸馏水溶解并定容至 10mL，得到 10μg/mL、20μg/mL、30μg/mL、40μg/mL 和 50μg/mL 浓度的标准品溶液，取 6 支具塞刻度试管分别加入硼砂硫酸溶液 5mL 置于冰浴中冷却至 4℃左右。然后分别取空白溶液（蒸馏水）和不同浓度的标准品溶液各 1.0mL 于试管中，先轻轻振荡，再充分混匀，此项操作均在冰浴中进行。将试管置沸水中煮沸 10min 后，放入冷水中冷却至室温。加入咔唑试剂 0.2mL，混匀，再在沸水中加热 15min，冷却至室温。在 530nm 处测定吸光度。

③ 按照下列公式计算发酵液中透明质酸含量：

$$透明质酸含量(g/L)=(标准曲线查出的浓度×稀释倍数×2.067)/1000$$

（3）发酵液中蔗糖的测定

① 样品预处理：吸取待测样品溶液 0.9mL，加 0.1mL 2mol/L NaOH，混合后在 100℃沸水浴中加热 10min，之后立即在流水中冷却。再加入间苯二酚溶液 1mL、10mol/L HCl 3mL，摇匀后置于 80℃水浴中加热 8min，冷却至室温在 500nm 处测定吸光度。

② 蔗糖标准溶液：称取烘干后的蔗糖 0.4g，加蒸馏水溶解并定容至 1L。精密量取标准溶液 1.25mL、2.5mL、3.75mL、5.0mL、6.25mL，分别加蒸馏水溶解并定容至 10mL，得到 50μg/mL、100μg/mL、150μg/mL、200μg/mL 和 250μg/mL 浓度的标准品溶液，取 6 支具塞刻度试管分别加空白溶液（蒸馏水）和不同浓度的标准品溶液各 0.9mL 于试管中，加 0.1mL 2mol/L NaOH，混合后在 100℃沸水浴中加热 10min，之后立即在流水中冷却。再加入间苯二酚溶液 1mL、10mol/L HCl 3mL，摇匀后置于 80℃水浴中加热 8min，冷却至室温在 500nm 处测定吸光度。

③ 按照下列公式计算发酵液中蔗糖含量：

$$蔗糖含量(g/L)=\frac{标准曲线查出的浓度×稀释倍数}{1000}$$

（4）发酵液中细胞浓度的测定

取 25mL 发酵液，经 3000r/min 离心后再用蒸馏水洗涤 2 次，得到的湿细胞在 105℃下烘至恒重，计算出细胞干重（dry cell weight，DCW）。在 660nm 下，使用分光光度计测定发酵液的吸光度，建立吸光度与细胞干重的关系式，通过测定发酵液的吸光度计算细胞浓度。

五、注意事项

① 进行透明质酸含量测定时，葡糖醛酸标准品和样品需要同时处理。
② 进行蔗糖含量测定时，蔗糖标准品需要干燥预处理。

六、知识扩展

透明质酸（hyaluronic acid，HA）是一种高分子酸性糖胺聚糖，由 N-乙酰葡糖胺与葡糖醛酸通过 β-1,4 和 β-1,3 糖苷键反复交替连接而成。由于其独特的流变学特性、黏弹性、保湿性及良好的生物相容性，在食品、化妆品、医学领域都有广泛的应用。微生物发酵法生产透明质酸相对于从动物组织中提取具有周期短、产量高、环境友好等优点，是目前最主要的生产方法。

HA 具有独特的流变学特性，可防止水分的散失，是世界上迄今为止保水性最好的天然物质。高浓度的 HA 会在组织的表面形成交织的网状形式，并结合组织外部的水分，从而起到保湿的功能。在人体内，HA 独特的黏弹性及其形成大分子网状结构的特点，使其具有调节内外渗透压、连接细胞、形成物理屏障和缓冲保护等功能，在胚胎的形成、抑制炎症的症状和缓解疼痛等方面，都有着比较好的效果。同时，在关节滑液中，HA 的大量存在，起到重要的保护作用。此外，HA 还有促进创伤愈合的生理功能。

七、课程作业

① 分析在斜面培养基中添加心脑浸粉的原理。
② 分析链球菌生产透明质酸的原理。

第九节
生物传感器监测米根霉菌丝球半连续发酵

一、实验目的与学时

① 掌握基于生物传感器法的发酵液基质（葡萄糖）浓度的在线测定操作；
② 掌握流动注射式分析仪的原理和实验操作步骤；
③ 掌握发酵液内一级代谢产物（乙醇、有机酸等）浓度的在线测定；
④ 建议 8 学时。

二、实验原理

（1）发酵液葡萄糖浓度的在线测定

在氧气和水存在的情况下，发酵液中的葡萄糖可通过葡糖氧化酶催化生成葡萄糖酸和过氧化氢。采用酶电极生物传感器技术在线测定发酵液中的葡萄糖浓度，主要是通过补偿式氧稳定酶电极实现。电极系统包括一支氧电极和由另一支氧电极制作的葡糖氧化酶酶电极，在酶电极敏感部位安装了铅丝电解电极对。在不含葡萄糖的样品中，酶电极与参比电极输出一致；当样品中含葡萄糖时，葡萄糖透过膜与酶发生反应，由于氧的消耗，电极输出差分信号，表示测得的葡萄糖浓度，这一差分信号同时驱动铅丝产生电解电流，在酶电极敏感层的水分子电解产生氧气直到差分信号消除，由此保证酶电极附近的氧浓度与发酵罐中氧浓度一致。当改变发酵罐中发酵液的氧浓度时，酶传感器测定结果与罐外常规分析结果吻合性很好。图 4-2 为补偿式氧稳定酶电极工作原理图。

（2）引流分析与控制

引流分析系统包括 3 个组成部分：采样单元、传感单元和数据处理单元。首先把发酵液从发酵罐中经过滤器分离出来。取出清洁的发酵液，再由定量泵以一定的流速注入装有探测头的探测器中，该探测器与清洁的发酵液接触，将不同的发酵液中物质浓度的变化转

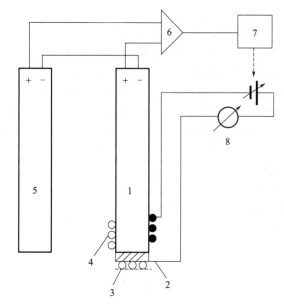

图 4-2　补偿式氧稳定酶电极

1—O_2 电极；2—固定有葡糖氧化酶和过氧化氢酶的 Pt 网；3—透析膜；4—围绕电极体的 Pt 线圈；

5—参比氧电极；6—差分放大器；7—Pt 控制器；8—微安计

换成用光学系统可测的光信号，或是 pH 的变化，或是用离子敏感电极，或是电势电极与电流电极，或是用电导法，或是用热敏电阻等形式来测量。流动注射式分析仪是非连续工作方式，但其重复取样测量分析速率相当高，因此，一般应用时，可认为是连续形式的。

（3）乙醇、有机酸等的在线测定

在发酵工业中，大多采用半连续发酵形式，一些敏感营养物质浓度过高会抑制生物质的生长或产物的形成，为了获得高的优化产率，在发酵过程中要对这些抑制物质的浓度加以控制。因此，发酵液中该物质浓度的实时测量对于整个发酵过程极其重要。利用液相色谱系统（HPLC）在线测量物质浓度，并配有发酵出口气体 CO_2 分析仪和 pH 与氧化还原电极的发酵系统见图 4-3。在图中，CO_2 分析仪、pH 和氧化还原电极这些信

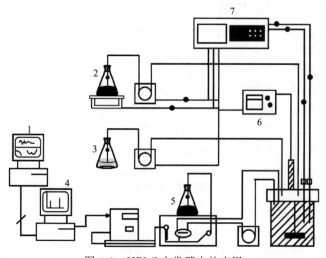

图 4-3　HPLC 在发酵中的应用

1—主机；2—基质；3—碱；4—HPLC-PC 机；5—HPLC 过滤取样模件；6—分析仪；7—HP-349A 信号采集器

号由一台 HP-349A 来采集，然后将信号输送给主计算机。乙醇和有机酸等物质的浓度通过对发酵液采样过滤后进入过滤取样模件（filter acquisition module，FAM），再由 HPLC 进行分析。FAM-HPLC 由电脑来控制，电脑测量记录 FAM-HPLC 分析的数据，然后再输送到主计算机。

三、实验材料与仪器

（一）实验菌种

所用菌种为市面所售米根霉 AS3.819 菌株。

（二）实验药品

马铃薯、葡萄糖、琼脂、$(NH_4)_2SO_4$、NaH_2PO_4、KH_2PO_4、$MgSO_4 \cdot 7H_2O$、$ZnSO_4 \cdot 7H_2O$、$CaCO_3$、乙醇、乙醇标准品、乳酸标准品、乙酸标准品、琥珀酸标准品、柠檬酸标准品、苹果酸标准品、延胡索酸标准品。

（三）实验仪器与耗材

超净工作台、分析天平、pH 计、电磁炉、高压蒸汽灭菌锅、电热恒温培养箱、恒温振荡水浴摇床、高速冷冻离心机、补偿式氧稳定酶电极、流动注射式分析仪、液相色谱仪（Agilent 公司）、移液枪、枪头、锥形瓶、烧杯、量筒、培养皿、试管等。

四、实验方法

（一）试剂配制

① PDA 固体斜面培养基：取新鲜马铃薯，去皮后称取 200g，切小块后加入 1L 蒸馏水煮沸 20min，用纱布过滤，清液中加入 20g 葡萄糖和 20g 琼脂，煮沸后冷却，加蒸馏水并定容至 1L，121℃灭菌 15min。

② 种子培养基：依次称取葡萄糖 120g，$(NH_4)_2SO_4$ 4g，KH_2PO_4 0.5g，$MgSO_4 \cdot 7H_2O$ 0.45g，$ZnSO_4 \cdot 7H_2O$ 0.22g，加蒸馏水并定容至 1L，121℃灭菌 15min。

③ 首批发酵培养基：依次称取葡萄糖 120g，$(NH_4)_2SO_4$ 2g，NaH_2PO_4 0.14g，KH_2PO_4 0.16g，$MgSO_4 \cdot 7H_2O$ 0.26g，$ZnSO_4 \cdot 7H_2O$ 0.19g，$CaCO_3$ 60g，加蒸馏水并定容至 1L，121℃灭菌 15min。

（二）实验步骤

（1）米根霉菌丝球半连续发酵液的制备

① 种子培养：500mL 锥形瓶，装液量 20%，接种孢子悬液（浓度为 1×10^7 个/mL）10%，摇床转速 200r/min，32℃恒温培养 24h。

② 5L 机械搅拌发酵罐，装液量 3.5L，首批发酵转速 400r/min，通气量 2.4L/(L·min)，32℃恒温发酵 60h 结束。停止搅拌和通气，保持发酵罐内压力为 0.1MPa，静置发酵液 10min 使米根霉菌丝球沉淀在罐底，借助罐内压力取出发酵上清液 3L，添加 3L

新鲜补料培养基，保持发酵转速 400r/min，通气量 2.4L/（L·min），32℃恒温发酵 24h 后重复取料、补料及发酵，如此重复进行半连续发酵。

（2）发酵液葡萄糖浓度的在线测定

① 将灭菌后的不锈钢套固定在发酵罐上部，将酶电极、电极对及参比电极等电极外部组件用 75%乙醇消毒后，装入不锈钢套内，电极套底部配有一层聚碳酸滤膜将酶电极与发酵液分开，以防止发酵液染菌。传感器套内部还配有液流腔，以便进行自动原位标定。

② 将电脑通过两个接口控制传感过程。一个接口用于平衡电压和检测相应电流，另一个接口用于控制电磁阀和蠕动泵的动作以进行自动标定。

③ 根据发酵罐中发酵液的体积，用程序控制注射泵将 50%葡萄糖溶液按预设发酵模式以指数递减速率形式补入发酵罐，每个峰信号代表一次补糖操作。如果出现两次补糖只观察到一个峰，则可能是补糖速率超过了菌体氧化的耗糖速率。根据电脑显示数据确定在线测定的葡萄糖浓度。

（3）引流分析与控制

① 采用过滤器将发酵液从发酵罐中分离。

② 将取出的发酵液由定量泵以一定的流速注入装有探测头的探测器中，探测器将发酵液中 pH 值或物质浓度的变化转换成用光学系统可测的光信号，光信号通常是通过探测器中的离子敏感电极，或者是通过电势电极与电流电极，或是用电导法，或是用热敏电阻等方式来得到的。

③ 计算机通过处理传感信号给出调整发酵过程具体参数的指令。

（4）乙醇、有机酸等浓度的在线测定

① 采用定量泵将发酵液以 100mL/min 的速率连续取出，经过过滤把生物质从发酵液中分离出来，得到清洁的发酵液。

② 将清洁的发酵液注入 FAM-HPLC 系统，多余的发酵液通过循环泵再循环回到发酵罐中。经过过滤的清洁发酵液通过取样回路，以 0.05mL/min 排放出来。每 30min，流经取样回路的样品把已经过滤的 25μL 发酵液自动注入到 HPLC 分析柱中。

③ 样品经分析，待测组分的浓度信号被送到主计算机。主计算机根据这些信息来调整流加物质的流加速率，并且每 30min 采集分析得到特定待测组分的浓度数据。

五、注意事项

① 进行发酵液基质（葡萄糖）浓度在线测定实验时，电极外部组件在测定前均需要用 75%乙醇进行灭菌处理。

② 进行发酵液内一级代谢产物浓度的在线测定实验时，流速设定应合理，确保每 30min 流经取样回路的样品能够把发酵液注入到 HPLC 分析柱中。

六、知识扩展

生物传感器是利用生物催化剂（生物细胞或酶）和适当的转换元件制成的传感器。用于生物传感器的生物材料包括固定化酶、微生物、抗原抗体、生物组织或器官等，用于产生二次响应的转换元件包括电化学电极、热敏电阻、离子敏感场效应管、光纤和压电晶体等。

生物传感器具有如下特点：①具有特异性和多样性，可制成检测各种生化物质的生物传感器；②无须添加化学反应试剂，检测方便、快速；③可实现自动检测和在线检测。

七、课程作业

① 高效液相色谱测定发酵液内一级代谢产物（乙醇、有机酸等）的原理是什么？
② 引流分析与控制实验安装过滤器的意义是什么？

第五章
发酵产物的分离与分析

第一节
离子交换法提取谷氨酸

一、实验目的与学时

① 掌握离子交换法的基本原理；
② 学习并掌握树脂的预处理及离子交换柱色谱分析的基本操作；
③ 建议 4 学时。

二、实验原理

离子交换树脂主要有苯乙烯和丙烯酸酯两大类，它们分别与交联剂二乙烯苯产生聚合反应，形成具有长链网络骨架结构的聚合物。根据树脂中活性基团的种类可分为阳离子交换树脂和阴离子交换树脂。根据其活性基团酸碱性的强弱可分为强酸性、弱酸性、强碱性和弱碱性离子交换树脂。使用时根据分离要求和分离环境保证目标产物与杂质对树脂的吸附力有足够的差异。如氨基酸的分离多选用强酸性树脂，以保证有足够的结合力，便于分步洗脱。对于大部分蛋白质、酶和其他生物大分子的分离多采用弱酸或弱碱性树脂，以减少生物大分子的变性，有利于洗脱，并提高选择性。

谷氨酸是两性电解质，是一种酸性氨基酸，等电点为 pH 3.22。当 pH>3.22 时，带负电荷，能够被阴离子交换树脂吸附；当 pH<3.22 时，带正电荷，能够被阳离子交换树脂吸附。谷氨酸发酵液中既有谷氨酸，也含有蛋白质、糖和色素等杂质。通过控制交换条件，选择合适的洗脱剂和洗脱条件，可以达到浓缩纯化谷氨酸的目的，本实验所采用的树脂为 732 型苯乙烯强酸性阳离子交换树脂（图 5-1）。

树脂转型　$RSO_3Na + HCl \longrightarrow RSO_3H + NaCl$

吸附　　　$H_2NCHR'COOH + H^+ \longrightarrow H_3^+NCHR'COOH$

　　　　　$H_3^+NCHR'COOH + RSO_3H \longrightarrow RSO_3^- \cdot H_3^+NCHR'COOH + H^+$

洗脱　　　$RSO_3^- \cdot H_3^+NCHR'COOH + NaOH \longrightarrow H_2NCHR'COOH + RSO_3Na + H_2O$

再生　　　$RSO_3Na + HCl \longrightarrow RSO_3H + NaCl$

图 5-1　强酸性阳离子交换树脂原理示意图

三、实验材料与仪器

(一) 实验材料

① 谷氨酸发酵液或等电点母液，含谷氨酸约 2%。
② 732 (H 型) 树脂。

(二) 实验药品

NaOH、HCl、茚三酮、丙酮等。

(三) 实验仪器与耗材

离子交换柱、恒流泵、自动馏分收集器、试管、滴定管、量筒、精密 pH 试纸等。

四、实验方法

(一) 试剂配制

① 4% (质量分数) NaOH 溶液：称取 NaOH 40g，加蒸馏水并定容至 1L。
② 5% HCl 溶液：132mL 浓盐酸加蒸馏水稀释至 1L。
③ 0.5% (质量分数) 茚三酮溶液：0.5g 茚三酮溶于 100mL 丙酮。

(二) 实验步骤

(1) 树脂的预处理和装柱

干树脂在烧杯中用水溶胀后倾去漂浮的杂质及小颗粒。量取 40mL 湿树脂，边搅边倒入玻璃柱中，将玻璃柱下端的止水夹打开，树脂自由沉降至水位高于柱床 2~4cm 时，关闭止水夹。用 5% HCl 溶液清洗树脂至流出液 pH<0.5，再用蒸馏水洗至近中性。

(2) 上柱交换

① 确定上柱交换的流速，将柱底流出液的速度调至与上柱交换的流速相同。把树脂上的水排至高出柱床约 5cm，缓慢加入上柱液，进行交换吸附，流速约 30 滴/min。

② 收集流出液，用精密 pH 试纸测量 pH。在收集过程中用茚三酮显色剂检查流出液中是否含谷氨酸。如有紫红色反应，证明有谷氨酸漏出，应减慢流速。交换完毕后关闭止水夹。

③ 记录烧杯中流出液体积，计算实际上柱量。

(3) 反洗杂质及疏松树脂

开启柱底清水阀门，反向冲洗树脂中的杂质。反冲至树脂顶部溢流液澄清为止，再把液位降至高出树脂面约 5cm。

(4) 热水预热树脂

把 70~80℃热水加到柱上预热树脂，柱下流速控制为 30mL/min。

(5) 热碱洗脱

① 把液位降至高出柱床约 5cm，加入 70~75℃ 的 4% NaOH 溶液到柱上进行洗脱。

② 每收集 60mL 流出液用茚三酮检查并记录其 pH，柱下流速 20～30mL/min。当发现流出液流出后很快有结晶析出，则开始收集高流分，记下此时流出液 pH。

③ 一直收集到 pH 9 为止，流完热碱用 70℃热水把碱液压入树脂内，开启柱底阀门，用自来水反冲至溢流液清亮，pH 中性为止。

（6）等电点沉淀谷氨酸

把高流分收集到一起，用少量浓盐酸全部溶解，测量其总体积和总氮物质的量。将收集液 pH 调至 3.2，稍搅拌使谷氨酸结晶析出。过滤得到的谷氨酸结晶 60～70℃烘干并称重。

（7）树脂再生

把液位降至高出树脂面约 5cm，接着加 2mol/L HCl 到柱上进行再生，流速 15mL/min。

五、实验结果与分析

① 记录谷氨酸洗脱数据表，作谷氨酸的解吸曲线图。
② 提取率的计算：提取率＝[高流分总体积(mL)×高流分的总氮物质的量]/[上柱液总体积(mL)×上柱液的总氮物质的量]×100％。

六、注意事项

① 热碱洗脱时应适当加快流速以免结柱，柱下部用热毛巾保温。
② 始终保持柱中水位高于树脂面，防止空气进入树脂中形成气泡，影响提取效果。

七、课程作业

① 请思考影响谷氨酸提取率的主要因素有哪些。
② 请思考为何要预热树脂。

第二节

双水相萃取 α-淀粉酶

一、实验目的与学时

① 掌握 PEG/无机盐体系双水相萃取蛋白质的方法；
② 了解影响蛋白质在双水相体系中分配行为的主要参数；
③ 建议 4 学时。

二、实验原理

双水相是指某些高聚物之间或高聚物与无机盐之间在水中以一定的浓度混合而形成

互不相容的两相，根据溶质在两相间的分配系数的差异而进行萃取的方法即为双水相萃取。双水相形成条件和定量关系常用相图来表示。当它们的组成位于曲线的上方时，体系就会分成两相，轻相（或称上相）组成用 T 点表示，重相（或称下相）组成用 B 点表示，直线 TMB 称为系线（图 5-2）。双水相萃取技术具有处理容量大、能耗低、条件温和、易连续化操作和工程放大等优点，广泛应用于蛋白质等生物大分子的分离纯化等方面。影响蛋白质及细胞碎片在双水相体系中分配行为的主要参数有成相聚合物的种类、成相聚合物的分子量和总浓度、无机盐的种类和浓度、体系的 pH 和温度等。

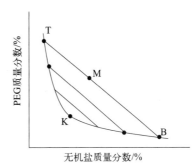

图 5-2　双水相体系相图

α-淀粉酶（α-amylase）的全称为 α-1,4-D-葡聚糖-葡糖水解酶，别名为液化型淀粉酶、液化酶或 α-1,4-糊精酶，可以水解淀粉内部的 α-1,4-糖苷键，将淀粉链切断成为短链糊精、寡糖以及少量麦芽糖和葡萄糖，使淀粉的黏度迅速降低。α-淀粉酶主要用于水解淀粉制造饴糖、葡萄糖和糖浆等，以及生产糊精、酒类、酱油、醋、果汁、味精和面包等。目前，α-淀粉酶的大规模生产主要以枯草芽孢杆菌（*Bacillus subtilis*）发酵法为主。本实验探索 PEG 分子量、浓度和（NH_4）$_2SO_4$ 浓度对 α-淀粉酶在双水相体系中分配的影响，有助于学生结合理论知识进一步理解双水相成相机理和影响蛋白质在双水相中分配的因素。

三、实验材料与仪器

（一）实验药品

三氯乙酸、PEG400、PEG800、PEG2000、考马斯亮蓝 G-250、甲醇、冰乙酸、（NH_4）$_2SO_4$、α-淀粉酶、Na_2HPO_4、NaH_2PO_4、BSA。

（二）实验仪器与耗材

紫外可见分光光度计、带刻度的离心管、玻璃试管、分液漏斗、离心机、天平。

四、实验方法

（一）试剂配制

① 0.02mol/L PBS（pH 7.0）的配制：取 6.1mL 0.2mol/L 的 Na_2HPO_4 溶液加 3.9mL 0.2mol/L 的 NaH_2PO_4 混匀，稀释至 2L。

② 1% α-淀粉酶液：称取 2.0g α-淀粉酶溶解于 200mL PBS 中，置 4℃保存。

③ 40%（NH_4）$_2SO_4$ 溶液：称取 40g（NH_4）$_2SO_4$，于适量 PBS 中溶解，定重至 100g。

④ 100μg/mL 牛血清白蛋白标准液（BSA，pH 8.0）：精确称取 0.05g 牛血清白蛋白，加入 0.50g NaCl，用蒸馏水稀释至 500mL。

⑤ 考马斯亮蓝 G-250 溶液：详见附录Ⅱ。

（二）实验步骤

（1）标准曲线的绘制

按表 5-1 向试管中加入试剂，摇匀。放置 2min 后测定 595nm 处的吸光度值。以蛋白质浓度为横坐标，以吸光度为纵坐标绘出标准曲线。

表 5-1 标准曲线的绘制

管号	1	2	3	4	5	6	7
BSA 标准液/mL	0	0.1	0.2	0.4	0.6	0.8	1
蒸馏水/mL	1.0	0.9	0.8	0.6	0.4	0.2	0
考马斯亮蓝 G-250/mL	5	5	5	5	5	5	5
蛋白质浓度/(μg/mL)	0	10	20	40	60	80	100

（2）PEG 分子量对 α-淀粉酶在双水相中分配的影响

① 将干燥的带刻度离心管置于天平上，清零后向其中加入 PEG 1.6g、$(NH_4)_2SO_4$ 5.0g 和 1mL α-淀粉酶液，继续加 PBS 至总质量达到 10g，并充分振摇溶解固体，3500r/min 离心 10min 后，静置 15min。

② 分别读取上相体积 V_t 和下相体积 V_b，计算相比 $R = V_t/V_b$。

③ 再将其倒入分液漏斗使上、下相分开，测上相和下相中蛋白质浓度（C_t 和 C_b）并计算分配系数 $K = C_t/C_b$。分别向上相和下相溶液中加入适量三氯乙酸沉淀蛋白质，离心后弃去上清液，沉淀重新溶解稀释至吸光度为 0.2～0.8 后，放置 2min 后测定 595nm 处吸光度值，根据标准曲线计算上、下相中的蛋白质浓度。

④ 分别用 PEG400、PEG800 和 PEG2000 做上述实验，记录结果，探讨 PEG 分子量对 α-淀粉酶在双水相中分配的影响。

（3）PEG 浓度对 α-淀粉酶在双水相中分配的影响

① 将干燥的带刻度离心管置于天平上，清零后向其中加入一定质量的 PEG800、$(NH_4)_2SO_4$ 5.0g 和 1mL α-淀粉酶液，并充分振摇溶解固体，3500r/min 离心 10min 后，静置 15min。

② 以下步骤同实验步骤（2）的②和③。

③ 分别加入 PEG800 1.5g、2.0g、2.5g 和 3.0g 完成上述实验，记录结果，探讨 PEG 浓度对 α-淀粉酶在双水相中分配的影响。

（4）$(NH_4)_2SO_4$ 浓度对 α-淀粉酶在双水相中分配的影响

① 将干燥的带刻度离心管置于天平上，清零后向其中加入 PEG800 2.0g、适量 $(NH_4)_2SO_4$ 和 1mL α-淀粉酶液，继续加 PBS 至总质量达到 10g，并充分振摇溶解固体，3500r/min 离心 10min 后，静置 15min。

② 以下步骤同实验步骤（2）的②和③。

③ 分别加入 $(NH_4)_2SO_4$ 3.0g、4.0g、5.0g 和 6.0g 完成上述实验，探讨 $(NH_4)_2SO_4$ 浓度对 α-淀粉酶在双水相中分配的影响。

五、实验结果与分析

① 记录实验结果完成以下表格（表 5-2～表 5-4）。

表 5-2　PEG 分子量对 α-淀粉酶在双水相中分配的影响

PEG 平均分子量	上相体积 V_t/mL	下相体积 V_b/mL	相比 R	上相浓度 c_t/(mg/mL)	下相浓度 c_b/(mg/mL)	分配系数 K	萃取率 Y_t
400							
800							
2000							

表 5-3　PEG 浓度对 α-淀粉酶在双水相中分配的影响

PEG 浓度	上相体积 V_t/mL	下相体积 V_b/mL	相比 R	上相浓度 c_t/(mg/mL)	下相浓度 c_b/(mg/mL)	分配系数 K	萃取率 Y_t
15%							
20%							
25%							
30%							

表 5-4　$(NH_4)_2SO_4$ 浓度对 α-淀粉酶在双水相中分配的影响

$(NH_4)_2SO_4$ 浓度	上相体积 V_t/mL	下相体积 V_b/mL	相比 R	上相浓度 c_t/(mg/mL)	下相浓度 c_b/(mg/mL)	分配系数 K	萃取率 Y_t
33%							
40%							
50%							
60%							

② 萃取率的计算：上相的萃取率 $Y_t = RK/(1+RK) \times 100\%$。

③ 根据实验结果分析各因素对双水相中蛋白质分配的影响。

六、注意事项

① PEG400 为液体，PEG800 室温下为固体，可于 60℃ 水浴加热熔化备用。

② 分取上相和下相时，动作要轻，避免扰动双相界面。

七、课程作业

查阅文献并了解工业生产中三步双水相萃取酶的流程。

第三节

超临界流体萃取真菌茯苓多糖

一、实验目的与学时

① 学习并掌握超临界流体萃取的原理和应用；

② 熟悉超临界流体萃取装置的操作流程；

③ 建议 4 学时。

二、实验原理

超临界是热力学上的一种状态，当流体的温度和压力高于其临界温度和临界压力时，称该流体处于超临界状态。超临界流体是一种高压高密度流体，兼具气体与液体的性质，既有类似于液体的密度、流动性和良好的溶解能力，同时又有类似气体的扩散系数和低黏度，渗透性极佳，能够更快地完成传质过程而达到平衡。

超临界流体萃取（supercritical fluid extraction，SFE）技术，是指利用超临界流体对原料的渗透性和溶解能力，将超临界流体与待分离的物质接触，使其有选择性地把极性大小、沸点高低和分子量大小不同的成分依次萃取出来。然后借助减压、调温的方法使超临界流体变成普通气体，被萃取物质则完全或基本析出，从而达到分离提纯的目的。超临界流体萃取法具有萃取效率高、速度快、萃取成本低、自动化程度高、有机溶剂的使用量少等优点。

最常用的超临界流体萃取剂为 CO_2，其临界温度为 $T_c = 31.06℃$，临界压力为 $P_c = 7.39MPa$。使用 CO_2 作为溶剂的超临界萃取具有如下显著优点：①萃取能力强，提取率高；②超临界 CO_2 流体的临界温度低，操作温度低，能保证有效成分不被破坏，适用于对热敏感、容易氧化分解的成分的提取；③超临界 CO_2 流体具有抗氧化和灭菌等作用，有利于保证和提高产品质量；④超临界 CO_2 流体萃取过程的操作参数容易控制，工艺流程简单，操作方便，节省劳动力和大量有机溶剂，减少污染。

由于 CO_2 是非极性物质，单纯的超临界流体 CO_2 只能萃取极性较低的亲脂性物质，对于极性较大的亲水性分子及分子量较大的物质萃取效果不够理想。可在非极性超临界流体 CO_2 中加入少量夹带剂（如甲醇、乙醇和丙酮等）以改变溶剂的极性，增强其溶解能力和选择性，大幅度提高中等极性和大分子物质的提取效率。超临界流体 CO_2 的相平衡示意图如图 5-3 所示。

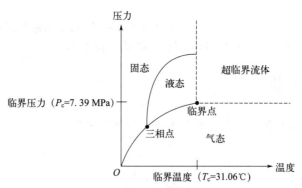

图 5-3　超临界流体 CO_2 的相平衡示意图

三、实验材料与仪器

（一）实验材料

茯苓、无水乙醇、食品级 CO_2、乙醚等。

（二）实验仪器与耗材

HA231-50-06 型 CO_2 超临界流体萃取装置（南通市华安超临界流体萃取有限公司）、粉碎机、标准筛、滤纸、分析天平、二氧化碳钢瓶、紫外可见分光光度计等。

四、实验方法

（一）实验步骤

（1）样品预处理

取干燥的茯苓去除杂质后粉碎，过 40 目筛。用乙醚脱脂，干燥，备用。

（2）茯苓多糖的提取

称取 250g 茯苓粉末，设置不同的超临界 CO_2 流体萃取条件提取多糖，提取物于 50℃下真空减压浓缩，浓缩液加 3 倍体积的无水乙醇，静置过夜，过滤，得到的沉淀经真空干燥后得粗多糖。分别探究萃取温度（40℃、45℃、50℃）、萃取压力（10MPa、15MPa、20MPa）和夹带剂浓度（40%、60%、80%）对多糖得率的影响。

① 使用前检查 CO_2 钢瓶压力，检查水箱水位，查看萃取装置是否有漏气或泄气、电路等安全隐患。

② 开总电源，开制冷机，在夹带剂罐中装入适量乙醇。

③ 按照萃取条件设置萃取釜 II 温度、分离釜 I 温度和分离釜 II 温度，开始加热。等待萃取装置加热到预设温度后逆时针旋开 CO_2 钢瓶，开 CO_2 泵。

④ 关闭进气口 V4 和出气口 V8，打开放空阀 V7，萃取釜压力降为 0 时加样，加到离筒口约 3～5cm 时用干净刷子刷净筒口防止杂质进入。放入滤网，在其下面放一片圆形滤纸，最后用黑色胶圈压缝防止气体泄漏，拧紧萃取釜堵头。

⑤ 关闭放空阀 V7，缓开进气阀 V4，观察压力，放空阀开 3～4s 后关闭然后完全打开出气阀。确保 V1、V2、V11、V13 处于开启状态，V9、V12、V14 处于关闭状态。

⑥ 当萃取釜和分离釜温度达到设置温度，按 CO_2 泵上的"RUN"按钮升压后通过 V10 和调节气压枢纽控制萃取釜压力。观察压力表，当分离釜压力保持不变时，开夹带剂泵，开始计时。

⑦ 到达指定萃取时间后，打开分离釜 I 下的开关，收集提取物并称重。

（3）超临界流体萃取装置的清洗

① 将料筒取出，倒出固体，料筒和滤网用水冲洗后晾干。

② 塞好萃取釜的堵头，在夹带剂罐中装入 500mL 无水乙醇，与上述的提取步骤类似，进行萃取操作。

③ 打开 CO_2 泵，关闭进气口 V4 和出气口 V8，萃取釜压力稳定在 10～15MPa 时开夹带剂泵循环清洗 30min 至流出分离釜 I 的液体澄清为止。

（4）茯苓多糖含量的测定及单糖组成分析

方法见本章第四节。

五、实验结果与分析

① 比较不同条件下超临界 CO_2 萃取茯苓多糖的提取率。

② 结合第四节的实验结果，比较不同提取方法得到的茯苓多糖的单糖组成和比例。

六、注意事项

① 超临界流体萃取装置属大型仪器设备，要在理解原理的基础上严格按照标准操作规程进行实验。

② 萃取过程中，设备处于高压（380V）运行，实验期间学生不得离开操作现场，不得随意拆卸或开关仪表盘后面的管路和管件等，发现问题应及时断电并协同指导老师解决。

③ 若系统发生漏气现象，需及时汇报并进行处理，防止 CO_2 大量泄漏。

④ 实验中应实时监控分离釜内压力，防止其超过系统最高限压。

七、课程作业

① 根据实验结果总结超临界流体萃取的提取率的影响因素。

② 与有机溶剂萃取方法相比，超临界流体萃取有哪些优缺点？

③ 查阅文献并总结超临界流体萃取的应用范围。

第四节
真菌茯苓多糖的单糖组成分析

一、实验目的与学时

① 熟悉茯苓发酵的原理；

② 学习并掌握气相色谱质谱联用仪（GC-MS）的基本原理和使用方法；

③ 掌握多糖提取和含量测定的方法；

④ 建议 4 学时。

二、实验原理

茯苓为多孔菌科真菌茯苓 *Poria cocos*（Schw.）Wolf 的干燥菌核，是我国著名的传统中药材，具有利水渗湿、健脾和宁心的功效。茯苓中多糖成分约占菌核干重的 $70\% \sim 90\%$，其单糖组成以 D-葡萄糖为主，甲基化后水解得到 2,3,6-三-O-甲基-D-葡萄糖。近代药理学研究表明，茯苓多糖具有免疫调节、抗肿瘤、抗氧化、抗炎和抗病毒等活性，在临床治疗、食品药膳以及美容保健等领域具有广泛应用。

茯苓生产有固体栽培和液体发酵两种途径。野生茯苓和人工种植茯苓均属于固体培养，生产周期长且产量低，无法满足日益增长的市场需求。液体发酵培养可以缩短生长周期并增加茯苓多糖的产量。水提醇沉是提取多糖最常用的方法，多糖含量可以用苯酚-硫酸法进行测定。粗多糖在强酸性条件下水解成单糖，并迅速脱水生成糖醛衍生物，与苯酚缩合成棕红色化合物。在一定的浓度范围内，样品在 490nm 处的 OD 值与样品中的含糖量成正比。

气相色谱的流动相为惰性气体，气-固色谱法中以表面积大且具有一定活性的吸附剂作为固定相。当多组分的混合样品进入色谱柱后，由于吸附剂对每个组分的吸附力不同，经过一定时间后，各组分在色谱柱中的运行速度也就不同。吸附力弱的组分容易被解吸下来，最先离开色谱柱进入检测器，而吸附力最强的组分最不容易被解吸下来，最后离开色谱柱。如此，各组分得以在色谱柱中彼此分离，按顺序进入检测器中被检测、记录下来。

质谱分析是一种测量离子质荷比 m/z 的分析方法，其基本原理是使试样中各组分在离子源中发生电离，生成不同质荷比的带正电荷的离子，经加速电场的作用，形成离子束，进入质量分析器。在质量分析器中，再利用电场和磁场使发生相反的速度色散，将它们分别聚焦而得到质谱图，从而确定其质量。图 5-4 为气质联用仪示意图。

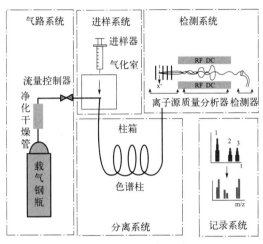

图 5-4　气质联用仪示意图

三、实验材料与仪器

（一）实验材料

茯苓菌种、PDA 固体培养基、液体发酵培养基等。

（二）实验药品

无水乙醇、苯酚、H_2SO_4、蛋白胨、琼脂、KH_2PO_4、$MgSO_4 \cdot 7H_2O$、Na_2SO_4、$NaBH_4$、醋酸、NaOH、葡萄糖、混合单糖标准品、乙酸酐、氯仿、正丁醇、丙酮、乙醚、甲醇、吡啶、三氟乙酸、马铃薯、甲苯等。

（三）实验仪器与耗材

恒温培养箱、高压蒸汽灭菌锅、超净工作台、电热鼓风干燥箱、恒温摇床、离心机、旋转蒸发仪、紫外-可见分光光度计、气相色谱质谱联用仪（Agilent 7890B-5977A）等。

四、实验方法

（一）试剂配制

① 50g/L 苯酚溶液：取苯酚 5.0g，加蒸馏水并定容至 100mL。
② 葡萄糖标准溶液：称取 4.0mg 干燥至恒重的葡萄糖标准品用蒸馏水定容至 100mL。
③ PDA 固体培养基：详见附录Ⅰ。
④ 液体发酵培养基：依次称取 40.0g 葡萄糖、15.0g 蛋白胨、1.0g KH_2PO_4、0.5g Mg-$SO_4 \cdot 7H_2O$ 加入蒸馏水加热溶解后定容至 1L，调 pH 至 5.3，121℃高温湿热灭菌 20min。

（二）实验步骤

（1）发酵菌种的制备

灭菌后的 PDA 培养基在无菌条件下进行倒平板操作，将生长旺盛的茯苓菌块接种到凝固好的固体培养基的中间，置于恒温培养箱中，28℃恒温培养 7d。

（2）发酵培养

平板培养 7d 的菌种，用打孔器（6mm）进行打孔接种，将一定数量的接种琼脂块加入装有液体发酵培养基的锥形瓶中。封口后放置在恒温摇床中 28℃培养 7d，转速为 160r/min。

（3）茯苓胞外多糖的提取

将上述茯苓发酵液 12000r/min 离心 10min 后收集上清液后浓缩至 40mL。用 Sevag 法除蛋白质，加入 8mL 氯仿-正丁醇（4:1，体积比）混合溶液溶解，剧烈振摇 20min，离心除沉淀，重复 3 次。得到的上清液合并后加入 3 倍体积的 95%乙醇，冷藏 8h 后 12000r/min 离心 10min，收集沉淀，60℃低温干燥得茯苓胞外水溶性粗多糖。依次用无水乙醇、丙酮、乙醚洗涤，低温干燥，得茯苓胞外多糖，记录其质量。

（4）苯酚-硫酸法测定茯苓多糖含量

① 标准曲线的绘制：精密吸取葡萄糖标准溶液 0mL、0.2mL、0.4mL、0.6mL、0.8mL 和 1.0mL，置于 10mL 试管中，用蒸馏水准确补水至 1.0mL，分别加入 0.5mL 苯酚溶液，混匀后加入 2.5mL H_2SO_4，再次混匀。室温放置 20min，测 490nm 处的吸光度。以吸光度为纵坐标，糖含量为横坐标作图得标准曲线。

② 茯苓多糖含量的测定：将待测茯苓多糖溶于蒸馏水中，取 1.0mL 茯苓多糖溶液，分别加入 0.5mL 苯酚溶液和 2.5mL H_2SO_4，混匀。置沸水浴中煮沸 20min 后，冷却至室温，测 490nm 处的吸光度。根据标准曲线计算样品中的多糖含量。

（5）茯苓多糖样品的预处理

① 酸水解：向 1.0mg 茯苓多糖样品中加入 1mL 2mol/L 三氟乙酸，在氮气保护下加热至 120℃反应 3h。反应结束后在 40℃下旋转蒸发至干，并加入少量甲醇继续旋转蒸发以除去残留的三氟乙酸。

② 乙酰化：将第一步酸水解的产物溶于 1mL 蒸馏水中，加 6.0mg $NaBH_4$ 进行还原。室温反应 12h 后，加 25%醋酸将 pH 调至 4~5。加入适量甲醇，旋转蒸发至干，将多余的 H_3BO_3 除去。向得到的固体中加入 1mL 混合乙酸酐和吡啶（1:1，体积比），在氮气保护下加热至 100℃反应 1h，冷却至室温。向反应液中加入 1mL 甲苯，旋转蒸发除去过量的乙酸酐，重复多次，得到单糖的乙酰化产物。将乙酰化的单糖溶于氯仿，水洗 3~4 次后用 Na_2SO_4 干燥 12h，取 0.3mL 用 0.22μm 滤膜过滤后用于 GC-MS 分析。

（6）GC-MS 测定茯苓多糖的单糖组成

① 色谱条件：HP-5MS 毛细管柱（30m×250μm×0.25μm），载气为氦气（纯度 99.999%），流速 1mL/min，采用分流的进样模式，分流比 10:1，进样体积为 1μL。溶剂延迟 4min，进样室温度 260℃，初始柱温 120℃，保留时间 3min；以 3℃/min 的速率升至 210℃，保留时间 1min。

② 质谱条件：电离方式 EI，电离电压 70eV，离子源温度为 230℃，接口温度为 280℃，四级杆温度 150℃，离子扫描范围 50~550m/z。

③ 混合单糖标准品（葡萄糖、阿拉伯糖、半乳糖、甘露糖、核糖、木糖）按上述步骤进行酸水解和衍生化后在相同条件下进行 GC-MS 分析。

④ 可根据预实验结果，进一步优化色谱条件，使其达到最佳分离效果。比较各峰的保留时间及峰面积，分析色谱分离条件对结果的影响。

五、实验结果与分析

① 绘制出多糖含量检测的标准曲线，并根据标准曲线计算样品中茯苓多糖的含量。

② 比较标准品和样品的色谱峰和保留时间，并参考相关文献分析总离子流图，用峰面积归一化法计算各单糖的相对含量，确定茯苓多糖的单糖组成及比例。

③ 改变色谱条件，比较不同条件下各峰的保留时间及峰面积，分析色谱分离条件对结果的影响。

六、注意事项

① 接种和发酵过程中要严格进行无菌操作。

② 配制的苯酚溶液需要低温避光保存。

七、课程作业

① 设计提取茯苓发酵液中胞内多糖的流程。

② 查阅文献并总结茯苓多糖的生物活性。

③ 试述影响 GC-MS 分离效果的主要因素。

第五节
超高效液相色谱-质谱法分析
发酵液中的阿维菌素

一、实验目的与学时

① 学习并掌握超高效液相色谱-质谱法（UPLC-MS）的基本原理和使用方法；

② 掌握外标法定量的原理；

③ 建议 6 学时。

二、实验原理

阿维菌素属于大环内酯类化合物，是阿维链霉菌（*Streptomyces avermitilis*）在发酵过程中产生的一类具有相似结构的次生代谢产物，作为一种高效广谱杀虫剂，在蔬菜、水果和谷物生产中应用较广。阿维链霉菌在多种培养基上生长良好，阿维菌素主要存在于发酵后的菌丝体中。碳源、氮源、无机盐、溶解氧、温度和 pH 等因素均会影响阿维菌素的积累。阿维菌素是多组分的，不同菌株在不同发酵条件下，产生的各个组分的比例也不同。在阿维菌素的 8 个组分中，阿维菌素 B1a 和 B1b 的杀虫活性最好。

使用液相色谱时，待检测样品被注入色谱柱，通过压力在固定相中移动，由于待测样品中的物质与固定相的相互作用不同，不同的物质按顺序离开色谱柱，通过检测器得到不同的峰信号，最后通过比较待测样品与标准物质的保留时间来判断待测物所含的物质。但传统的液相色谱法已经无法满足检测的需求，所以将液相色谱与其他检测技术和样品前处理技术联用，目前常见的联用方法有液相色谱-质谱联用法和固相萃取-高效液相色谱联用法等，能够高效地检测各种介质中大环内酯类抗生素的含量。超高效液相色谱系统主要由流动相储液瓶、高压输液泵、进样器、色谱柱、高灵敏度检测器和记录仪组成，图 5-5 所示为高效液相色谱仪的结构。

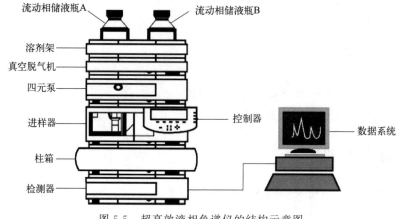

图 5-5   超高效液相色谱仪的结构示意图

三、实验材料与仪器

（1）实验材料

阿维链霉菌、平板和斜面培养基、种子培养基、液体发酵培养基等。

（2）实验药品

无水乙醇、乙酸乙酯、甲醇（色谱纯）、超纯水、阿维菌素标准品、酵母膏、可溶性淀粉、琼脂、麦芽糖、$CoCl_2$、玉米淀粉、黄豆饼粉、花生饼粉、淀粉酶、酵母、$(NH_4)_2SO_4$、钼酸钠、$MnSO_4$、活性炭、乙酸铵、甲酸等。

（3）实验仪器与耗材

超高效液相色谱-四极杆质谱联用仪（分析用 Waters ACQUITY UPLC 色谱系统连接有 Waters Xevo MS 三级串联四极质谱检测器）、恒温摇床、旋转蒸发仪、恒温培养箱、高压蒸汽灭菌锅、超净工作台、离心机等。

四、实验方法

（一）试剂配制

① 固体和斜面培养基：依次称取 4g 酵母膏、4g 可溶性淀粉、20g 琼脂、10g 麦芽糖和 0.05g $CoCl_2$ 加入蒸馏水加热溶解后定容至 1L，调节 pH 至 7.2，121℃高温湿热灭菌 20min。

② 液体种子培养基：依次称取 30g 玉米淀粉、8g 黄豆饼粉、10g 花生饼粉、0.04g 淀粉酶、4g 酵母和 0.03g $CoCl_2$ 加入蒸馏水加热溶解后定容至 1L，调节 pH 至 6.5，121℃高温湿热灭菌 20min。

③ 液体发酵培养基：依次称取 140g 玉米淀粉、28g 黄豆饼粉、10g 酵母、0.02g $CoCl_2$、0.5g $(NH_4)_2SO_4$、0.022g 钼酸钠和 2.3mg $MnSO_4$，加入蒸馏水加热溶解后定容至 1L，调节 pH 至 6.7，121℃高温湿热灭菌 20min。

（二）实验步骤

（1）发酵菌种的制备

用稀释平板法对保存的菌种进行单菌落分离。选取生长良好的单菌落，接种于试管斜面，将涂布好的斜面放置于28℃恒温培养7d。用不锈钢接种铲取1cm×1cm斜面培养基置于40mL液体种子培养基中，摇床转速230r/min，28℃培养30h。

（2）液体发酵培养

按4%～8%的接种量将培养好的种子液接种到装有40mL液体发酵培养基的500mL发酵瓶中，摇床转速230r/min，28℃培养10d。

（3）阿维菌素的提取和分离

将上述发酵液于80℃下加热30min，12000r/min离心10min后收集沉淀。加入3倍体积的乙醇，60℃加热搅拌提取30min。得到的混合溶液进行抽滤，收集滤液，滤饼用乙醇重复提取两次后合并所有滤液。45℃旋转蒸发乙醇，得到棕色油状液体，向其中加入3倍体积的乙酸乙酯，用分液漏斗分离有机相后旋转蒸发除去乙酸乙酯。向得到的油状物中加入适量乙醇至油状物刚好溶解为止。所得溶液放入4℃低温保存，静置过夜析晶。得到的晶体经活性炭脱色和乙醇重结晶纯化后，低温干燥，记录其质量。

（4）　UPLC-MS测定发酵液中阿维菌素的含量

① 色谱条件：ACQUITY UPLC^{TM} BEH C18色谱柱［50mm×2.1mm（内径），1.7μm］；流动相A为甲醇，B相为5mmol/L乙酸铵和0.1%甲酸溶液；梯度洗脱（0～2min，50%～90%A；2～4min，90%A；4～5min 90%～50%A；5～6min，50%A）；流速0.2mL/min；柱温40℃；进样量2μL。

② 质谱条件：电离方式为ESI，毛细管电压为3.0kV；一级锥孔电压为15V；干燥气温度为400℃；氮气流速为800L/h。

③ 标准曲线的绘制：准确称取阿维菌素B1a和B1b标准品适量，用甲醇配制成1mg/mL标准溶液，低温避光保存。用移液管准确移取适量标准溶液，用甲醇稀释成1μg/mL、5μg/mL、10μg/mL、20μg/mL、40μg/mL和80μg/mL，现配现用。阿维菌素B1a的定性和定量（*）离子分别为890.5（305.2*和567.8），阿维菌素B1b的定性和定量（*）离子分别为876.5（291.2、553.5*）。以阿维菌素的浓度为横坐标，峰面积为纵坐标，绘制标准曲线。

④ 样品的测定：取适量发酵液，12000r/min离心后取上清液，用甲醇精确定容至10mL后0.22μm微孔滤膜过滤，取滤液，用上述条件进行UPLC-MS分析。记录阿维菌素B1a和阿维菌素B1b的峰面积，根据标准曲线计算发酵液中阿维菌素的含量。

⑤ 可根据预实验结果，进一步优化色谱条件，使其达到最佳分离效果。比较各峰的保留时间及峰面积，分析色谱分离条件对结果的影响。

⑥ 取不同时间的发酵液，测定其中阿维菌素的含量，探讨发酵液中阿维菌素的积累规律。

五、实验结果与分析

① 绘制出阿维菌素含量检测的标准曲线，并根据标准曲线计算样品中阿维菌素的含量。

② 改变色谱条件，比较不同条件下各峰的保留时间及峰面积，分析色谱分离条件

对结果的影响。

六、注意事项

① 接种和发酵过程中要严格进行无菌操作。

② 液相色谱-质谱联用仪为贵重大型仪器，在理解其工作原理的基础上应严格按照操作规程操作。

七、知识扩展

大环内酯类抗生素是一类常见的在分子结构中具有 12～16 碳内酯环的抗生素。随着抗生素的不断发展，目前科学家发现了 18 元新型大环内酯类抗生素及 24 元大环内酯内酰胺类抗生素等新型抗生素药物。自 1952 年第一个大环内酯类抗生素红霉素 A 应用于临床以来，迄今为止发现的大环内酯类抗生素已超过百种。大环内酯类抗生素常用的检测方法有仪器分析法、免疫色谱法、电化学分析法、微生物检测法和毛细管电泳法等。仪器分析法主要是液相色谱法及其与其他技术联用的检测技术。

八、课程作业

① 总结外标法和内标法定量的区别。

② 影响 LC-MS 分离效果的主要因素有哪些？

③ 如何选择质谱的定性和定量离子？

第六节

利用电子鼻和电子舌分析市售酿造酱油的风味

一、实验目的与学时

① 了解电子鼻和电子舌的工作原理；

② 学习并掌握电子鼻和电子舌的使用及数据分析方法；

③ 建议 3 学时。

二、实验原理

电子鼻是一种用来检测气体的小巧、快捷、高效的检测系统，由 3 部分组成，分别为用来将化学信号转化成电信号的气敏传感阵列、加工处理电信号数据的信号处理系统和判别处理过的数据的模式识别系统。电子舌以多传感阵列为基础，通过采用人工脂膜传感器技术，用多元统计方法对得到的数据进行处理，快速地反映出样品整体的质量信息，实现对样品的识别和分类，主要由味觉传感器阵列、信号采集系统和模式识别系统 3 部分组成（图 5-6）。

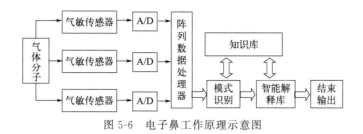

图 5-6　电子鼻工作原理示意图

酱油是中国传统的调味品，是以大豆和/或脱脂大豆、小麦和/或小麦粉和/或麦麸为主要原料，经微生物发酵制成的具有特殊色、香、味的液体调味品。酿造酱油的挥发性成分种类较多，主要包括醇类、醛类、酮类、酚类、酯类和含硫化合物等，其含量受原料、菌种、生产工艺条件及储存技术等影响。国家标准 GB/T 18186—2000《酿造酱油》中对不同发酵方式和不同等级的酿造酱油的感官特性有明确要求。特级发酵酱油应有浓郁的酱香及酯香气，滋味应鲜美、醇厚，鲜、咸、甜适口，正常酿造的酱油不得有酸、苦和涩等异味。酱油的滋味及风味组分在一定程度上能反映其品质的高低。

PEN3 型电子鼻内置 10 个金属氧化气体传感器，每个传感器对应的敏感物质如表 5-5 所示。电子鼻自带的 WinMuster 软件可以进行 PCA（主成分分析）、LDA（线性判别法）、Loadings（负荷加载分析）等分析。SA402B 型电子舌配备 CA0、C00、AE1、CT0、AAE 和 GL1 测试传感器各 1 个及参比电极 2 个，实现了 6 个基本味（酸、苦、涩、咸、鲜和甜）和 3 个回味（后味 A：涩的回味；后味 B：苦的回味；丰度：鲜的回味）的定量分析。

表 5-5　PEN3 型电子鼻传感器敏感物质

阵列序号	传感器	性能描述
1	W1W	对无机硫化物灵敏
2	W1S	对甲基类灵敏
3	W2S	对醇类、醛酮类灵敏
4	W3S	对长链烷烃灵敏
5	W2W	对芳香成分和有机硫化物灵敏
6	W1C	对芳烃化合物灵敏
7	W6S	主要对氢化物有选择性
8	W5C	对烯烃、芳族、极性分子灵敏
9	W3C	对氨类，对芳香成分灵敏
10	W5S	对氮氧化合物灵敏

三、实验材料与仪器

（一）实验材料

市售 6 种高盐稀态酿造酱油样品，样品信息见表 5-6；内部溶液、参比溶液、阴离子溶液和阳离子溶液，均由日本 Insent 公司提供。

表 5-6　6 种市售酱油信息表

序号	标识氨氮	配料表
S1	≥0.8	水、脱脂大豆、黄豆、食用盐、焦糖色、白砂糖、小麦、小麦粉、谷氨酸钠、草菇
S2	≥1.0	水、黄豆、脱脂大豆、小麦、小麦粉、食用盐、谷氨酸钠、白砂糖、酵母抽提物
S3	≥1.0	水、脱脂大豆、小麦、食用盐
S4	≥0.8	水、脱脂青仁黑豆、小麦粉、食用盐、白砂糖
S5	≥1.2	水、黄豆、小麦、食用盐
S6	≥1.1	水、黑豆、食用盐、小麦

（二）实验仪器与耗材

PEN3 便携式电子鼻，德国 Airsense 公司；SA402B 电子舌，日本 Insent 公司；顶空瓶、小烧杯等。

四、实验方法

（一）实验步骤

（1）样品前处理

① 电子鼻的样品处理：分别取 10mL S1~S6 酱油样品于 50mL 顶空瓶中，塞好塞子，盖好瓶盖，常温下静置 2h 后开始检测，每个样品至少重复 3 次。

② 电子舌的样品处理：将 10mL 酱油样品用蒸馏水稀释 10 倍后，分装于带盖玻璃瓶中保存。每个样品至少重复 3 次。

（2）电子鼻的操作流程

① 开机：屏幕出现——Start Sensor，1min 后变成——Stand by。

② 连接：打开 WinMuster 软件，Options（设置选项），SearchDevices（选择电子鼻型号），PEN3。

③ 设置参数：Options，PEN3，Settings，Measurement（设置测试参数），Gap-Flows（设置气流量）。采样时间间隔为 5s/组，传感器自动清洗时间为 120s，传感器归零时间为 5s，进样流量为 500mL/min，试验测试分析时间为 60s。

④ 开始测试：Measurement，Start。观察状态栏里的测试进程倒计时，Connect vial 倒计时提示为 1 时，同时将进样针与补气针插入顶空瓶。

⑤ 停止测试：60s 后，Remove vial 倒计时提示为 1 时，同时拔出进样针与补气针。

⑥ 保存文件，并在 WinMuster 软件中进行数据处理，根据结果分析不同酱油样品的主要风味物质。

（3）电子舌的操作流程

开机完成自检后，按照下述步骤对酸、苦、涩、咸、鲜、甜等 6 个基本味及后味 A、后味 B 和丰度等 3 个回味指标进行测定，测试温度控制在 20℃。

① 将 6 个传感器分别于浸泡液中浸泡 90s，以除去其表面吸附的杂质。CA0、CT0 和 AAE 传感器置于阴离子溶液中，C00、AE1 和 GL1 传感器置于阳离子溶液中。

② 将各传感器在参比溶液 1 和 2 中分别洗涤 120s。

③ 各传感器在参比溶液 3 中稳定 30s，测得参比溶液的电势值 V_r。

④ 各传感器在某酱油样本中稳定 30s，测得样品溶液的电势值 V_s。

⑤ 计算各传感器所对应的 V_s-V_r 值，即酱油样品的酸、苦、涩、咸、鲜和甜味等 6 个基本味感的输出值。

⑥ 将传感器 C00（苦）、AE1（涩）和 AAE（鲜）于参比溶液 4 和 5 中分别洗涤 3s 后，于参比溶液 6 中稳定 30s，测得电势 $V_r{}'$。计算各传感器所对应的 $V_r{}'-V_r$ 值即为酱油样品后味 A（涩的回味）、后味 B（苦的回味）和丰度（鲜的回味）的强度值。

五、实验结果与分析

① 用多元方差分析对各电子鼻传感器和电子舌传感器对不同酱油样品响应值差异进行评价，结果可用表格或雷达图表示。

② 用主成分分析（PCA）和线性判别式分析（LDA）对不同酱油样品的香气和滋味进行分析。

③ 比较电子鼻和电子舌的检测结果与感官评价是否一致。

六、注意事项

① 有些风味物质，如含硫化合物等，会给酱油带来不良气味，造成酱油风味变差，需结合各样品的响应曲线和响应值进行综合分析。

② 每个传感器对应的敏感物质不同，个别传感器响应值可能会较低。

七、知识扩展

常规仪器分析方法，如色谱法、质谱法和离子迁移谱法等，虽然具有高灵敏度和低检出限的优点，但是需要复杂的仪器设备和专业的操作技术，成本较高且不能用于现场监测。感官评价方法则受主观因素影响大且对评价人员专业素质要求较高。通过对动物嗅觉的模仿，电子鼻可以对混合气体或单一化合物进行详细、准确辨别。电子舌则通过模拟人体味觉器官结构及机理对待测样品进行分析、识别和判断。电子鼻和电子舌作为新型分析手段具有客观性强、检测阈低和工作效率高等优点，便于实时检测和快速分析，目前广泛应用于生产过程控制、产品质量控制和环境安全控制等方面，如发酵过程控制、食品生产中添加剂的用量、工业清洗过程的控制、食品的新鲜度和成熟度、包装物的外散气体、风味物质分析、空气中的有机溶剂、泄漏控制、燃烧控制等。

八、课程作业

① 试比较感官评价、常规仪器分析和电子鼻检测分别有哪些优缺点。

② 请思考如何提高电子鼻和电子舌检测的准确度和灵敏度。

第六章
发酵工程综合实验

第一节
搅拌式液态发酵罐生产碱性磷酸酶

一、实验背景与学时

　　碱性磷酸酶是一种非特异性的磷酸酯键水解酶，分布广泛，存在于除高等植物外的几乎所有生物体内，催化水解磷酸单酯生成无机磷酸和相应的醇、酚、糖等，有些时候也可以催化磷酸基团的转移反应。1912 年 Grosser 首先在大肠埃希菌中发现碱性磷酸酯酶，1981 年 Bradshaw 成功克隆了大肠埃希菌的碱性磷酸酶基因，随后相继完成了人胎盘、肝、骨/肾型及小肠型和酿酒酵母等碱性磷酸酶基因的异源表达。1961 年 Schwartz 证实了丝氨酸可能是碱性磷酸酶的重要活性残基，1973 年 Knox 等首先解析了大肠埃希菌碱性磷酸酶的空间结构，2000 年 Stec 阐明了该酶的活性部位和催化反应机制。碱性磷酸酶应用广泛，在医学和分子生物学等领域已成为诊断和监测多种疾病的重要手段；在动物饲养方面反映了成骨细胞活性、骨生成状况和钙、磷代谢的重要生化指标；在生物化学和分子生物学方面用碱性磷酸酶催化除去 DNA 分子的 $5'$ 末端磷酸基团以防止载体自连是基因克隆中的常规手段之一。实验通过比较不同菌株碱性磷酸酶活力，筛选出潜在高产碱性磷酸酶细菌，进一步通过单因素实验和响应面实验优化液态发酵条件，初步建立碱性磷酸酶液态发酵生产工艺。

　　通过实验要求学生掌握细菌分离纯化的基本方法，掌握分光光度法测定碱性磷酸酶活力的基本方法，理解初筛与复筛实验的区别与联系，了解发酵罐的使用方法，掌握液态发酵过程中发酵终点的确认。建议该实验与第六章第二节实验同时进行，以引导学生对比固态发酵与液态发酵的优缺点，思考 2 种主要发酵技术的瓶颈，激发学生对发酵工程的学习兴趣。

　　建议 8 学时。

二、实验材料与仪器

（一）实验菌种

所用菌种为市售碱性磷酸酶细菌。

（二）实验药品

葡萄糖、胰蛋白胨、酵母提取物、NaCl、琼脂、Na_2CO_3、$NaHCO_3$、Na_2HPO_4、$MgSO_4 \cdot 7H_2O$、4-氨基安替比林、二水磷酸苯二钠、对硝基苯磷酸二钠、氯仿、铁氰化钾、EDTA、亚硫酸钠、H_3BO_3、酒石酸钾钠、次甲基蓝、对硝基苯酚、$CuSO_4$、NaOH、亚铁氰化钾、KCl、KH_2PO_4、HCl 等。

（三）实验仪器与耗材

高压蒸汽灭菌锅、超净工作台、分析天平、电炉、台式离心机、超声破碎仪、7L 机械搅拌式发酵罐、电炉、碱式滴定管、烧杯、量筒、三角瓶、培养皿、96 孔板、试管、移液管等。

三、实验方法

（一）试剂配制

① LB 固体培养基：详见附录Ⅰ。
② LB 种子培养基：详见附录Ⅰ的 LB 液体培养基。
③ LB 复筛培养基：详见附录Ⅰ的 LB 液体培养基。
④ 发酵基础培养基：依次称取 $MgSO_4 \cdot 7H_2O$ 0.5g、NaCl 3g、Na_2HPO_4 0.05g，加蒸馏水并定容至 1L，调节 pH 7.0，121℃高温湿热灭菌 20min。
⑤ 4-氨基安替比林的碳酸盐缓冲液（0.1mol/L，pH 10.0）：依次称取 Na_2CO_3 0.64g、$NaHCO_3$ 3.4g、4-氨基安替比林 2.0324g，加蒸馏水并定容至 100mL。
⑥ 0.02mol/L 磷酸苯二钠溶液：称取二水磷酸苯二钠 0.5081g，用 80mL 沸水溶解，冷却后，加入 0.5mL 氯仿，加蒸馏水并定容至 100mL，置 4℃冰箱保存。
⑦ 铁氰化钾溶液：依次称取铁氰化钾 0.25g，H_3BO_3 1.7g，各溶于 40mL 水中，将两种溶液混合后，加蒸馏水并定容至 100mL，置于 4℃冰箱保存。
⑧ 5mmol/L 对硝基苯磷酸二钠溶液（p-NPP）：依次称取对硝基苯磷酸二钠 1.86g，Tris-HCl 15.76g，$MgCl_2$ 0.095g，加蒸馏水并定容至 1L，调 pH 至 10。
⑨ 0.25mol/L NaOH 溶液：称取 NaOH 10g、加蒸馏水并定容至 1L，121℃高温湿热灭菌 20min，室温保存。
⑩ 磷酸盐缓冲液（PBS）：详见附录Ⅱ。
⑪ 0.1%标准葡萄糖溶液：依次称取 1.0000g 无水葡萄糖（预先于 100～105℃烘干），用少量水溶解，加 5mL 浓盐酸，加蒸馏水并定容至 1L。

（二）实验步骤

（1）菌株活化
取实验室保藏菌种，划线接种于 LB 固体平板，37℃培养 24～48h。

（2）菌种初筛
将 4-氨基安替比林的碳酸盐缓冲液（0.1mol/L，pH 10.0）50μL 点样于微孔板中（对照孔加量为 55μL），用灭菌牙签取阴性对照菌株、阳性对照菌株及待测菌株等量菌苔与缓冲液充分混匀，于37℃水浴5min。再加入已预热的0.02mol/L磷酸苯二钠溶液50μL，37℃反应15min。加入铁氰化钾溶液150μL，显色并终止反应。重复两次（板），以红色变化初筛磷酸酶产生菌。

（3）菌种复筛

① 配制种子培养基，分装于250mL三角瓶，每瓶30mL，共3瓶，121℃高温湿热灭菌20min。

② 无菌条件下，从保藏平板上挑取一环菌苔，接入上述种子培养基中，37℃，150r/min振荡培养6~12h。

③ 配制复筛培养基，分装于250mL三角瓶，每瓶30mL，共3瓶，121℃高温湿热灭菌20min，以10%的接种量，将种子液接种于复筛培养基中，37℃，150r/min振荡培养24h。

④ 发酵结束后取发酵液，12000r/min离心15min，取上清液测定胞外粗酶液的酶活力。

⑤ 取发酵液5mL，12000r/min离心15min，弃上清液；细胞沉淀加入500μL PBS洗涤一次，12000r/min离心15min，弃上清液；再加入500μL PBS制备成细胞悬液；冰水浴超声波粉碎细胞（超声处理3s，间隔3s，共处理15min）；12000r/min离心15min，收集上清液，测定胞内粗酶液的酶活力。

⑥ 对硝基苯酚法测定磷酸酶活力。对硝基苯磷酸二钠标准曲线绘制，吸取标准对硝基苯磷酸二钠溶液0mL、1mL、2mL、3mL、4mL、5mL，补充蒸馏水至5mL，后加入3mL 0.25mol/L NaOH，终止反应，静置10min，上清液405nm测定OD值。依次加入1mL 0.1mol/L 4-氨基安替比林的碳酸盐缓冲液、1mL 5mmol/L对硝基苯磷酸二钠溶液、1mL胞内或胞外粗酶液、2mL蒸馏水，充分混匀后，于37℃反应60min，后加入3mL 0.25mol/L NaOH，终止反应，静置10min，上清液405nm测定OD值。磷酸酶酶活力单位定义为，37℃，1min水解对硝基苯磷酸二钠溶液，生成1μmol对硝基苯酚所需的酶量。

（4）发酵条件优化

围绕发酵基础培养基，依次从碳源（葡萄糖、木糖、甘油和淀粉等）、氮源[蛋白胨、酵母膏、豆粕、黄豆粉、$(NH_4)_2SO_4$和$NaNO_3$等]种类及其浓度，初始pH值，$CuSO_4$浓度等进行单因素实验，确认液体发酵培养基组成。在此基础上，进行正交或响应面实验优化，确认发酵条件。

（5）7L机械搅拌式发酵罐实验

① 根据前述初筛、复筛和发酵条件优化实验结果，确认最适菌种和发酵条件。

② 发酵罐空消。在发酵罐中装上pH电极孔、DO（溶氧）电极孔、三针补料口的堵头等（图6-1）。将进气口、取样口、补料口等连接各胶管弯曲并用专用夹夹紧，尾气过滤瓶安装于瓶架上，且敞开，盖上灭菌罩，拧紧固定螺丝，插上测温电极，完成程序设置并运行，121℃高温湿热灭菌60min，操作时应密切注意灭菌罩上的压力表指示和控制箱上的温度指示，保证压力不超过0.2MPa，温度不超过130℃。灭菌结束后，关闭蒸汽系统，自然冷却至读数显示常温、常压状态，取下灭菌罩，空消完成。

③ 发酵罐实消。同前述做好准备工作，装上已校正好的pH、DO电极并旋上保护盖（或者用牛皮纸包扎也可以），以防止灭菌时电极被蒸汽弄潮而损坏。配制最优液体发酵培养基3.5L，装入发酵罐，盖上灭菌罩，拧紧固定螺丝插上测温电极，完成程

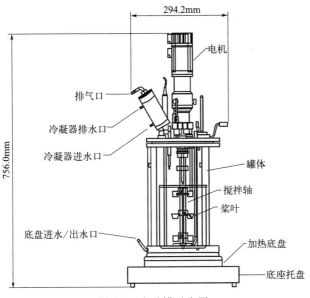

图 6-1 发酵罐示意图

序设置并运行，121℃高温湿热灭菌 30min，操作时应密切注意灭菌罩上的压力表指示和控制箱上的温度指示，保证压力不超过 0.2MPa，温度不超过 130℃。灭菌结束后，关闭蒸汽系统，自然冷却至读数显示常温、常压状态，取下灭菌罩，实消完成。实消完成后，连接空气压缩机与发酵罐的进气端，然后松开进气、尾气口胶管夹头，打开空压机，通入无菌空气，保证罐内不处于正压状态。发酵罐内空气压力必须小于 0.1MPa。接通电源，连接 DO 电极、测温电极、泡沫电极、pH 电极和电机的插头，补料瓶的输液胶管安装在对应蠕动泵上，然后松开补料口胶管夹头。开机，设置参数，确保发酵罐正常运行。

④ 发酵罐电极校正。pH 电极的校正，校正时，温度补偿是自动的，校正温度应选择发酵液工作温度附近。将温度电极和 pH 电极一同插入中性标准溶液（pH＝6.86），调整零位 ZERO，使屏幕上 pH 指示值接近 6.86；再将 pH 计和温度电极一起插入标准的酸性溶液（pH＝4.0），调整斜率 SLOPE，使 pH 指示接近 4.0，再重复上述过程 1～2 次，使 pH 指示达到标准溶液的 pH 值即可。将 DO 电极放入亚硫酸钠饱和溶液，调整零位 ZERO，使 DO 指示接近于 0，最好为 1%～2%；然后将溶氧电极取出，以湿度饱和的空气作为 100%溶氧量来标定，调整斜率 SLOPE 使 DO 达到 100%；重复 1～2 次。

⑤ 接种。如前所述制备发酵种液 175mL，酒精盘内放入无水酒精或酒精棉，点燃后放于接种口，适当加大通气量或减小尾气流量；打开接种盖，将其放入干净灭菌纱布中；将菌种瓶口放在火焰上烧一下，并在火焰上拔下瓶塞将菌种倒入发酵罐；将接种盖放在火焰上烧一下，盖上接种盖；按照发酵工艺要求恢复罐压和通气量。

⑥ 发酵。根据发酵条件优化结果，设定最适发酵温度、pH 值，开始发酵，其间学生根据 DO 读数变化，手动调整气体流速和搅拌轴速度，以保证 DO 维持在 30%以上。

⑦ 取样。发酵过程每隔 2h 取样一次，依次测定菌体 OD 值，发酵液还原糖含量，胞外和胞内酶活力，并记录发酵液 pH 值变化。采样如图 6-2 所示。夹紧尾气胶管，使罐内适当增压，但罐压不得大于 0.10MPa；把无菌取样瓶置于酒精焰上，松开取样软管上的夹子，放去少量培养液后，拔去无菌取样瓶的瓶塞对准取样软管的管口，取样

后，再夹紧取样软管上的夹子，盖上取样瓶盖。

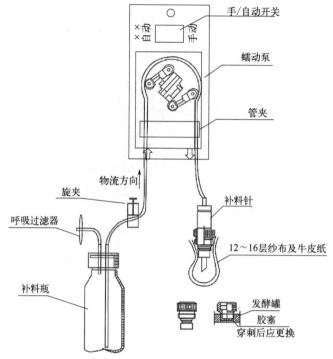

图 6-2　采样示意图

⑧ 发酵液菌体 OD 值测定。取发酵液约 5mL，以未接种的培养基为空白对照，600nm 波长条件下，测定样品吸光度，平行测定 3 次，取平均值。以培养时间为横坐标，吸光度为纵坐标，绘制生长曲线。

⑨ 斐林试剂法测定还原糖。甲、乙液混合时，$CuSO_4$ 与 $NaOH$ 反应，生成氢氧化铜沉淀，生成的氢氧化铜沉淀在酒石酸钾钠溶液中因形成络合物而溶解。其中的二价铜是氧化剂，与还原糖反应，而生成红色氧化亚铁沉淀，反应终点由蓝色转为浅黄色。斐林试剂的标定，吸取斐林试剂甲、乙液各 5mL，加入 250mL 三角瓶中，加 1mL 水，从滴定管中预先加入约 20mL 0.1% 标准葡萄糖溶液（其量控制在后滴定时消耗 0.1% 标准葡萄糖溶液 1mL 以内），摇匀；于电炉上加热至沸，在沸腾状态下立即以每 2s 1 滴的速度加入 0.1% 标准葡萄糖溶液，至蓝色刚好消失为终点，平行操作 3 次，记录前后滴定的总耗糖量。定糖，吸取斐林试剂甲、乙液各 5mL，加入 250mL 三角瓶中，加入 1mL 适当稀释的发酵液及适量的 0.1% 标准葡萄糖溶液，摇匀；于电炉上加热至沸，在沸腾状态下立即以每 2s 1 滴的速度加入 0.1% 标准葡萄糖溶液，至蓝色刚好消失为终点，平行操作 3 次，记录前后滴定的总耗糖量。计算还原糖含量。

⑩ 当发酵液中的还原糖浓度不再显著下降、菌体 OD 值在显著增加时，或通过手动调整气体流速和搅拌轴速度，仍无法使 DO 读数维持在 30% 以上时发酵结束。

四、注意事项

① 进行发酵罐发酵实验时，拔下的连接插头不可互相缠绕接触，不可与罐体接触，不可受潮，应放在干燥的机箱上。

② 斐林试剂法测定还原糖时，酒石酸钾钠铜络合物长期在碱性条件下会发生分解，应注意颜色为瞬间变化；斐林试剂甲、乙液应分别贮存，取样时避免移液管混用。

五、课程作业

① 斐林试剂法测定还原糖时，如果 0.1%（质量分数）标准葡萄糖溶液的葡萄糖没有烘干，所测结果与真实值相比将会怎样？

② 发酵过程中观察到 pH 值迅速降低时，应采取什么措施，并解释原因。

③ 参考发酵罐使用方法，完成补料发酵实验。

第二节
搅拌式液态发酵罐生产柠檬酸

一、实验背景与学时

柠檬酸于 1784 年首次分离得到，是一种有机弱酸，无色的白色结晶粉末，几乎没有气味，易溶于水、乙醇，少量溶于醚，是目前发酵工业中产量最大的有机酸。1826年，英国科学家首先从柠檬中提取柠檬酸，开始了柠檬酸的商业化生产；1880 年 Grimoux和 Adam 以甘油为起始原料，采用化学法化学合成柠檬酸；随着第一次世界大战的进行，微生物发酵生产柠檬酸逐渐受到重视，与化学合成相比，微生物发酵具有极强的经济竞争力，成为柠檬酸工业生产的主流形式。柠檬酸是所有需氧生物柠檬酸循环的中间产物，随着三羧酸循环的解译，生命体中柠檬酸的生成过程也被人们所了解。作为好氧生物的核心产能、代谢循环，三羧酸循环存在于所有好氧生物体内。真菌、细菌、酵母等许多微生物产生柠檬酸，而研究最多的微生物是黑曲霉。与其他微生物相比，黑曲霉具有利用底物范围广、可利用各种廉价的农业工业原料、糖酵解通量容易控制和调节、菌体操作简便、代谢产物易于分离，且对极端酸具有强大的耐受性等优点，一直是商业生产的首选微生物。随着全球市场对柠檬酸的需求不断增加，发展出了以寻找和开发潜在的通过基因组操作实现柠檬酸过量生产的菌株，称为黑曲霉代谢工程。另一方面柠檬酸工业生产过程具有高度的复杂性和敏感性，微生物、原料、发酵工艺、生物反应器和工艺参数等是影响柠檬酸产生的重要因素。柠檬酸应用广泛，医药领域，可与碳酸盐和碳酸氢盐结合，在抗酸剂和可溶性阿司匹林中产生泡腾作用，果汁中的钾和柠檬酸，通过与尿钙结合来防止结石形成；洗涤剂行业中领域，柠檬酸能够螯合 Ca^{2+} 和 Mg^{2+}等金属离子，发挥软化水源、清除放射性核素污染和重金属土壤污染等生物修复的作用。

本实验通过活化黑曲霉孢子，优化柠檬酸发酵条件，并且进行 7L 发酵罐发酵实验，使学生掌握丝状真菌工业液态发酵的基本操作与实验原理，学习真菌孢子活化方法，掌握柠檬酸发酵工艺优化的基本过程，了解黑曲霉发酵柠檬酸的基本原理及强化策略。引导学生了解丝状真菌液态发酵基本过程，思考以搅拌式发酵罐纯培养好氧丝状真菌的瓶颈。

建议 6 学时。

二、实验材料与仪器

(一) 实验菌种

所用菌种为黑曲霉 (*Aspergillus niger*)。

(二) 实验药品

马铃薯、$Ca(OH)_2$、NaOH、$(NH_4)_2SO_4$、葡萄糖、木糖、乳糖、麦芽糖、蔗糖、玉米粉、麸皮、琼脂、玉米芯、玉米浆 (48E、48K、95E、95K)、糖化酶、普鲁兰酶、复合酶、KH_2PO_4、$MgSO_4 \cdot 7H_2O$ 等。

(三) 实验仪器与耗材

超净工作台、分析天平、pH 计、电热恒温鼓风干燥箱、超低温冰箱、显微镜、高压蒸汽灭菌锅、生物传感分析仪 SBA-40C、电热恒温培养箱、7L 机械搅拌式发酵罐、移液枪、枪头、锥形瓶、烧杯、量筒、培养皿、茄子瓶、试管、血细胞计数板、封口透气膜等。

三、实验方法

(一) 试剂配制

① PDA 固体培养基：详见附录 I。

② 麸皮固体培养基：称取麸皮 10.0g 放入 250mL 锥形瓶，加蒸馏水 12mL，自然 pH，121℃高温湿热灭菌 45min，将麸皮抖散，冷却至室温备用。

③ 大麸曲固体培养基：称取玉米芯 10g，放入 250mL 锥形瓶，加蒸馏水 18mL，自然 pH，121℃高温湿热灭菌 45min，将大麸曲抖散，冷却至室温备用。

④ 玉米液化清液：称取玉米粉 290g，加蒸馏水 1L，加入饱和 $Ca(OH)_2$，调 pH 至 6.0～6.1，加糖化酶 0.1mL，95℃恒温水浴振荡液化反应 1h，95℃静置 0.5h，碘试纸检测显淡黄色即为终点。加蒸馏水并定容至 1L，充分混匀，纱布过滤后即为玉米液化清液。

⑤ $(NH_4)_2SO_4$ 固体斜面培养基：取玉米液化清液，加入 $(NH_4)_2SO_4$，加蒸馏水并定容至 1L，调控总糖含量为 10%（质量分数）、总氮含量为 0.2%（质量分数），琼脂 20g，加热溶解，分于茄子瓶，每瓶 50mL，121℃高温湿热灭菌 20min。

⑥ 玉米混液固体斜面培养基：取玉米液化清液，加蒸馏水并定容至 1L，调控总糖含量为 10%（质量分数）、总氮含量为 0.2%（质量分数），琼脂 20g，加热溶解，分装于茄子瓶，每瓶 50mL，121℃高温湿热灭菌 20min。

⑦ 种子培养基：取玉米液化清液，以玉米混液为氮源，加蒸馏水并定容至 1L，调控总糖含量为 10%（质量分数）、总氮含量为 0.2%（质量分数），分装于 250mL 锥形瓶，每瓶 45mL，121℃高温湿热灭菌 20min。

⑧ 产酸液体培养基：称取玉米粉 1.6g 放入 250mL 锥形瓶，加入玉米液化清液 39mL，加蒸馏水 5mL，加淀粉糖化酶，121℃高温湿热灭菌 20min。

⑨ 发酵培养基：取玉米清液和玉米混液，加入蒸馏水，调控总糖含量为 15％（质量分数）、总氮含量为 0.08％（质量分数）。

（二）实验步骤

（1）菌种活化

① 从甘油管中吸取黑曲霉孢子悬液 0.1mL，涂布于 PDA 固体斜面培养基，35℃恒温培养箱培养 5～7d，观察培养基表面形成孢子纯黑、质地紧密的孢子层。

② 适量刮取斜面孢子，接种于麸皮固体培养基，透气膜封口，轻轻抖动，使孢子均匀散附于麸皮表面，35℃恒温培养箱培养 5～7d，观察麸皮培养基表面形成孢子纯黑、质地紧密的孢子层。

（2）条件优化

① 种子制备：35℃、300r/min，恒温摇床培养 24h。

② 产酸发酵 35℃、300r/min，恒温摇床培养 72h。

③ 氮源优化实验：选取不同的无机、有机氮源替代玉米混液，分为完全替代（0.2％）和部分替代（0.16％的氮由玉米混液提供，0.04％的氮由其他氮源提供）。

（3）7L 机械搅拌式发酵罐实验

7L 发酵罐的装液量为 2.8L，温度为 37℃，通气量为 2.5L/min，转速为 500r/min。发酵期间流加 200mL 20％的葡萄糖溶液。

（4）发酵检测

① 还原糖测定：斐林法测定还原糖和总糖。

② 总氮测定：凯氏定氮法测定氮含量。

③ 酸度测定：酸碱滴定法。

④ 孢子计数：取孢子液经适当稀释后，加入血细胞计数板，40 倍显微镜下数左上、右上、中、左下、右下五个格子孢子总数，按式（6-1）计算。

$$c = \frac{n}{5 \times 25 \times m \times 1000} \tag{6-1}$$

式中，c 为孢子液浓度，个/mL；n 为 5 个血细胞计数板小格孢子数总和；m 为孢子液稀释倍数；5 为血细胞计数板的 5 个小格；25 为血细胞计数板总共有 25 个小格；1000 为转换数。

四、注意事项

① 孢子计数时应选择 5 个以上的视野，操作需要适当快一些。

② 发酵后期罐内不能超过安全阈值，搅拌速度过快会导致真菌菌丝受损。

五、课程作业

① 柠檬酸发酵前为什么需要进行玉米液化处理？

② 丝状真菌液态发酵过程中，如果溶氧量显著降低，可以采取哪些强化策略？

③ 反映柠檬酸发酵终点的指标有哪些？

第三节
浅盘固态发酵生产漆酶

一、实验背景与学时

自然界的木材腐朽、野果腐烂等都属于广义的固态发酵。固态发酵起源于中国，有着悠久的历史。古代劳动人民应用固态发酵技术生产白酒、奶酪、食醋、酱油、红茶等。此外，固态发酵技术在中国传统中药炮制方面同样发挥重要作用，如神曲、淡豆豉等。工业革命以来，特别是液态发酵在抗生素生产方面的广泛应用，使液态发酵成为当前的主流技术。但固态发酵的环境与微生物所处自然环境相似，更适于微生物生长，微生物与氧气直接相接触，代谢活跃，产物产量更高；发酵基质分布广泛，价格较低；发酵中没有自由水，因而整个过程清洁无污染；且发酵产品得率高，浓度高，易于下游处理操作；反应器体积小，投资成本低。特别是随着人类节能、环保意识逐渐增强，液态发酵高耗水、高污染的问题逐渐显现出来，人类再次将注意力转移到固态发酵。

漆酶（laccase，EC 1.10.3.2）是一种含铜的多酚氧化酶，是蓝色多铜氧化酶家族的重要成员。漆酶可以利用铜离子氧化催化多酚、多氨基苯等物质，使之生成相应的苯醌，同时将氧分子还原生成水。漆酶是人类研究最早的氧化还原酶之一，已有上百年的研究历史，应用广泛，在食品工业方面，如除去啤酒、果汁中的酚类物质，改变产品色泽和提高质量，在油类和含油制品中防止产品氧化；在造纸方面，选择性地降解木质素生产纸浆，纸浆漂白，造纸废水脱氯处理；在染料脱色降解方面，包括氮类染料、蒽醌染料、金属染料等的脱色降解；在农药降解方面，如对五氯苯酚等的降解。

实验通过比较市售常见食用真菌产漆酶的不同，筛选出潜在高产漆酶真菌，进一步通过单因素实验和响应面实验优化固态发酵条件，初步建立漆酶固态发酵生产工艺。通过实验要求学生掌握真菌分离纯化的基本方法，掌握分光光度法测定漆酶活力的基本方法，理解初筛与复筛实验的区别与联系，了解固态基质制备的方法，了解固态基质粒径变化对发酵效率的影响。建议该实验与第六章第一节实验同时进行，以引导学生对比固态发酵与液态发酵的优缺点，思考 2 种主要发酵技术的瓶颈，激发学生对发酵工程的学习兴趣。

建议 12 学时。

二、实验材料与仪器

（一）实验菌种

市售新鲜的香菇（*Lentinus edodes*）、金针菇（*Flammulina velutiper*）、平菇（*Pleurotus ostreatus*）和杏鲍菇（*Pleurotus eryngii*）等食用真菌若干种。

（二）实验药品

稻草、琼脂、葡萄糖、愈创木酚、ABTS、KH_2PO_4、$MgSO_4 \cdot 7H_2O$、

Na_2HPO_4、NaH_2PO_4、$CuSO_4 \cdot 5H_2O$、NaCl、三氯乙酸、马铃薯、蛋白胨等。

（三）实验仪器与耗材

超净工作台、分析天平、pH计、电磁炉、灭菌锅、电热恒温培养箱、恒温振荡水浴摇床、离心机、可见分光光度计、数显游标卡尺、移液枪、枪头、锥形瓶、烧杯、量筒、培养皿、试管、封口透气膜和菌落打孔器（7mm）等。

三、实验方法

（一）试剂配制

① PDA固体培养基：详见附录Ⅰ。

② 愈创木酚PDA固体培养基：PDA固体平板培养基1L，愈创木酚0.4g。

③ 液体基础培养基：依次称取葡萄糖5g，蛋白胨10g，$CuSO_4 \cdot 5H_2O$ 1g，NaCl 0.2g，KH_2PO_4 3g，$MgSO_4 \cdot 7H_2O$ 1.5g，加蒸馏水并定容至1L，调节pH至5。

④ 固态发酵培养基：称取稻草（1～1.5cm）5g，放入250mL锥形瓶中，121℃灭菌20min，室温冷却后，过夜；加入液态基础培养基15mL，121℃高温湿热灭菌30min。

⑤ 50mmol/L的磷酸钠缓冲液：依次称取 Na_2HPO_4 7.1g 和 NaH_2PO_4 6g，分别加蒸馏水并定容至1L，两种溶液彼此调节pH值至4.0和6.0。

⑥ 20mmol/L ABTS溶液：依次称取ABTS 1.098g，加入50mmol/L的磷酸钠缓冲液并定容至100mL。

⑦ 0.4mol/L三氯乙酸溶液：称取三氯乙酸6.54g，加蒸馏水并定容至100mL。

（二）实验步骤

（1）菌种分离

无菌条件下，选取形态完整的菌体，用无菌生理盐水冲洗，刀片切掉菌体表面，镊子夹取内部菌丝块，放入PDA固体平板中间，轻压菌丝块，28℃恒温培养，观察菌丝形态，接种针挑取边缘菌丝，接种于PDA固体平板，反复接种培养进行纯化，待菌落长到培养皿面积的三分之二时（4～7d），置于4℃冰箱保存备用。

（2）菌种初筛

无菌条件下，用打孔器（7mm）沿菌落边缘制取圆形菌饼，取菌块1个，接种于愈创木酚PDA固体培养基，28℃恒温培养，3个重复，每天观察菌丝形态及菌落周围红棕色显色圈变化情况，待菌落长到培养皿面积的三分之二时（4～7d），用游标卡尺测量菌落直径和显色圈直径，根据式(6-2)判断菌株产漆酶的能力。

$$F = \frac{R}{r} \tag{6-2}$$

式中，R 为菌落直径，mm；r 为显色圈直径，mm。

（3）菌种复筛

选择漆酶产量较高的真菌2～3株，根据初筛结果，选取潜在高产漆酶真菌，用打孔器（7mm）沿菌落边缘制取圆形菌饼，取菌块5个，接种于固态发酵培养基，28℃恒温培养，3个重复，每天观察菌丝形态，待菌丝完全覆盖固态基质时发酵结束（7～12d）。

（4）发酵条件优化

围绕液体基础培养基，以碳源（葡萄糖、木糖、甘油和淀粉等）、氮源[蛋白胨、酵母膏、豆粕、黄豆粉、$(NH_4)_2SO_4$ 和 $NaNO_3$ 等]种类及其浓度，初始 pH 值，$CuSO_4$ 浓度等进行单因素实验，优化液体基础培养基。在此基础上，参考正交或响应面实验优化。

（5）漆酶提取与活力测定

发酵结束后，取出发酵基质 2～3g，记录质量 m_1，加入 40mL 50mmol/L 的磷酸钠缓冲液（pH＝6），25℃恒温振荡 3h，将提取液 8000r/min 离心 10min，上清液即为粗酶液。取出发酵基质 2～3g，记录质量 m_2，烘干至恒重，记录质量 m_3。依次在比色皿中加入适当稀释后的粗酶液 0.1mL，加入 50mmol/L 的磷酸钠缓冲液（pH＝4）2.8mL，20mmol/L ABTS 溶液 0.1mL，充分混匀后置于 40℃恒温水浴锅中反应 1min，加入 0.4mol/L 的三氯乙酸溶液 0.5mL 终止反应。蒸馏水代替粗酶液，其余条件一致作为空白对照，分光光度计 420nm 波长下，测定吸光度。漆酶酶活力单位定义为每分钟氧化 $1\mu mol$ 底物转化为产物所需的酶量，即 1IU。根据式（6-3）、式（6-4）和式（6-5）计算漆酶活力。

$$U_1 = \frac{10^6 \times V_1 \times \Delta A}{V_2 \times \varepsilon \times \Delta t \times l} \tag{6-3}$$

$$w = \frac{m_3}{m_2} \times 100 \tag{6-4}$$

$$U_2 = \frac{U_1 \times V}{m_1 \times w} \tag{6-5}$$

式中，U_1 为提取液酶活力，U/mL；U_2 为固态发酵体系中酶活力，U/g；V 为测定酶活时加入的提取液体积；w 为固态发酵体系中固形物含量，%；V_1 为测定体系总体积，mL；V_2 为测定体系中加入的粗酶液体积，mL；ΔA 代表在 Δt 时间内吸光值的变化；Δt 为测定反应时间，s；l 表示比色皿内径，cm；ε 表示底物摩尔消光系数，$36 \times 10^3 \mu mol/(L \cdot cm)$。

四、注意事项

① 必要时可对菌丝体进行镜检，避免细菌污染。
② ABTS 溶液现用现配、避光保存，且避免接触氧化剂。
③ 固态发酵时，锥形瓶瓶口应封紧，避免水分散失。

五、课程作业

① 根据单因素实验结果，设计出完整的正交或响应面实验步骤，完成条件优化实验，并绘制菌体产酶曲线。结合第六章第一节实验，设计液态发酵，并考察 pH 值变化与漆酶产量的关系，比较固态发酵和液态发酵体系中 pH 值对漆酶产量的影响，并解释原因。

② 以不同粒径稻草（<0.5cm、1～1.5cm、1.5～2.5cm、>2.5cm 等）为固态基质，考察粒径变化与漆酶产量的关系，并解释原因。

③ 设计一个实验，考察不同含水量的条件下，漆酶产量变化，并且思考水分损失对固态发酵的影响，以及解决措施。

第四节
产漆酶乳酸乳球菌的构建及青贮实验

一、实验背景与学时

　　青贮是制备反刍动物饲料的重要方式之一，应用历史悠久，已有 3000 多年，目前建立现代化的青贮体系已经成为各国政府和企业发展现代畜牧养殖业的重要方面。青贮是以乳酸菌为优势菌种的自然或部分人工控制的发酵过程，青贮可以减少饲料存储阶段的营养损失，改善适口性提高家畜采食率，降低肠道 pH，调节动物肠道菌群，抑制有害菌生长，改善舍饲环境。目前青贮的研究重点围绕青贮原料、添加剂和反应器三方面展开，包括木质纤维素原料、营养均衡利用、原料预处理，青贮微生物添加剂、化学添加剂、酶添加剂的研制与开发，青贮反应器、新型青贮袋等。认知、筛选、改造区域适应性的乳酸菌，开发乳酸菌与（或）非乳酸菌的复合功能菌剂，建立基于多学科交叉、多技术集成的青贮新工艺，是实现青贮产业化、规模化、标准化和集约化发展的基础。

　　乳酸菌研究历史悠久，1857 年法国学者巴斯德首次发现了乳酸菌，1882 年俄国学者梅契尼科夫发现了高加索乳杆菌，并认为其可能有益于人体健康，1899 年法国学者 Tissier 发现了双歧杆菌。目前乳酸菌分为 11 个属，每属含上百株菌株，常见包括嗜酸乳杆菌、干酪乳杆菌、双歧杆菌属。乳酸菌分布广泛，肉、乳和蔬菜，畜、禽等哺乳动物口腔、肠道等环境中均有乳酸菌的存在。乳酸菌可发酵碳水化合物生产乳酸。乳酸菌广泛应用于食品发酵、延长食品保质期、改善食品风味等；也有研究证实乳酸菌能够合成、分泌多种消化酶，可将食物大分子转化为小分子，促进胃肠道蠕动、吸收，降低肠道 pH，改善肠道微环境，平衡肠道菌群，抑制有害致病菌生长，也有研究证实乳酸菌能够调节胆固醇的吸收与转运、加速胆固醇的分解代谢和抑制胆固醇的体内合成；此外，随着基因工程技术的发展，乳酸菌也成为一种工程菌株，如 Le-loir 构建了食品级的乳酸菌克隆表达系统。食品级基因表达载体要求不含任何抗性基因，对人、动物和环境安全。目前，常用于乳酸菌的食品级表达载体为 pNZ 系列。本实验期望将枯草芽孢杆菌漆酶基因在食品级乳酸乳球菌 NZ9000 中异源表达，构建、筛选出一株具有分泌漆酶能力的重组乳酸乳球菌，利用重组乳酸乳球菌进行青贮实验。

　　通过实验要求学生掌握兼性厌氧菌的纯培养方法，理解外泌蛋白异源表达时基因的设计与质粒的选择，掌握电转法转化质粒 DNA 至革兰氏阳性菌乳酸乳球菌的原理和操作技术，了解秸秆青贮的基本工艺，掌握高效液相法测定小分子有机酸的基本方法，FTIR 法表征秸秆化学基团变化。引导学生对比好氧固态发酵与厌氧固态发酵的异同点，思考氧气对厌氧固态发酵的不利影响及预防措施。

　　建议 10 学时。

二、实验材料与仪器

（一）实验菌种

乳酸乳球菌 NZ9000（*Lactococcus lactis*）。

（二）实验药品

玉米秸秆、*E. coli* DH5α、克隆载体 pUC57-Simple、QuickCut *Xma* I、QuickCut *Hind* III、质粒小提试剂盒、Easy *Taq* DNA 聚合酶、T4 DNA 连接酶、DNA 限制性内切酶、DNA 标记、DNA 胶回收试剂盒、Tris 碱、壮观霉素（Spe）、氨苄西林（Amp）、卡那霉素（Km）、细菌基因组 DNA 提取试剂盒、胰蛋白胨、酵母提取物、牛肉膏、EDTA、十二烷基硫酸钠（SDS）、三羟甲基氨基甲烷（Tris-base）、Tris、NaOH、核酸染料、pMG36e 表达载体、溶菌酶、ddH$_2$O、红霉素、胰蛋白胨、酵母提取物、NaCl、琼脂、甘氨酸、M17 肉汤、葡萄糖、MgCl$_2$、CaCl$_2$、玉米淀粉、尿素、CaCO$_3$、蔗糖、甘油、CuSO$_4$ 等。

（三）实验仪器与耗材

超净工作台、分析天平、pH 计、电磁炉、高压蒸汽灭菌锅、电热恒温培养箱、恒温振荡水浴摇床、高速冷冻离心机、可见分光光度计、电热恒温鼓风干燥箱、电热恒温水浴锅、涡旋振荡器、多功能 PCR 仪、电泳仪、电泳槽、凝胶成像仪、电转仪、移液枪、枪头、锥形瓶、烧杯、量筒、培养皿、试管、封口透气膜、电转杯、DNA 浓度检测仪等。

三、实验方法

（一）试剂配制

① LB 固体、液体培养基：详见附录 I。

② GM17 液体培养基：详见附录 I。

③ GM17 固体培养基：详见附录 I。

④ GSGM17 液体培养基：详见附录 I。

⑤ SGM17MC 液体培养基：详见附录 I。

⑥ 重组乳酸乳球菌液体培养基：依次称取玉米淀粉 10g、尿素 40g、CaCO$_3$2g，加蒸馏水并定容至 1L，pH 自然，121℃高温湿热灭菌 20min。

⑦ 电转缓冲液 I：依次称取蔗糖 162g、甘油 100g，加蒸馏水并定容至 1L，121℃高温湿热灭菌 20min，4℃保存。

⑧ 电转缓冲液 II：依次称取蔗糖 162g，甘油 100g，EDTA 14.6g，加蒸馏水并定容至 1L，121℃高温湿热灭菌 20min，4℃保存。

⑨ 含抗生素的培养基：采用过滤除菌的方式加入已灭菌且冷却的培养基中。

（二）实验步骤

（1）漆酶基因的设计及合成

① 从 GenBank 获取到枯草芽孢杆菌漆酶基因（登录号：FJ663050.1）。

② 如图 6-3 所示分别在漆酶基因 N 端及 C 端添加 *Xma* I 酶切位点、*Hind* III 酶切位点、Usp45 分泌信号肽和 His 标签（S-CotA），并进行密码子优化。

③ S-CotA 送出合成，与克隆载体 pUC57-Simple 连接，构建出 pUC57-Simple-S-CotA 并转化入 *E. coli* DH5α。

图 6-3　漆酶基因构建

（2）　pMG36e-S-CotA 重组表达载体的构建及筛选

① 双酶切乳酸菌表达载体 pMG36e 及重组质粒 pUC57-Simple-S-CotA。QuickCut *Xma* Ⅰ先 30℃反应 30min，随后加入 QuickCut *Hind* Ⅲ，37℃继续反应 30min。

② 胶回收试剂盒回收 pMG36e 片段和 S-CotA 片段。

③ T4 DNA 连接酶连接上述 2 个片段，22℃反应 1h。

④ 挑取活化的 *E.coli* DH5α 单菌落，接种于 5mL LB 液体培养基中，37℃，200r/min 振荡培养 12h。以 1∶100 的比例接种于 30mL LB 液体培养基中，37℃，200r/min 振荡培养至 $OD_{600}=0.4$ 时，转入 50mL 无菌离心管，冰浴 20min，4℃，8000r/min 离心 10min。沉淀加入 10mL 预冷的 0.1mol/L 的 $CaCl_2$ 溶液轻轻悬浮菌体，冰浴 30min，4℃，8000r/min 离心 10min，弃上清液，加入 4mL 预冷的 0.1mol/L 的 $CaCl_2$ 溶液轻轻悬浮菌体。

⑤ 上述连接产物 10μL 与 *E.coli* DH5α 感受态细胞 100μL 混合，冰浴 30min，42℃热激 90s，冰预冷 2min。加 890μL LB 液体培养基（无抗生素），37℃，200r/min 振荡培养 1h。4℃，8000r/min 离心 10min，弃上清液，加入 100μL LB 液体培养基，混匀，涂布于 LB 固体平板上（含 300μg/mL 红霉素），37℃，培养 24h～48h。

⑥ 挑选圆而饱满的白斑，接种于 LB 液体培养基中（含 300μg/mL 红霉素），37℃，200r/min 振荡培养 24h，质粒小提试剂盒抽提 pMG36e-S-CotA 重组质粒。

⑦ 1%琼脂糖凝胶电泳检测 DNA 浓度。

⑧ 引物设计，阳性克隆 PCR 鉴定，PCR 引物参见表 6-1。

表 6-1　引物序列

编号	引物名称	引物序列
P1	pMG36e-F	5′-ATAAAGCGGTTACTTTGGATTTTTG-3′
P2	pMG36e-R	5′-CCATTTGACTTTGAACCTCAAC-3′

⑨ QuickCut *Xma* Ⅰ 30℃反应 30min，QuickCut *Hind* Ⅲ 37℃反应 30min 单酶切。QuickCut *Xma* Ⅰ先 30℃反应 30min，随后加入 QuickCut *Hind* Ⅲ，37℃继续反应 30min 双酶切。

⑩ 验证成功的阳性质粒进一步测序比对分析。

（3）重组乳酸乳球菌的构建及筛选鉴定

① 挑取乳酸乳球菌 NZ9000 单菌落接种于 5mL GM17 液体培养基，于 30℃静置培养 12h。5% 接种量，接种于 100mL GM17 液体培养基，30℃，静置培养 12h，至 $OD_{600}=0.3$ 左右。菌液冰浴 10min，4℃，8000r/min 离心 10min，弃上清液。沉淀中加入 50mL 预冷的电转缓冲液Ⅰ，重悬菌体，4℃，8000r/min 离心 10min，弃上清液。沉淀中加入 25mL 预冷的电转缓冲液Ⅱ，重悬菌体，冰浴 15min，4℃，8000r/min 离心 10min，弃上清液。沉淀中加入 25mL 预冷的电转缓冲液Ⅱ，重悬菌体，冰浴 15min，4℃，8000r/min 离心 10min，弃上清液。沉淀加 1mL 电转缓冲溶液Ⅰ悬浮细菌，获得感受态细胞，-80℃冰箱保存。

② 乳酸乳球菌 NZ9000 感受态细胞与 pMG36e-S-CotA 质粒 DNA 10∶1 混合，转入预冷的 0.2cm 电转杯中，冰浴 5min，擦净表面水珠，电压 2000V、电容 25μF、电阻

發酵工程實驗教程

200Ω，電擊 5ms，加入 1mL SGM17MC 培養基，移入無菌 1.5mL 離心管，於 30℃靜置 2h。取 100μL 菌液塗布於 GM17 固體培養基上（含 5μg/mL 紅黴素），於 30℃培養 48h。

③ 挑取單菌落接種於 5mL GM17 液體培養基中（含 5μg/mL 紅黴素），30℃培養 12h，加入 20mg/mL 溶菌酶，37℃、100r/min 酶解 2h，4℃、8000r/min 離心 10min，棄上清液。加入 5mL ddH$_2$O，重懸，4℃、8000r/min 離心 10min，收集菌體。質粒小提試劑盒抽提 pMG36e-S-CotA 重組質粒，1%瓊脂糖凝膠電泳檢測，DNA 濃度檢測儀檢測質粒 DNA 濃度。

④ 陽性克隆 PCR 鑑定。陽性克隆 PCR 反應體系及反應條件詳見表 6-1，反應體系仍是 50μL，唯一不同的是模板變成單菌落，ddH$_2$O 變為加 33μL。PCR 結束後，用 1%瓊脂糖凝膠電泳檢測 PCR 結果。

⑤ 陽性質粒進行單、雙酶切鑑定，並測序比對。

（4）重組乳酸乳球菌發酵漆酶

在 GM17 固體培養基中（含 300μg/mL 紅黴素）活化這三株重組菌株，30℃，靜置培養 12～24h，挑取單菌落接種於 5mL GM17 液體培養基中（含 5μg/mL 紅黴素），30℃靜置培養 12h，以 5%接種量接種於 100mL GM17 液體培養基中（含 5μg/mL 紅黴素），30℃培養到 OD$_{600}$＝0.5 左右，加入 100μL 過濾除菌的 0.3mol/L CuSO$_4$，30℃靜置培養 4h 後，16℃靜置培養 24h。取發酵液，4℃、8000r/min 離心 10min，取上清液測定漆酶活力。漆酶活力測定及計算方法參見本章第三節。

（5）重組乳酸乳球菌發酵漆酶條件優化

圍繞液體基礎培養基，以碳源（葡萄糖、木糖、甘油和澱粉等）、氮源〔蛋白腖、酵母膏、豆粕、黃豆粉、(NH$_4$)$_2$SO$_4$ 和 NaNO$_3$ 等〕種類及其濃度，初始 pH 值，CuSO$_4$ 濃度等進行單因素實驗，優化確立液體培養基。在此基礎上，參考第三章第六節進行正交或響應面實驗優化。

（6）青貯玉米秸稈

① 新鮮玉米秸稈 100g 切割成 2～3cm 小段。根據以上的優化條件，培養重組乳酸乳球菌，接種量 3%，加入到 80mL 的重組乳酸乳球菌液體培養基中，均勻噴灑在玉米秸稈表面，含水量控制在 65%～70%，樣品裝入尼龍-聚乙烯袋，抽真空，密封，室溫發酵，定期取樣。

② 青貯結束後，取樣，按固液比為 1：9 加入無菌水，4℃浸提 24h，4℃、8000r/min 離心 10min，取上清液，高效液相色譜法測定乳酸、乙酸、丙酸及丁酸含量。稱少量樣品 105℃烘至恒重，粉碎過 100 目篩，FTIR 分析樣品化學基團變化。

四、注意事項

① 進行質粒和載體的雙酶實驗時需要優化酶切的時間和用酶量。
② 電轉實驗時感受態菌株需要在冰浴中融化，且應該控制質粒加入量，避免出現電火花。
③ 青貯過程中應時刻關注發酵袋情況，避免出現破損或脹袋。

五、課程作業

① 簡述乳酸乳球菌作為工程菌株的優勢與不足。

② 利用工程菌株异源表达酶蛋白时为什么一定要求酶蛋白分泌到细胞外？

③ 设计实验，测定发酵过程中生成的有机酸种类及相对含量；青贮实验结束后，开袋验证，发现青贮样品丁酸含量异常，解释出现这种现象的原因。

第五节
CRISPR/Cas9 改造少动鞘氨醇单胞菌发酵生产结冷胶

一、实验背景与学时

结冷胶是一种阴离子型线性大分子多糖，分子质量为 5×10^5 Da，是 20 世纪 80 年代由美国 CP-Kelco 公司于少动鞘氨醇单胞菌（*Sphingomonas paucimobilis*）中获得，并实现规模化生产。作为多功能凝胶剂，结冷胶具有良好的稳定性及生物可降解性，且安全无毒、耐酸、耐热，目前已逐渐取代琼脂和卡拉胶，被广泛用于食品、生物、医药等多个领域。中国于 1996 年批准结冷胶作为增稠剂、稳定剂应用于食品工业。发酵结冷胶为天然结冷胶，可形成柔软有弹性的凝胶，进一步进行热碱法脱除酰基得到低酰基结冷胶，水中溶解度增大、强度增高、稳定性增强，工业用途更加广泛。结冷胶与淀粉发生交联反应，制备出高凝胶强度的水凝胶，用于药物传递，降低给药系统毒性，如眼科制剂、鼻用制剂等；结冷胶用于构建组织工程骨架，改善原材料性能，如应用于缺陷处软骨组织的再生、伤口敷料加快伤口修复；结冷胶与其他物质结合可作为大分子药物定向递送载体。Auja 等报道，羧甲基化的结冷胶在 24h 内对二甲双胍的装载率可维持在 100%，是良好的二甲双胍药物的载体；Matricardi 等指出 L-赖氨酸己酯-结冷胶交联凝胶压缩模量和强度都可以通过 L-赖氨酸己酯的添加量来调节，得到的交联产物可以用于多种大分子药物的定向递送；结冷胶作为无毒悬浮剂，在果粒饮料中，使果粒均匀稳定，增加酸性含乳饮料稳定性，作为果冻、果酱的胶凝剂，增加冰淇淋可塑性；此外，结冷胶还可用于制备各种高强度可热封的包装膜等。

CRISPR/Cas9 技术是近年来快速发展的一项基因编辑技术，该技术只需设计一个 sgRNA 即可实现对目的基因的定点编辑，具有易操作、效率高、成本低等优点。与传统的基因操作技术相比，CRISPR/Cas9 技术参与的基因插入位点与编辑位点不同，目的基因编辑完成后外源插入质粒会随着染色体的分离而被去除，因此，无外源基因的引入，具有更高的生物安全性。目前，CRISPR/Cas9 已被广泛应用于植物、微生物和动物基因组功能研究与遗传改良，基因编辑、在转录和翻译水平调节基因表达，细菌分型，基因克隆与测序，病虫害预防，人类遗传病、癌症等疾病的治疗等。

本实验针对液态发酵过程中常见的氧气供需矛盾，以少动鞘氨醇单胞菌为研究对象，利用 CRISPR/Cas9 改造菌株代谢网络，利用二元载体 pTargetF/pCas 系统敲入透明颤菌血红蛋白基因，同时敲除乙酰基转移酶基因，以达到提高氧气利用率降低发酵液黏度的目的。通过实验使学生了解基因编辑的基本原理，掌握 CRISPR/Cas9 基因编辑技术的基本原理与操作方法，掌握结冷胶发酵基本原理与操作流程，了解工业发酵过程中强化氧气传递的措施。

建议 4 学时。

二、实验材料与仪器

(一) 实验菌种

少动鞘氨醇单胞菌（*S. elodea*）、透明颤菌（*Vitreoscilla stercoraria*）、大肠埃希菌 DH5α（*Escherichia coli* DH5α）、大肠埃希菌 BL21（*E. coli* BL21）。

(二) 实验药品

克隆载体 pMD19-T（Amp^R）、克隆载体 pEASY-Blunt Zero（Amp^R 和 Km^R）、pCas 质粒、pTarget F 质粒、Easy *Taq* DNA 聚合酶、T4 DNA 连接酶、DNA 限制性内切酶、DNA 标记、DNA 胶回收试剂盒、Tris 碱、壮观霉素（Spe）、氨苄西林（Amp）、卡那霉素（Km）、细菌基因组 DNA 提取试剂盒、2×Easy*Taq* PCR SuperMix、质粒小提试剂盒、胰蛋白胨、酵母提取物、牛肉膏、酵母膏、EDTA、十二烷基硫酸钠（SDS）、三羟甲基氨基甲烷（Tris-base）、NaOH、冰醋酸、NaCl、琼脂、蔗糖、KH_2PO_4、K_2HPO_4、$MgSO_4$、$CaCl_2$、$CH_3COONa \cdot 3H_2O$、黄豆饼粉、丙三醇、KCl、Na_2HPO_4、HCl、丙烯酰胺、甲基双丙烯酰胺、$(NH_4)_2SO_4$、甘氨酸、核酸染料、IPTG、吐温 80、X-gal、Protein Ruler I 等。

(三) 实验仪器与耗材

超净工作台、分析天平、pH 计、电磁炉、高压蒸汽灭菌锅、电热恒温培养箱、恒温振荡水浴摇床、高速冷冻离心机、电热恒温鼓风干燥箱、电热恒温水浴锅、涡旋振荡器、多功能 PCR 仪、电泳仪、电泳槽、凝胶成像仪、电转仪、紫外可见分光光度计、移液枪、枪头、锥形瓶、烧杯、量筒、培养皿、试管、封口透气膜和电转杯等。

三、实验方法

(一) 试剂配制

① LB 液体培养基：详见附录 I。

② LB 固体培养基：详见附录 I。

③ 少动鞘氨醇单胞菌固体培养基：依次称取蔗糖 20g、胰蛋白胨 5g、牛肉膏 3g、酵母膏 1g、琼脂 20g，加热溶解，加蒸馏水并定容至 1L，调节 pH 至 7.0，121℃高温湿热灭菌 20min，灭过菌且熔化的 LB 固体培养基冷却至 50～60℃，以无菌操作法倒至已灭菌的培养皿中，每皿约 25mL，冷却凝固待用。

④ 少动鞘氨醇单胞菌种子培养基：依次称取蔗糖 25g、酵母膏 7g、KH_2PO_4 0.5g、K_2HPO_4 0.5g、$MgSO_4$ 0.6g，加蒸馏水并定容至 1L，调节 pH 至 7.0，121℃高温湿热灭菌 20min。

⑤ 透明颤菌培养基：依次称取酵母提取物 0.2g、$CaCl_2$ 0.1g、$CH_3COONa \cdot 3H_2O$ 0.5g、琼脂 18g，加热溶解，加蒸馏水并定容至 1L，调节 pH 至 7.0，121℃高温湿热灭菌 20min。

⑥ 发酵初始培养基：依次称取蔗糖 30g、黄豆饼粉 5g、KH_2PO_4 1g、

K_2HPO_4 1.5g、$MgSO_4$ 0.6g，加蒸馏水并定容至 1L，调节 pH 至 7.0，121℃高温湿热灭菌 20min。

⑦ 50×TAE 电泳缓冲液：依次称量 Tris 碱 242g、冰醋酸 57.1mL、0.5mol/L EDTA 溶液（pH8.0）100mL，加蒸馏水并定容至 1L。

⑧ 0.1mol/L $CaCl_2$ 溶液：称取无水 $CaCl_2$ 11.098g，加蒸馏水并定容至 1L。121℃高温湿热灭菌 20min，4℃储存。

⑨ 100mg/mL 氨苄西林：称取氨苄西林 1.000g，加超纯水并定容至 10mL，0.22μm 滤膜过滤除菌，−20℃储存。

⑩ 100mg/mL 卡那霉素：称取卡那霉素 1.000g，加超纯水并定容至 10mL，0.22μm 滤膜过滤除菌，−20℃储存。

⑪ 100mg/mL 壮观霉素：称取壮观霉素 1.000g，加超纯水并定容至 10mL，0.22μm 滤膜过滤除菌，−20℃储存。

⑫ 0.5mmol/L IPTG：称取 IPTG 0.1192g，加超纯水并定容至 100mL，0.22μm 滤膜过滤除菌，−20℃储存。

⑬ 电转感受态缓冲液：量取丙三醇 20mL、ddH_2O 180mL、吐温 80 100μL 混匀，0.22μm 滤膜过滤除菌。

⑭ PBS：详见附录Ⅱ。

⑮ 30%丙烯酰胺溶液：详见附录Ⅱ。

⑯ 1mol/L Tris-HCl（pH=6.8）：详见附录Ⅱ。

⑰ 1.5mol/L Tris-HCl（pH=8.8）：详见附录Ⅱ。

⑱ 10%SDS（质量分数）：详见附录Ⅱ。

⑲ 10%$(NH_4)_2SO_4$（质量分数）：详见附录Ⅱ。

⑳ Tris-甘氨酸电泳缓冲液：详见附录Ⅱ。

（二）实验步骤

（1）菌种活化

① 挑取少动鞘氨醇单胞菌，划线于少动鞘氨醇单胞菌固体平板，30℃培养 2～3d，挑取单菌 3 个，接种于种子培养基，30℃，200r/min，恒温振荡培养 15h。

② 挑取透明颤菌，划线于透明颤菌平板，30℃培养 12h，挑取单菌 3 个，接种于种子培养基，30℃，200r/min，恒温振荡培养 15h。

（2）引物设计

利用软件 Primer 5.0 进行少动鞘氨醇单胞菌乙酰基转移酶基因（*nat*）序列和透明颤菌血红蛋白基因（*vgb*）序列引物设计，并由公司合成（表 6-2）。

表 6-2　引物

引物	引物序列(5′→ 3′)
nat 基因正向引物 P1	GTTTTTCGGCCCTAGACA
nat 基因反向引物 P2	ATCCAGCGATAGGTGAGC
P3	GGAGCGAACGACCTACACCG
P4	ATGCGGTTCGCCCGGGCAGC
nat 基因上游正向引物 P5	CCGGAATTCCATCTGGTCCGAAACAGC

引物	引物序列(5′→ 3′)
nat 基因上游反向引物 P6	GCGTCCTGTAAGCTTCGGTTCGCCCGGGCA
nat 基因下游正向引物 P7	CAAGCGGTTGAATAACATGGGCTGCCACGG
nat 基因下游反向引物 P8	CCC<u>AGATCT</u>AGACTGCGTGCGATCACCAG
vgb 重叠基因正向引物 P9	TGCCCGGGCGAACCGAAGCTTACAGGACGC
vgb 重叠基因反向引物 P10	CCGTGGCAGCCCATGTTATTCAACCGCTTG
vgb 基因正向引物 P11	AAGCTTACAGGACGCTGG
vgb 基因反向引物 P12	CAAGGCACACCTGAAGAC
反向 P13	GCTGCCCGGGCGAACCGCATGTTTTAGAGCTAGAAATAGC
反向 P14	ATGCGGTTCGCCCGGGCAGCACTAGTATTATACCTAGGAC

注：设计引物中下划线斜体为酶切位点，P5 中 <u>GAATTC</u> 为 *Eco*R Ⅰ 酶切位点，P8 中 <u>AGATCT</u> 为 *Bgl* Ⅱ 酶切位点。

（3）pMD19-T-nat 的构建

① 提取少动鞘氨醇单胞菌（JLJ）全基因组 DNA，1%琼脂糖凝胶电泳鉴定提取的基因组 DNA 的大小。

② 以 P1、P2 为引物扩增目的基因 *nat*，胶回收试剂盒纯化目的基因片段。

③ 制备大肠埃希菌感受态细胞。

④ T4 DNA 连接酶将目的基因与 T 载体 16℃连接过夜。

⑤ 连接产物与 pMD19-T，42℃，热激 90s 转化至感受态 *E. coli* DH5α。

⑥ 利用 X-gal 和 IPTG 筛选阳性克隆。

（4）pEASY-Blunt Zero-nvn 克隆载体的构建

① 分别以 P5 和 P6、P7 和 P8 为引物，以少动鞘氨醇单胞菌全基因组 DNA 为模板，扩增 *nat* 基因的上下游同源臂序列。PCR 产物以 1%的琼脂糖凝胶电泳检测，胶回收试剂盒纯化目的基因片段。

② 提取透明颤菌全基因组 DNA，以 P11 和 P12 为引物，扩增透明颤菌血红蛋白基因（*vgb*）。PCR 产物以 1%的琼脂糖凝胶电泳检测，胶回收试剂盒纯化目的基因片段。

③ 一步重叠 PCR 法连接上下游同源臂和 *vgb* 基因（nvn 片段），反应体系及条件见表 6-3 和表 6-4。PCR 产物以 1%的琼脂糖凝胶电泳检测，胶回收试剂盒纯化 nvn 片段。

表 6-3 一步重叠 PCR 第一步反应体系

成分	剂量
上游同源臂	10μL
下游同源臂	10μL
目的基因 *vgb*	10μL
5×TransStart FastPfu Fly Buffer	6μL
TransStart FastPfu Fly DNA Polymerase	0.6μL
2.5mmol/L dNTPs	2μL

表 6-4　一步重叠 PCR 第二步反应体系

成分	剂量
P5	1μL
P8	1μL
ddH$_2$O	3μL
5×TransStart FastPfu Fly Buffer	4μL
TransStart FastPfu Fly DNA Polymerase	0.4μL
2.5mmol/L dNTPs	2μL

（5）表达载体 pTarget F-New-vgb 的构建

① nvn 片段与 pEASY-Blunt Zero 载体连接，并转化至感受态 *E. coli* DH5α，筛选阳性克隆，命名为 pEASY-Blunt Zero-nvn。

② 以反向 P13、反向 P14 为引物，以质粒 pTargetF 为模板，PCR 扩增，获得可以识别 *nat* 基因并含 sgRNA 序列的载体 pTargetF-New。PCR 产物以 1％的琼脂糖凝胶电泳检测，胶回收试剂盒纯化 pTargetF-New 片段。热激法将纯化的载体 pTargetF-New 转化至 *E. coli* DH5α，筛选阳性克隆。

③ 用 *Eco*R Ⅰ 和 *Bgl* Ⅱ 对质粒 pEASY-Blunt Zero-nvn 和 pTarget F-New 双酶切（表 6-5）。产物以 1％的琼脂糖凝胶电泳检测，胶回收试剂盒纯化片段，用 T4 DNA 连接酶连接，连接产物热激转化至 *E. coli* DH5α 中，筛选阳性克隆，获得表达载体 pTarget F-New-vgb。

表 6-5　双酶切反应

成分	剂量
质粒	20μL
10×Fly Cut Buffer	5μL
Fly Cut *Bgl* Ⅱ	2.5μL
Fly Cut *Eco*R Ⅰ	2.5μL
ddH$_2$O	20μL
总计	50μL

（6）含透明颤菌血红蛋白的少动鞘氨醇单胞菌的构建

① 挑取少动鞘氨醇单胞菌单菌落 3 个，接种于 30mL 种子培养基，30℃，200r/min 培养至 OD$_{600}$ 达到 0.55。4℃，8000r/min 离心 10min，弃上清液。加入 20mL 预冷的电转感受态缓冲液洗涤三次，将缓冲液加入细胞，轻轻吹吸，充分混匀后于冰上放置（现配现用）。

② 少动鞘氨醇单胞菌感受态细胞 40μL、pTarget F-New-vgb 质粒 80ng、pCas 质粒 80ng 和同源臂 DNA 片段 400ng，轻轻混匀后，加入电转杯中，排出气泡，冰浴 10min，电转，结束后向电转杯中加入 1mL 种子培养基，并移至离心管中，30℃，200r/min 培养 2~3h。吸取 1μL 菌液，涂布于含 100mg/L 卡那霉素和 100mg/L 壮观霉素的双抗固体培养基上，30℃培养 3d。

③ 重组菌株涂布于含有卡那霉素的平板，并加入终浓度为 0.5mmol/L 的 IPTG，

30℃培养 12h。挑取单菌落转接于 30mL 含 100mg/L 壮观霉素的液体培养基，30℃培养 12h，不生长即为 pTarget F-New-vgb 消除的重组菌株。挑取单菌落转接于 30mL 液体培养基（不含抗生素），37℃培养 12h，不生长即为质粒 pCas 消除的重组菌株。

（7）液态发酵条件优化

① 5％的接种量，加入种子培养基，30℃，200r/min，培养 72h，测定结冷胶产量。

② 称取发酵液 10g，90℃水浴 20min，冷却至室温。以 3000r/min 离心 30min，上清液加入三倍体积的冰乙醇中，4℃密封过夜，沉淀结冷胶，过滤，60℃烘干至恒重。参考式(6-6) 计算结冷胶产量。

$$w = \frac{m}{V} \tag{6-6}$$

式中，w 为产胶量，g/L；m 为粗胶含量，g；V 为发酵液体积，L。

③ 围绕发酵基础培养基，依次从碳源（可溶性淀粉、乳糖、葡萄糖、蔗糖、果糖等）、氮源（酵母膏、蛋白胨、酵母粉、黄豆饼粉等）种类及其浓度，初始 pH 值，转速等进行单因素实验，确认液体发酵培养及组成。在此基础上，参考方法进行正交或响应面实验优化，确认发酵条件。

四、注意事项

① 结冷胶测定过程中应避免对发酵培养基吸附而导致产量偏高。
② 提高淀粉含量增加结冷胶产量，同时也可能抑制菌体生长。

五、课程作业

① 计算结冷胶最大理论得率是多少，粗结冷胶中杂质有哪些？
② 发酵温度与搅拌速度对结冷胶得率的影响是什么？如何进一步提高糖转化率和结冷胶得率？
③ 从代谢工程角度，谈谈哪些措施可以提高结冷胶产量。

第六节
纤维素酶荧光探针的制备及应用

一、实验背景与学时

1906 年 Seilliere 首先在蜗牛消化液中发现纤维素酶，至今已有一百多年的研究与应用历史。纤维素酶是一组能够将纤维素水解成为葡萄糖的酶系的总称，主要有内切葡聚糖酶、外切葡聚糖酶和 β-葡糖苷酶三种，当然还包括一系列其他小分子酶蛋白。纤维素酶逐渐在工业上得到广泛应用，尤其是在纺织工业以及能源工业上应用较多。纤维素酶分布广泛，在植物和微生物中均有发现。植物中纤维素酶承担着水解细胞壁、参与花梗脱落和果实成熟的作用，但含量极低，直接提取难度较大，应用开发潜力有限。目前工业用纤维素酶多来自微生物，特别是丝状真菌，包括常见的木霉、曲霉和青霉属等。内切葡聚糖酶作用于纤维素分子链的无定形区，从而产生新的链端和不同长度的低聚糖，是纤维素酶发挥作用的首要分子。

1962 年日本学者下修村首次在水母（*Aequorea victoria*）中发现绿色荧光蛋白，证实了该蛋白质分子质量大约为 27kDa，在氧化状态下，第 65～67 位的 Ser-Tyr-Gly 残基组成发光团；将 66 位的酪氨酸残基定点突变成组氨酸残基时，产生了蓝色荧光蛋白，进一步改良依次得到了黄色荧光蛋白和青色荧光蛋白等；2002 年科学家从珊瑚和海葵中获得红色荧光蛋白，经突变后获得红色荧光蛋白单体。荧光蛋白已成为现代生物与医学研究和应用的重要工具，广泛应用于医学、细胞生物学、发育生物学等方面的研究，如转染肿瘤细胞、观察正常细胞与肿瘤细胞间的互作、研究线虫神经发育等，利用荧光蛋白的单克隆抗体检测蛋白质间相互作用等。

本实验获得里氏木霉（*Trichoderma reesei*）外切纤维素酶 Cel7A，并与红色荧光蛋白融合构建重组质粒，在毕赤酵母细胞中异源表达，制备纤维素外切酶荧光探针。通过实验引导学生掌握纤维素酶和荧光蛋白异源表达的原理与实验操作，学习表达纤维素酶和荧光蛋白毕赤酵母基因工程菌的构建方法，了解纤维素酶荧光探针的工作原理。

建议 6 学时。

二、实验材料与仪器

（一）实验菌种

巴斯德毕赤酵母 X33（*Pichia pastoris* X33）、大肠埃希菌 DH5α（*Escherichia coli* DH5α）。

（二）实验药品

表达载体 pPICZαA、核酸内切酶 *Pme* I、T4 DNA 连接酶、Trans2K DNA 分子量标记物、Trans5K DNA 分子量标记物、Trans8K DNA 分子量标记物、6×DNA 上样缓冲液、10×DNA 上样缓冲液、6×蛋白质上样缓冲液、红色荧光蛋白载体 pmCherry-N1、琼脂糖、考马斯亮蓝 R250、质粒小提试剂盒（DP103）、胶回收试剂盒 EasyPure Quick Gel Extraction Kit、酵母基因组 DNA 提取试剂盒（DP307）、SDS-PAGE 凝胶制备试剂盒、5％浓缩胶试剂盒、10％分离胶试剂盒、博来霉素、咪唑、蛋白胨、胰蛋白胨、酵母提取物、山梨醇、无氨基酸酵母氮源培养基（YNB）、生物素、甘氨酸、三羟甲基氨基甲烷、柠檬酸、微晶纤维素、羧甲基纤维素钠、水杨苷、葡萄糖、$CaCl_2$、$MgCl_2$、丙三醇、甲醇、无水乙醇、冰乙酸、EDTA、NaCl、$NaHCO_3$、NaOH、四水酒石酸钾钠、苯酚、无水亚硫酸钠、琼脂、K_2HPO_4、KH_2PO_4、KCl、Na_2HPO_4 等。

（三）实验仪器与耗材

超净工作台、分析天平、pH 计、电磁炉、高压蒸汽灭菌锅、电热恒温培养箱、电热恒温鼓风干燥箱、恒温培养摇床、电热恒温水浴锅、高速冷冻离心机、可见分光光度计、超声波破碎仪、凝胶成像仪、电转仪、激光共聚焦显微镜、冷冻切片机、移液枪、枪头、锥形瓶、烧杯、量筒、培养皿、试管、透气封口膜等。

三、实验方法

（一）试剂配制

① LB 固体、液体培养基：详见附录Ⅰ。

② YEPD 液体培养基：详见附录Ⅰ。

③ YEPD 固体培养基：详见附录Ⅰ。

④ BMGY 液体培养基：详见附录Ⅰ。

⑤ BMMY 液体培养基：详见附录Ⅰ。

⑥ 10×YNB：称取 YNB134g，加蒸馏水并定容至 1L，过滤除菌，4℃保存。

⑦ 0.02%生物素：称取生物素 20mg，加蒸馏水并定容至 100mL，过滤除菌，4℃保存。

⑧ 考马斯亮蓝 R-250 染色液：详见附录Ⅱ。

⑨ 考马斯亮蓝脱色液：详见附录Ⅱ。

⑩ PBS 缓冲液：详见附录Ⅱ。

⑪ 1mol/L 山梨醇：称取山梨醇 18.22g，加蒸馏水并定容至 100mL，121℃灭菌 20min，4℃保存。

⑫ 1mol/L 磷酸钾缓冲液（pH 6.0）：分别称取 $K_2HPO_4 \cdot 3H_2O$ 和 KH_2PO_4 228.22g 和 136.09g，分别加蒸馏水并定容至 1L，混合两种溶液并调节 pH 值到 6.0。

（二）实验步骤

（1）纤维素酶与荧光蛋白基因的设计与合成

① 从 GenBank 获取里氏木霉外切纤维素酶 Cel7A（登录号：18483782）。

② 在基因序列 N 端添加 EcoRⅠ酶切位点和 6×His 标签，并根据毕赤酵母 X-33 密码子偏好性进行序列优化。

③ 优化后的 Cel7A 纤维素酶基因序列委托公司合成，克隆至红色荧光蛋白载体 pmCherry-N1，构建 pmCherry-Cel7A 重组克隆载体，转化至 E.coli DH5α 中。

④ 以质粒为模板，使用相应的上下游引物（表 6-6）分别扩增 Cel7A-M 基因片段，并测序。

表 6-6　引物序列

编号	引物名称	引物序列
P1	Cel7A-M-F	5′-TCGAGCTCAAGCTTCGAATTCATGCACCAT-3′
P2	Cel7A-M-R	5′-GATCTAGAGTCGCGGCCGCTACTTGTACAG-3′

（2）重组表达质粒 pPICZαA-Cel7A-M 的构建与筛选鉴定

① EcoRⅠ和 NotⅠ双酶切 pPICZαA 和 pmCherry-Cel7A 质粒，胶回收试剂盒回收目的片段。

② T4 DNA 连接酶将目的片段与 pPICZαA 片段连接，16℃，2h。

③ 取 pPICZαA-Cel7A-M 连接产物 $5\mu L$，加入到 $100\mu L$ 的大肠埃希菌感受态细胞中，冰浴 30min，42℃热激 90s，冰浴 2min；添加 LB 液体培养基（无抗生素）$250\mu L$，37℃，200r/min 振荡培养 1h；4000r/min 离心 2min，留取约 $100\mu L$ 上清液与沉淀混匀，涂布于 LB 固体平板（含博来霉素抗性），37℃培养 16h。

④ 挑取单克隆，分别接种于 LB 液体培养基（含博来霉素抗性）中，37℃，200r/min 培养 12h，待菌液混浊后，质粒小提试剂盒抽提 pPICZαA-Cel7A-M 重组质粒。

⑤ 分别采用 $EcoR$Ⅰ单酶切，$EcoR$Ⅰ和 NotⅠ双酶切进行鉴定。

（3）重组毕赤酵母菌株的构建

① 限制性内切酶 PmeⅠ单酶切 pPICZαA-Cel7A-M 和空载体 pPICZαA，酶切体系见表 6-7，37℃反应 15min 后用胶回收试剂盒纯化。

表 6-7　线性化体系

成分	体积/μL
PmeⅠ	1
DNA	15
10×EN 缓冲液	5
无酶超纯水	29
总体积	50

② 挑取毕赤酵母 X-33 的单菌落接种于 10mL YEPD 培养基（无抗性）中，30℃，250r/min 振荡培养 10h。以 1% 接种量转接 30mL YEPD 液体培养基（无抗性）置于 250mL 三角瓶中，30℃，25r/min 振荡培养 6h；4℃，5000r/min 离心 5min 收集菌体，弃上清液；用 20mL 预冷无菌水重悬菌体，4℃，5000r/min 离心 5min，弃上清液；加入 15mL 预冷的 1mol/L 山梨醇，轻柔吹打菌体，4℃，5000r/min 离心 5min，弃上清液；加入 10mL 预冷的 1mol/L 山梨醇，4℃，5000r/min 离心 5min，弃上清液；加入 3mL 1mol/L 山梨醇，轻吹混匀，每 $100\mu L$ 分装到一个预冷的 1.5mL 离心管。

③ 取线性化的质粒 $1\sim5\mu g$，与 $100\mu L$ 感受态细胞混匀，冰浴 15min，转入 0.2cm 电转杯中，电激（1500V，5ms），加入 1mL 预冷的 1mol/L 山梨醇溶液，混匀；转移至 1.5mL 离心管中，30℃，150r/min 振荡培养 1h；5000r/min，离心 2min，保留约 $200\mu L$ 上清液，与沉淀混匀，涂布于 YEPD 固体培养基上（含博来霉素抗性），30℃，培养 $3\sim4d$。

④ 挑取单克隆，接种于 YEPD 液体培养基，酵母基因组 DNA 提取试剂盒（DP307）提取基因组，以重组子基因组 X33-Cel7A-M 为模板，设计引物（表 6-8），扩增 Cel7A-M 片段，并测序。

表 6-8　引物序列

编号	引物名称	引物序列
P7	Cel7A-M-F	5′-GAATTCATGCACCATCACCATCACCATCAA-3′
P8	Cel7A-M-R	5′-CTACTTGTACAGCTCGTCCATGCCGCC-3′

（4）毕赤酵母重组菌株的诱导表达

① 种子液制备：重组菌株接种于装有 30mL YEPD 液体培养基的 250mL 三角瓶中，于 30℃、250r/min 培养 16h。

② 以 1% 的接种量，将种子液接种于装有 50mL BMGY 液体培养基的 500mL 三角

瓶中，于 30℃、250r/min 条件下培养 24h，室温下 5000r/min 离心 5min，收集菌体，将菌体用 1mol/L pH 6.0 的磷酸钾缓冲液（pH 6.0）洗涤干净。

③ 菌体转移至装有 100mL BMMY 培养基的 500mL 三角瓶中，每 24h 添加甲醇至终浓度为 1%，30℃、250r/min 培养 8d。

④ SDS 电泳检测。

（5）纤维素酶荧光探针纯化与检测

① 镍柱分离纯化，透析除去洗脱液中的咪唑和 NaCl 等小分子物质。

② 将滤纸制成 $8\mu m$ 厚的显微切片，吸取 $3\mu L$ 酶液滴到滤纸切片上，避光吸附 8min，用少量蒸馏水冲洗两遍，待水完全蒸干。

③ 激光共聚焦显微镜下观察，573nm 激发波长，613nm 荧光接收波长。

四、注意事项

① 需要优化甲醇最适加入浓度与加入时间。

② 构建的荧光探针长时间放置会失去活性。

五、课程作业

① 毕赤酵母作为工程菌株，操作时的注意事项有哪些？

② 加入过量的甲醇会产生什么现象，并解释原因。

③ 绘制发酵曲线，根据发酵曲线可将发酵周期分为几个阶段，并解释原因。

第七节

固态发酵炮制党参

一、实验背景与学时

炮制是根据中医药理论，按照用药需要和药物特性创立的一项传统制药技术，药材经炮制成饮片后才能入药，这是中医临床用药的一个特点。炮制是中药理论体系的重要组成部分，是中华民族历代医家的智慧结晶。固态发酵炮制源于传统制曲工艺，涉及药材预处理、微生物选择、发酵参数优化、发酵设备确定、下游工艺建立五个步骤。适宜温度和湿度下，微生物及其酶类对药材或药材拌加辅料进行催化分解，使药材发泡、生衣，产生新活性成分，即是固态发酵炮制。固态发酵炮制分为两种方式：一类是药材与辅料混合，辅料提供微生物生长所需碳源和氮源，微生物代谢产生活性产物或对药材成分进行转化，形成复方，如神曲。另一类是以药材或辅料为底物直接进行固态发酵，微生物代谢生成有益活性成分，具有药理作用，如淡豆豉。辅料是固态发酵炮制重要组成部分，如神曲中添加麦麸、半夏曲中添加面粉，辅料不仅为微生物生长提供营养，也可提高中药稳定性，增强安全性和有效性。药材储存期间，空气中的霉菌如青霉、曲霉、毛霉等在药材表面生长，引起药性、药效变化，其本质是自然混菌固态发酵炮制。相比于物理、化学炮制法，固态发酵炮制以其作用条件温和、产生小分子活性物质、形成复方、利于下游操作等优点成为现代中药炮制研究热点。

远古时期人类将野果贮藏，其间野果中营养成分经微生物作用生成醇等小分子化合物，这便是最早意义的固态发酵炮制。中药炮制和固态发酵均起源于中国，拥有悠久历史。2000 年前中国劳动者就已经开始有意识地运用固态发酵技术对中药进行炮制加工，改变药物性能，产生新药效。夏禹时期出现酿酒、豆豉工艺的记载，《金匮要略》首次将固态发酵作为中药炮制方法予以介绍，《本草纲目》将固态发酵炮制工艺进行整理形成完整理论。

党参为桔梗科党参属植物党参、素花党参或川党参的干燥根。党参属植物有 40 余种，我国约有 39 种，多数具有药用价值，主要分布在西南地区，山西、甘肃、湖北等地多有栽培。中医学认为，党参性味甘平，具有补中益气、生津养血、健脾益肺的功效。黄酮类化合物是植物中分布广泛的多酚类化合物，常与糖结合成苷类，或以游离态形式存在，在植物生长、抗病等方面发挥重要的作用，同时也是一类重要的抗氧化剂、抑菌剂。

本实验以中药材党参为底物，采用酿酒酵母固态发酵炮制中药，考察发酵炮制前后党参活性成分总黄酮提取率的变化。通过实验引导学生了解固态发酵炮制中药的原理与实验操作，掌握总黄酮提取的一般过程，掌握分光光度法测定总黄酮的原理与操作方法，了解固态发酵炮制中药的优越性。

建议 6 学时。

二、实验材料与仪器

（一）实验菌种

党参（*Codonopsis pilosula*）购自药材交易市场，菌种为酿酒酵母（*Saccharomyces cerevisiae*）。

（二）实验药品

蛋白胨、酵母提取物、亚硝酸钠、硝酸铝、氢氧化钠、葡萄糖、芦丁、琼脂、甲醇和无水乙醇等。

（三）实验仪器与耗材

超净工作台、分析天平、pH 计、电磁炉、高压蒸汽灭菌锅、电热恒温培养箱、恒温振荡水浴摇床、高速冷冻离心机、可见分光光度计、数显游标卡尺、移液枪、枪头、锥形瓶、烧杯、量筒、培养皿、试管、透气封口膜和菌落打孔器（7mm）等。

三、实验方法

（一）试剂配制

① YEPD 固体培养基：详见附录Ⅰ。
② YEPD 液体培养基：详见附录Ⅰ。
③ 0.2mg/mL 芦丁溶液：称取 20mg 芦丁，加入 80％乙醇溶液并定容至 100mL。
④ 5％$NaNO_2$ 溶液：称取 $NaNO_2$ 5g，加蒸馏水并定容至 100mL。
⑤ 10％Al（NO_3）$_3$ 溶液：称取 Al（NO_3）$_3$ 10g，加蒸馏水并定容至 100mL。
⑥ 0.4％ NaOH 溶液：称取 NaOH 0.4g，加蒸馏水并定容至 100mL。

（二）实验步骤

（1）菌种活化与种子液制备

① *S. cerevisiae* 接种于 YEPD 固体平板，30℃静置培养 48h。

② 接种针挑取活化的菌种 2 环，接种于 YEPD 液体培养基，30℃，220r/min，恒温振荡培养 24h。

（2）固态发酵炮制

① 新鲜党参（含水量约 50％）粉碎后，过 40 目筛，紫外线照射灭菌 60min。

② 称取党参粉末 20g，置于 500mL 锥形瓶。

③ 取上述种子液 200mL，1000r/min 离心 10min，弃上清液，加入无菌水，使菌体混悬。

④ 菌体悬液接种于 500mL 锥形瓶，补充无菌水，控制含水量在 75％左右。

⑤ 30℃，恒温黑暗静置培养 24h、48h 和 72h。

⑥ 炮制结束后，玻璃棒搅拌均匀基质，取一定量的发酵基质于 105℃烘干至恒重，基质损失率和菌体数见式(6-7)。

$$C(\%)=(m_{初}-m_{发})\times100/m_{初} \tag{6-7}$$

式中，$C(\%)$ 代表质量损失率，$M_{初}$代表固态发酵炮制前样品质量，$M_{发}$代表固态发酵炮制后样品质量。

⑦ 取发酵基质 1g，加无菌水 10mL，充分搅匀后，梯度稀释，滴加在血细胞计数板上，显微镜观察计数。

（3）条件优化

依次从含水量（66％、78％和 83％）、温度（25℃、28℃和 32℃），以及接菌量（5％、10％和 15％）进行单因素实验，在此基础上，参考正交或响应面实验优化发酵条件。

（4）黄酮提取与测定

① 依次取相当于干药材 2g 的新鲜党参、灭菌党参和固态发酵炮制后的党参置于具塞三角瓶中。

② 加入甲醇 20mL，超声辅助提取 3 次（30min/次），过滤收集甲醇提取液，重复三次，收集三次的甲醇提取液，旋转蒸发蒸干，加入 10mL 甲醇复溶。

③ 依次取 0.2mg/mL 芦丁标准溶液 0mL、0.6mL、1.2mL、1.8mL、2.4mL、3.0mL 加入 10mL 容量瓶中，依次加入 0.3mL 5％ $NaNO_2$ 溶液，室温反应 6min，加入 0.3mL 10％$Al(NO_3)_3$ 混匀后，室温反应 6min，加入 4mL 0.4％的 NaOH 溶液，加入蒸馏水定容到 10mL。用紫外分光光度计测定溶液在 415nm 波长处的 OD 值，绘制黄酮标准曲线。

④ 取前述黄酮提取液 3mL 加入 10mL 容量瓶中，依次加入 0.3mL 5％$NaNO_2$ 溶液，室温反应 6min，加入 0.3mL 10％$Al(NO_3)_3$ 混匀后，室温反应 6min，加入 4mL 0.4％的 NaOH 溶液，加入蒸馏水定容到 10mL。用紫外分光光度计测定溶液在 415nm 波长处的 OD 值，根据 OD 值计算黄酮得率。

四、注意事项

① 党参不能高压蒸汽灭菌。

② 固态发酵炮制条件不同时，总黄酮提取工艺需要优化。

五、课程作业

① 固态发酵炮制前，党参为什么不能使用高压蒸汽灭菌，除了实验室紫外灭菌法以外，还有哪些灭菌的方法？

② 对比固态发酵炮制前后党参总黄酮提取率的变化，并解释原因。

第八节
草食家畜益生元工业化生产虚拟仿真实验

一、虚拟仿真实验原理

发酵工程实验是一个理论与实践并重的课程。传统教学过程中，由于发酵设备限制，学生不能独立完成整个发酵流程；由于场地限制，学生不能很好地认识发酵工程的整体性；由于课时分配的限制，学生不能将上、中、下游三环节有机衔接；此外，部分高压、高温设备在教学过程中对学生安全具有一定风险。基于此，我们开发出了草食家畜益生元工业化生产虚拟仿真实验。该虚拟仿真实验将有助于培养学生的工程理念，提升学生对于工业发酵的认识，有助于学生将理论知识与生产实践有机结合，也可服务于相关发酵企业。

基于工程教育理念，结合内蒙古草原特色，以更好地服务自治区经济发展为目标，设计了草食家畜益生元工业化生产虚拟仿真实验。虚拟仿真实验三个模块依次对标纤维素酶异源表达、工业培养基优化、工业化灭菌与发酵三个工程问题；三者各有特色、紧密结合，形成有机整体，并以服务于草原家畜生态、健康养殖为最终落脚点。实验整合了基因工程、发酵工程和酶工程的基本知识点，使学生能将知识更好地融会贯通。将在线监测、基质预处理、高通量测序、数字成像、周期强化技术等整合到生产环节，让学生能更好地理解前沿、热点在生产实践中应用的困难与研究、推广的必要性。让学生真实感受科技与生活的关联，激发学生的兴趣，更好地培养学生的创新能力和思考能力。

通过虚拟仿真实验的学习，学生能够更加系统地掌握发酵菌种改造、培养基优化、工业化灭菌与发酵三个生产环节。以发酵工程实验作为整个培养环节的支点，模拟工业生产环境，将知识点整合到每一个具体生产环节，同时将菌种改造和发酵生产放到工厂实验室场景中，使得学生能够从过程和工程的角度完成系统学习。

本节实验的目的是通过虚拟仿真实验使学生掌握产纤维素酶丝状真菌筛选与分离的一般流程，掌握黑曲霉异源表达漆酶基因的基本原理与实验操作，理解工业培养基优化的基本原理，熟悉500L发酵罐的使用方法，掌握发酵罐控制的基本环节。进一步培养学生的工程理念，工程思维；培养学生利用理论知识分析问题、解决问题的能力；强化学生实验操作基本技能；训练学生实验安全操作，提高学生安全意识；培养学生认真、严谨、敏锐的工作和科研作风。

建议3学时。

二、技术路线图

实验示意图见图6-4。

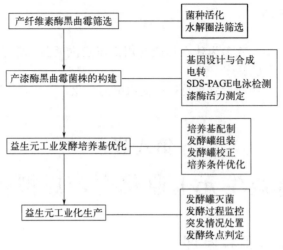

图 6-4　实验示意图

三、课程作业

① 简述外泌蛋白基因构建的基本要求。
② 简述工业培养基配制的基本要求。
③ 简述发酵过程中 pH 骤然降低的原因与对策。

第九节
口蹄疫疫苗工业化生产虚拟仿真实验

一、虚拟仿真实验原理

　　通过模拟动物疫苗生产流程，拟解决疫苗生产实习中难以开展 P3 实验室培训课程的困难；拟解决由于疫苗生产流程长，实习实训时间有限，难以开展全流程实习实训的问题；拟解决由于生物安全防护、生物制品的质量检验和智能化生产管理内容枯燥，难以提高学生学习兴趣的问题；解决实习实验过程中相关试剂、耗材、设备价格昂贵，实验课程开展成本高的问题。

　　结合内蒙古自治区畜牧业发展重点任务，以更好地服务自治区经济发展为目标，设计了口蹄疫疫苗工业化生产虚拟仿真实验。虚拟仿真实验包括细胞培养、BHK-21 种子细胞扩增、病毒接毒、病毒灭活及纯化、病毒滴度测定和安全性检验、乳化与灌装、成品质量检验七个模块，模块各有特色、紧密结合，形成有机整体，并以服务于草原家畜生态、健康养殖为最终落脚点。实验整合了细胞工程、微生物学、免疫学及发酵工程等课程的基本知识点，使学生能将知识更好地融会贯通，激发学生的兴趣，更好地培养学生的创新能力和思考能力。

　　通过虚拟仿真实验的学习，学生能够更加系统地了解动物疫苗生产环节的各个环节，培养学生分析问题和解决问题的能力，强化学生实验操作基本技能，提高学生安全操作意识。

建议 4 学时。

二、技术路线图

实验示意图见图 6-5。

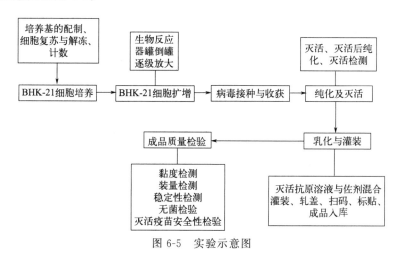

图 6-5　实验示意图

三、课程作业

① 简述口蹄疫的危害。
② 简述细胞悬浮培养的条件。
③ 简述病毒灭活及纯化的注意事项。

第十节
纳滤膜过滤法浓缩精制青霉素虚拟仿真实验

一、虚拟仿真实验介绍

膜分离技术主要包括微滤、超滤、纳滤、反渗透及亲和膜过滤等。纳滤膜孔径为纳米级（1～2nm），截留分子量一般为 300～1000，能够允许某些低分子量溶质或低价离子透过。多数抗生素的分子量在 300～1200 范围，存在于胞外，一般从发酵液中直接提取。用纳滤膜浓缩未经萃取的抗生素发酵滤液，除去水和无机盐，然后再进行有机溶剂萃取，可以大幅提高设备的生产能力，减少萃取剂的用量。目前该技术已应用于青霉素、头孢菌素 C、链霉素和红霉素等的浓缩和纯化过程。

本实验通过设计生物物质分离工程的整体流程，以青霉素的精制为例，介绍膜分离过程的原理和操作，使学生在校内利用较短时间体验和掌握冗长的工业化生产过程。发酵液从青霉素缓冲罐进入后经过换热器，然后依次经过离心泵、保安过滤器和高压泵进入纳滤膜过滤器。纳滤膜过滤器由原料液入口、原料液分配管、纳滤膜、支架、过滤液收集管、过滤液出口、浓缩液收集管和浓缩液出口组成。当发酵液通过纳滤膜时，水和无机盐离子通过纳滤膜，其他成分则留在膜内，膜内青霉素浓度上升，形成浓缩液。经过滤的发酵液颜色加深从浓缩液出口排出，过滤液则变澄清从过滤液出口排出。出料后进入清洗状态，纯水自纳滤膜清洗罐流至纳滤膜过滤器，在纳滤膜过滤器中纯水冲走膜内的大分子杂质，通过高压泵进行循环清洗。膜清洗与通量恢复是纳滤膜系统稳定运行的关键之一。

实验示意图如图 6-6。

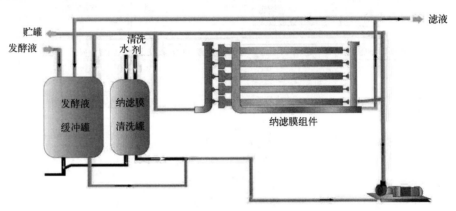

图 6-6　实验示意图

二、技术路线

实验示意图如图 6-7 所示。

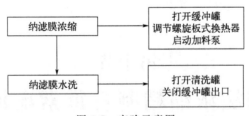

图 6-7　实验示意图

三、课程作业

① 膜的性能指标有哪些？如何选择合适的商品膜？
② 解决膜污染的方法有哪些？

附录I
常用培养基配制方法

(1) ATB（番茄红）液体培养基：依次称取蛋白胨 10g、葡萄糖 10g、酵母浸出粉 5g、$MgSO_4 \cdot 7H_2O$ 0.2g、$MnSO_4$ 0.05g、盐酸半胱氨酸 0.5g、番茄汁 250mL，加蒸馏水并定容至 1L，调节 pH 至 4.8，121℃高温湿热灭菌 20min。

(2) ATB 固体培养基：依次称取蛋白胨 10g、葡萄糖 10g、酵母浸出粉 5g、$MgSO_4 \cdot 7H_2O$ 0.2g、$MnSO_4$ 0.05g、盐酸半胱氨酸 0.5g、番茄汁 250mL，琼脂 18g，加热溶解，加蒸馏水定容至 1L，调节 pH 至 5.0，121℃高温湿热灭菌 20min。

(3) BHI（脑心浸液）培养基：依次称取 D-山梨糖醇 91g、蛋白胨 5g、酵母提取物 2.5g、NaCl 5g、牛脑心浸出液 18.5g，加入蒸馏水定容至 1L，调节 pH 7.2～7.4，121℃高温湿热灭菌 20min。液体培养基中加入 18g 琼脂，即成固体培养基，调节 pH 至 5.0，121℃高温湿热灭菌 20min。

(4) BMGY（甘油复合）液体培养基：依次称取酵母提取物 10g、蛋白胨 20g、K_2HPO_4 3g、KH_2PO_4 11.8g，加蒸馏水并定容至 890mL，分装到 500mL 锥形瓶中，每瓶 89mL，121℃灭菌 20min，待温度降至 60℃时，无菌条件下加入 10×YNB 10mL（13.4g/L）、500×生物素 1mL（$4×10^{-4}$ g/L）、甘油 1mL。

(5) BMMY（甲醇复合）液体培养基：依次称取酵母提取物 10g、蛋白胨 20g、K_2HPO_4 3g、KH_2PO_4 11.8g，加蒸馏水并定容至 895mL，分装到 500mL 锥形瓶中，每瓶 89.5mL，121℃灭菌 20min，待温度降至 60℃时，无菌条件下加入 10×YNB 10mL（13.4g/L）、500×生物素 1mL（$4×10^{-4}$ g/L）、甲醇 0.5mL。

(6) BNT 培养基：依次称取葡萄糖 10g、酵母粉 1g、蛋白胨 2g，加入蒸馏水定容至 1L，调节 pH 6.2～6.5，115℃高温湿热灭菌 20min，获得 BNT 液体培养基备用；在加入蒸馏水定容前加入琼脂 18g，加热溶解，然后加入蒸馏水定容至 1L，调节 pH 6.2～6.5，115℃高温湿热灭菌 20min，冷却至 50～60℃，以无菌操作法倒至已灭菌的培养皿中，每皿约 25mL，冷却凝固获得 BNT 固体培养基待用。

(7) GM17（葡萄糖 M17）液体培养基：依次称取 M17 肉汤 42.25g、葡萄糖 5g，加蒸馏水并定容至 1L，pH 自然，115℃高温湿热灭菌 20min。

(8) GM17 固体培养基：依次称取 M17 肉汤 42.25g、葡萄糖 5g、琼脂 18g，加热溶解，加蒸馏水并定容至 1L，pH 自然，115℃高温湿热灭菌 20min。

(9) GSGM17（甘氨酸蔗葡糖 M17）液体培养基：依次称取甘氨酸 20g、蔗糖 162g、M17 肉汤 42.25g、葡萄糖 5g，加蒸馏水并定容至 1L，pH 自然，115℃高温湿热灭菌 20min。

(10) LB（Luria-Bertani）液体培养基：依次称取胰蛋白胨 10g、酵母提取物 5g、NaCl 10g，加蒸馏水并定容至 1L，调节 pH 至 7.0，121℃高温湿热灭菌 20min。

（11）LB 固体培养基：依次称取胰蛋白胨 10g、酵母提取物 5g、NaCl 10g、琼脂 18g，加热溶解，加蒸馏水并定容至 1L，调节 pH 至 7.0，121℃高温湿热灭菌 20min。

（12）MRS（De Man Rogosa Sharpe）培养基：依次称取葡萄糖 20g、蛋白胨 10g、牛肉膏 8g、酵母膏 40g、$MgSO_4 \cdot 7H_2O$ 0.5g、$MnSO_4$ 0.3g、柠檬酸铵 2.0g、CH_3COONa 5.0g、吐温-80 1mL，加入蒸馏水定容至 1L，调节 pH 6.2~6.5，115℃高温湿热灭菌 20min，获得 MRS 液体培养基备用。在加入蒸馏水定容前加入琼脂 18g，加热溶解，调节 pH 6.2~6.5，115℃高温湿热灭菌 20min，培养基冷却至 50~60℃，以无菌操作法倒至已灭菌的培养皿中，每皿约 25mL，冷却凝固获得 MRS 固体培养基备用。

（13）改良 MRS 液体培养基：依次称取酪蛋白胨 10g、牛肉膏 10g、酵母提取物 5g、葡萄糖 5g、CH_3COONa 5g、柠檬酸铵 2g、吐温-80 1mL、K_2HPO_4 2g、$MgSO_4 \cdot 7H_2O$ 0.2g、$MnSO_4$ 0.05g、$CaCO_3$ 20g，加蒸馏水并定容至 1L，调节 pH 至 6.8，115℃高温湿热灭菌 20min。

（14）改良 MRS 固体培养基：依次称取酪蛋白胨 10g、牛肉膏 10g、酵母提取物 5g、葡萄糖 5g、CH_3COONa 5g、柠檬酸铵 2g、吐温-80 1mL、K_2HPO_4 2g、$MgSO_4 \cdot 7H_2O$ 0.2g、$MnSO_4$ 0.05g、$CaCO_3$ 20g、琼脂 18g，加热溶解，加入蒸馏水定容至 1L，调节 pH 6.2~6.5，115℃高温湿热灭菌 20min。

（15）M_3G 液体培养基：依次称取葡萄糖 50g、$(NH_4)_2SO_4$ 10g、酵母粉 5g、K_2HPO_4 0.8g、KH_2PO_4 1.4g、$MgSO_4 \cdot 7H_2O$ 0.5g、$ZnSO_4$ 0.03g、$FeSO_4$ 0.03g，加入蒸馏水定容至 1L。调节 pH 至 6.8，115℃高温湿热灭菌 20min。

（16）M9 培养基：依次称取葡萄糖 1g、Na_2HPO_4 8g、KH_2PO_4 3g、NaCl 0.5g、NH_4Cl 4g，再依次加入 1mol/L $MgSO_4 \cdot 7H_2O$ 1mL、0.01mol/L $CaCl_2$ 10mL、1mg/L 麦角硫因 1mL，加蒸馏水并定容至 1L，121℃灭菌 30min。

（17）PDA（马铃薯葡萄糖琼脂）固体培养基：称取去皮马铃薯 200g 切小块，加适量蒸馏水，沸水煮 30min，冷却至室温后，纱布过滤除去马铃薯残渣，滤液中依次加入葡萄糖 20g、KH_2PO_4 3g、$MgSO_4 \cdot 7H_2O$ 1.5g、琼脂 20g，加热溶解，加蒸馏水并定容至 1L，pH 自然，115℃高温湿热灭菌 20min。

（18）RM 红球菌液体培养基：依次称取 $(NH_4)_2SO_4$ 1.4g、$MgSO_4 \cdot 7H_2O$ 1.0g、$CaCl_2 \cdot 2H_2O$ 0.015g、微量元素溶液 1.0mL、储备液 1.0mL、磷酸盐缓冲液（1.0mol/L，pH 7.0）35.2mL，加蒸馏水并定容至 1L，121℃高温湿热灭菌 20min。其中微量元素溶液含 0.050g/L $CoCl_2 \cdot 6H_2O$、0.005g/L $CuCl_2 \cdot 2H_2O$、0.25g/L EDTA、0.50g/L $FeSO_4 \cdot 7H_2O$、0.015g/L H_3BO_3、0.020g/L $MnSO_4 \cdot H_2O$、0.010g/L $NiCl_2 \cdot 6H_2O$、0.40g/L $ZnSO_4 \cdot 7H_2O$。

（19）SGM17MC（蔗葡糖 M17 $MgCl_2$ $CaCl_2$）液体培养基：依次称取蔗糖 162g、M17 肉汤 42.25g、葡萄糖 5g、$MgCl_2$ 1.9g、$CaCl_2$ 0.22g，加蒸馏水并定容至 1L，pH 自然，121℃高温湿热灭菌 20min。

（20）SOB（超优）液体培养基：依次称取蛋白胨 20g、酵母粉 5g、NaCl 0.58g、KCl 0.186g、$MgSO_4 \cdot 7H_2O$ 2.46g、$MgCl_2$ 2g，加入蒸馏水定容至 1L，调节 pH 7.0~7.2，121℃高温湿热灭菌 20min。

（21）TSYEB（胰蛋白酵母浸出液）液体培养基：依次称取胰蛋白胨 17g、大豆胨 3g、酵母提取物 6g、NaCl 5g、K_2HPO_4 2.5g、葡萄糖 2.5g，加蒸馏水并定容至 1L，调节 pH 至 7.1~7.5，115℃高温湿热灭菌 20min。

（22）TSYEB 半固体培养基：依次称取胰蛋白胨 17g、大豆胨 3g、酵母提取物 6g、

NaCl 5g、K_2HPO_4 2.5g、葡萄糖 2.5g、琼脂 5g，加蒸馏水并定容至 1L，调节 pH 至 7.1～7.5，115℃高温湿热灭菌 20min。

（23）YEPD（酵母蛋白浸出液）液体培养基：依次称取酵母提取物 10g、蛋白胨 20g、葡萄糖 20g，加蒸馏水并定容至 1L，121℃灭菌 20min。

（24）YEPD 固体培养基：依次称取酵母提取物 10g、蛋白胨 20g、葡萄糖 20g、琼脂 18g，加热溶解，加蒸馏水并定容至 1L，121℃灭菌 20min。

（25）YM（酵母菌）液体培养基：依次称取葡萄糖 20g、酵母粉 3g、蛋白胨 5g、麦芽汁 3g，加蒸馏水并定容至 1L，调节 pH 6.2，121℃高温湿热灭菌 20min。

（26）YM 固体培养基：依次称取葡萄糖 20g、酵母粉 3g、蛋白胨 5g、麦芽汁 3g、琼脂 18g，加热溶解，加蒸馏水并定容至 1L，调节 pH 6.2，121℃灭菌 20min。

附录Ⅱ
常用试剂配制方法

(1) 3,5-二硝基水杨酸（3,5-dinitrosalicylic acid，DNS）试剂：配制 500mL 含有 185g 酒石酸钾钠的热水溶液，依次加入 262mL 的 2mol/L NaOH 溶液、6.3g 的 3,5-二硝基水杨酸、5.0g 结晶酚、5.0g 亚硫酸钠，充分搅拌使之溶解。待冷却后，转到 1000mL 容量瓶中，并用蒸馏水定容至刻度，贮于棕色瓶中备用。盖紧瓶塞，若溶液混浊可过滤后使用。

(2) 碘原液：称取碘化钾 4.4g，加 5mL 蒸馏水溶解，加入碘 2.2g，溶解后加蒸馏水并定容至 100mL，贮存于棕色瓶中。

(3) 斐林试剂甲液：依次称取 $CuSO_4 \cdot 5H_2O$ 35g，次甲基蓝 0.05g，加蒸馏水溶解并定容至 1L。

(4) 斐林试剂乙液：依次称取酒石酸钾钠 117g、NaOH 126.4g、亚铁氰化钾 9.4g，加蒸馏水溶解并定容至 1L。

(5) 布氏检压液：依次称取牛胆酸钠 5g、NaCl 25g、伊文氏（Evan）蓝 0.1g，加少量蒸馏水溶解并定容至 500mL，用精密密度计测定密度，用蒸馏水或 NaCl 溶液调整密度至 1.033。

(6) 酚酞指示剂：称取 5 酚酞，溶于 100mL 的 50%乙醇溶液中。

(7) 2-乙基丁酸内标溶液（20g/L）：称取 2.0g（精确至 1mg）2-乙基丁酸标准物质，加入适量乙醇溶液（50%，体积分数）溶解并定容至 100mL。

(8) 考马斯亮蓝 G-250 溶液：称取考马斯亮蓝 G-250 100mg 溶于 50mL 乙醇中，加入 100mL 85%浓磷酸，混匀，用蒸馏水稀释定容至 1L。

(9) 磷酸盐缓冲液（PBS）：依次称取 NaCl 8g、KCl 0.2g、Na_2HPO_4 1.42g、KH_2PO_4 0.27g，加水充分搅拌溶解，滴加 HCl 调节 pH 至 7.4，加蒸馏水并定容至 1L，121℃高温湿热灭菌 20min，置于 4℃冰箱保存。

(10) 30%丙烯酰胺溶液：将丙烯酰胺 29.0g、甲基双丙烯酰胺 1.0g 加蒸馏水溶解并定容至 100mL，4℃避光保存。

(11) 1mol/L Tris-HCl（pH=6.8）：称取 Tris 12.1g 溶解于 80mL 蒸馏水，加浓盐酸，调节 pH 至 6.8，加蒸馏水并定容至 100mL，4℃保存。

(12) 1.5mol/L Tris-HCl（pH=8.8）：称取 Tris 18.1g 溶解于 80mL 蒸馏水，加浓盐酸，调节 pH 至 8.8，加蒸馏水并定容至 100mL，4℃保存。

(13) 10%SDS（质量分数）：称取 SDS 10g 溶解于 100mL 蒸馏水，室温保存。

(14) 10%$(NH_4)_2S_2O_8$（质量分数）：称取 $(NH_4)_2S_2O_8$ 5g 溶解于 5mL 蒸馏水，−20℃保存。

(15) Tris-甘氨酸电泳缓冲液：称取 Tris 30.0g、甘氨酸 144.0g、SDS 10g 溶解于

1L 蒸馏水。

（16）考马斯亮蓝 R-250 染色液：依次称量考马斯亮蓝 0.25g、甲醇 45mL、冰乙酸 10mL，加蒸馏水并定容至 100mL，常温保存。

（17）考马斯亮蓝脱色液：依次量取无水乙醇 423mL、冰乙酸 50mL，加蒸馏水并定容至 1L，常温保存。

参考文献

［1］ 陈坚，堵国成，刘龙．发酵工程实验技术．北京：化学工业出版社，2013.

［2］ 陈金春，陈国强．微物学实验指导（修订版）．北京：清华大学出版社，2007.

［3］ 诸葛健，李华钟，王正祥．微生物遗传育种学．北京：化学工业出版社，2009.

［4］ 陈军．发酵工程实验指导．北京：科学出版社，2013.

［5］ J．萨姆布鲁克，D．W．拉塞尔．分子克隆实验指南．黄培堂，译．北京：科学出版社，2016.

［6］ 姜伟，曹云鹤．发酵工程实验教程．北京：科学出版社，2014.

［7］ 黄秀梨，辛明．微生物学实验指导．3版．北京：高等教育出版社，2019.

［8］ 贾士儒，宋存江．发酵工程实验教程．北京：高等教育出版社，2016.

［9］ 焦瑞身，周德庆．微生物生理代谢实验技术．北京：科学出版社，1990.

［10］ 李冠华，汪露露，孔祥婕．一种具有分泌漆酶能力的乳酸菌的获得及应用：2022．中国发明专利：ZL202010498400.5

［11］ 李江华．发酵工程实验．北京：高等教育出版社，2011.

［12］ 钱存柔，黄仪秀．微生物学实验教程．2版．北京：北京大学出版社，2008

［13］ 沈萍，陈向东．微生物学实验．4版．北京：高等教育出版社，2007

［14］ 王正祥．微生物遗传种．北京：高等教育出版社，2020.

［15］ 徐德强，王英明，周德庆．微生物学实验教程．北京：高等教育出版社，2019.

［16］ 张祥胜．发酵工程实验简明教程．南京：南京大学出版社，2014.

［17］ 张祥胜．常用生物统计学与生物信息学软件实用教程．北京：科学出版社，2015.

［18］ 周德庆．微生物学实验手册．上海：上海科学技术出版社，1986.

［19］ 杨文博．微生物学实验．北京：化学工业出版社，2004.

［20］ 秦晓瑜，李冠华．固态发酵炮制中药材研究进展中药材．2016，39（03）：691-695.

［21］ 李钟庆，郭芳．红曲菌的形态与分类学．北京：中国轻工业出版社，2003.

［22］ 史仲平，潘丰．发酵过程解析、控制与检测技术．2版．北京：化学工业出版社，2010.

［23］ 吴根福．发酵工程实验指导．北京：高等教育出版社，2013.

［24］ 胡永红，谢宁昌．生物分离实验技术．北京：化学工业出版社，2018.

［25］ 杨洋．生物工程技术与综合实验．北京：北京大学出版社，2013.

［26］ 国家市场监督管理总局，中国国家标准化管理委员会．GB/T 18186—2000．北京：中国标准出版社，2000.

［27］ Demain A L，Davies J E. Manual of industrial microbiology and biotechnology. 2nd Edition. Washington DC：ASM Press，2010.

［28］ Zhao Z M，Zhang S，Meng X，et al. Elucidating the mechanisms of enhanced lignin bioconversion by an alkali sterilization strategy. Green Chemistry，2021，23：4697.